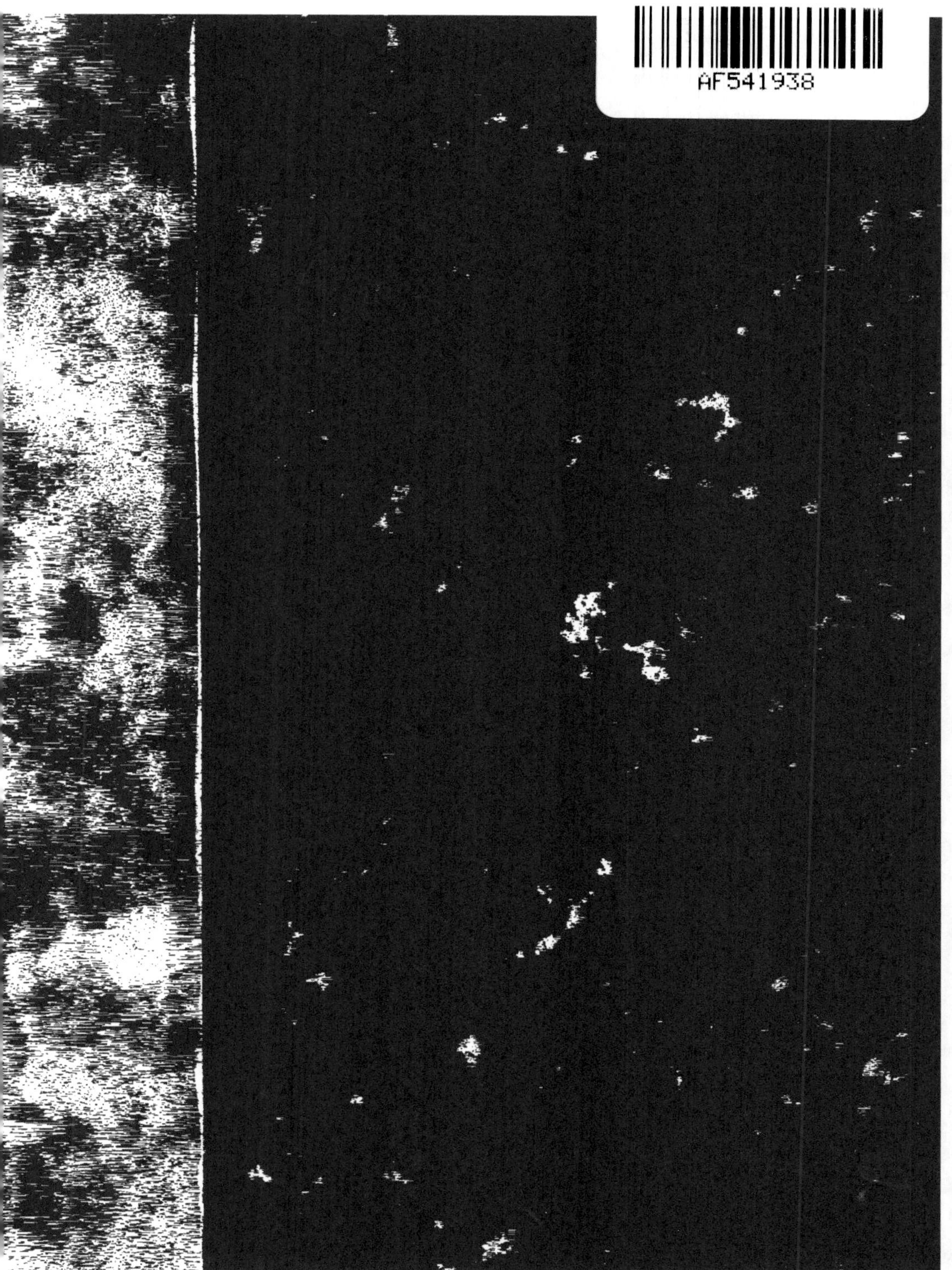

UNE

FERME ALLEMANDE

NANCY. — IMPRIMERIE BERGER-LEVRAULT ET Cie

UNE

FERME ALLEMANDE

MONOGRAPHIE AGRICOLE

PAR

P. ALBERT ORRY

DIPLÔMÉ DE L'INSTITUT AGRONOMIQUE DE FRANCE, EN MISSION D'ÉTUDES A L'ÉTRANGER

> Si les expériences ne sont pas dirigées par la théorie, elles sont aveugles.
> Si la théorie n'est pas soutenue par la pratique et l'expérience, elle devient trompeuse et incertaine.
>
> BACON

Avec 69 planches dessinées par A. ORRY et gravées par CHAUMONT graveur de l'Institut national agronomique

NANCY

IMPRIMERIE BERGER-LEVRAULT ET Cie

11, rue Jean-Lamour, 11

1888

UNE

FERME ALLEMANDE

PREMIÈRE PARTIE

CHAPITRE Ier

Introduction. — Histoire de Salzmünde

La plus grande obscurité règne sur les origines de Salzmünde[1]; mais s'il est difficile de remonter à l'époque où se fondèrent les premiers établissements, pour former des villages, des bourgs et des cités, il n'en est pas moins vrai que, dès le VIe siècle, l'entrée de la vallée de la *Salzke*[2] était commandée par un ***Burg*** ou château-fort, célèbre dans les environs.

Quel en fut le fondateur? Quelle famille abritaient ses murs? A quelles occupations se livraient les habitants de

1. L'étymologie de Salzmünde, d'après la dénomination la plus ancienne, est *Salzaha,* forme de construction qui appartient à l'ère carlovingienne ; on la retrouve dans une liste de noms de *Hassegau* antérieure à 993.

Dans un document digne de foi, signé par l'évêque Rutger, nous lisons : *Salzahamünde;* plus tard, les dernières transformations suivantes : *Salzigemünde, Salzamünde,* pour devenir enfin *Salzmünde.*

2. Nom de la petite rivière qui vient, en cet endroit, grossir la Saale. Dans tous les documents de l'époque, et encore de nos jours, *Salzke,* et non *Salza,* fut la dénomination de cet affluent.

cette demeure ? La solution de toutes ces questions repose sur des données très vagues.

D'après certains renseignements que j'ai pu recueillir et des recherches personnelles, il est présumable que cette forteresse, à cheval sur les trois districts de *Souabe, Hassegau* et *Neltici,* était le siège d'un *Gaugrave* (comte du canton), qui exerçait son protectorat et pouvoir seigneurial sur toute la contrée, s'engageant, en outre, comme fonctionnaire de l'Empire, à défendre la forteresse contre toute invasion ennemie.

Le docteur Jules Schadeberg, dans son esquisse historique (*Salzmünde*), nous apprend que ce château-fort, limité d'un côté par le district de *Souabe,* borné au Nord et à l'Ouest par la *Bode,* à l'Est par la *Saale,* était fermé au Sud par le *Hassegau* et comprenait le cercle actuel d'*Aschersleben,* quelques parties du comté d'*Oschersleben,* avec la ville d'*Halberstadt,* les pays intermédiaires d'*Anhalt* et la moitié nord-ouest des deux principautés de *Mansfeld.* En un mot, le *Salzmünder Schlossberg* étendait sa domination d'*Aschersleben* à *Eisleben,* et sur la rive gauche de la *Saale,* de *Wettin* à *Gernrode* (voir la carte annexée, planche PsG).

A l'époque où la constitution dite *cantonale* faisait partie intrinsèque de l'organisation de l'Empire, toute la ligne des frontières du district de Souabe était armée de *Burgs;* et, bien que la Saale présentât, à l'Est, un moyen naturel de défense, les citadelles de *Plötzkau, Alsleben, Friedburg, Salzmünde, Seeburg, Wimmelburg, Mansfeld, Mohrungen, Leinengen,* augmentaient son importance.

Quelques-unes de ces forteresses subsistèrent de longues années, témoin *Seeburg* (voir photographie, pl. C), retraite favorite d'un grand chef saxon ; d'autres au contraire, abandonnant leur aspect guerrier, perdirent leur caractère primitif et virent, comme *Alsleben* en 979, *Wimmelburg* en 1038, leurs biens offerts à des congrégations religieuses ou servirent à abriter les exploitants du sol.

Le district de *Hassegau,* qui avait pour limites la *Salzke,* la *Saale,* l'*Unstrut,* la *Hehne* et le *Saxgraben,* près de *Wallhausen,* comprenait la partie sud-est du cercle de *Mansfeld,* le comté de *Querfurt,* les bailliages de *Sittichenbach, Friedburg, Wendelstein, Lauchstedt, Merseburg* et *Weissenfels.* Son fort principal (*Hauptburg*) était *Aldenburg,* devenu plus tard *Reichspfalz* (Palatinat impérial).

Vis-à-vis Salzmünde, le district de *Neltici,* s'étendant sur toute la partie sud-est de la contrée, entourée par la Saale, était occupé par une population d'origine slave et non germaine.

La citadelle de *Wettin,* admirablement servie par la position du terrain, et de toutes la mieux défendue, passait pour imprenable.

Pendant plusieurs siècles, ces trois districts n'avaient cessé de guerroyer entre eux ; aussi comprend-on pourquoi les limites de ces territoires étaient hérissées de citadelles nombreuses.

Après leur soumission à la domination franque et leur conversion au christianisme, les Saxons étendirent, sous les derniers Carlovingiens, les limites de leur duché jusqu'à la Thuringe, et enclavèrent le *Hassegau* dans leur territoire, annexion qui contribua à régler en apparence les rapports existant entre les deux premiers districts.

Leurs hostilités cessèrent, il est vrai, mais ce ne fut que pour concentrer les forces réunies contre Neltici, et combattre, avec plus d'acharnement encore, les peuplades païennes d'origine slave du voisinage, échelonnées sur la rive droite de la Saale.

L'histoire des temps passés se présente sous les plus sombres couleurs ; c'est en lettres de sang qu'on pourrait écrire ces luttes, sans cesse renouvelées, du christianisme allemand contre les *Wendes Transsaliques* et leur paganisme, mais l'importance de Salzmünde en fut augmentée au point de vue défensif.

Les documents qui pourraient encore nous faire connaître si l'issue de l'une de ces batailles, ou quelque événement ultérieur amena la destruction de cette forteresse, font défaut.

Les premières stations agricoles vinrent-elles s'établir sur l'emplacement occupé par le village actuel, alors que se dressaient encore les tours en granit rose du château-fort, ou leur apparition est-elle plus tardive?

Peut-être vit-on, de temps immémorial, la roue d'un moulin à huile tourner dans les eaux de la Salzke, dont le cours, se rapprochant alors davantage de la vallée, à l'Est, fit donner à la colline voisine le nom d'*Œlberg* (montagne à huile). Cette opinion est très acceptable, mais si rien ne la contredit, rien non plus ne lui donne une autorité absolue.

Les pierres de la forteresse durent plus tard servir à la construction d'un moulin, démoli en 1864, car les anciens matériaux étaient en tout semblables aux restes épars du vieux château en ruines.

Les nombreux abouquements de terre cinéraire, les tombes de géants, les conduits souterrains creusés dans les terres argileuses, les trouvailles d'armes et d'instruments de pierre sont les preuves irréfutables de l'ancienneté de la colonisation salzmündoise.

La terre cinéraire[1], que l'on rencontre par dépôts isolés

---

1. L'analyse suivante d'un échantillon prélevé à un grand gisement situé entre *Adendorf* et *Gerbstedt*, va nous donner une idée des substances entrant dans la composition de ces amas irrégulièrement disposés.

500 grammes de terre desséchée à 100 degrés renferment :

30^{gr},00 d'humus, dosant 0^{gr},70 d'azote, de substances solubles dans l'acide (la majeure partie est constituée par des carbonates de chaux) ;

3 ,6 de potasse ;

0 ,75 de soude ;

2 ,75 d'acide phosphorique.

Cette matière fertilisante, très riche est précieuse pour l'agriculture.

dans les enfoncements tapissés de glaise, aux environs d'*Adendorf, Beesenstedt, Schochwitz, Höhnstedt, Zappendorf,* est utilisée comme engrais.

Cette formation doit être attribuée, sans aucun doute, aux déjections et aux cendres des foyers des premiers habitants, qui, dans la nuit des temps, choisirent cette contrée comme lieu de séjour et de colonisation.

La vue de ces lieux me rappelait une phrase de Tacite, retracée avec une vigueur et une vérité que confirme l'étude de l'histoire: « Les Germains de mon temps, dit-il, ne de-« meurent pas dans les villes, ils ne souffrent même pas que « leurs maisons soient contiguës, ils habitent dispersés et « quittent le pays selon qu'une source ou un bois, un site ou « un autre les attire ailleurs ; ils changent de terres d'années « en années, cependant ils s'occupent déjà d'agriculture et « de labourage, mais sans lutter avec le sol pour lui de-« mander la fécondité. »

Les tombes que la charrue à vapeur met au jour en soulevant la pierre supérieure, placée à $0^m,60$ et $0^m,80$ de la surface du sol, offrent un grand intérêt.

Généralement orientées de l'Est à l'Ouest, elles renferment un squelette, quelquefois très bien conservé, toujours couché sur le dos, la face tournée au levant; un ou deux vases finement taillés dans le porphyre, symétriquement placés à droite et à gauche du crâne, accompagnent ces restes.

J'ai été assez heureux pour découvrir un de ces *Gräber,* qui seul présentait parmi ceux qu'on a trouvés jusqu'ici, une certaine anomalie. Son orientation était Nord-Sud, les orbites tournés vers le Nord; à droite de la tête se trouvaient deux vases de la forme que représentent les figures 1 et 2. L'un de $0^m,003$ environ d'épais-

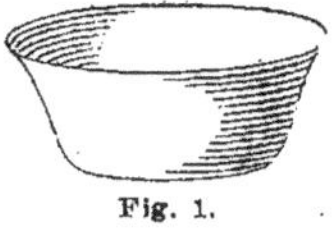
Fig. 1.

Fig. 2.

seur, et taillé dans le porphyre comme tous ceux qu'on a exhumés jusqu'ici, avait la capacité d'un litre et demi; l'autre ressemblait beaucoup aux assiettes en terre de nos vieux paysans. Il fallait pour les manier de très grandes précautions, car pénétrés par l'humidité des siècles, ils menaçaient de se briser.

Appuyée contre le temporal gauche, une pierre plate en grès mesurant $0^{m},20$ de long, $0^{m},07$ de large et $0^{m},04$ d'épaisseur, légèrement concave à sa partie supérieure, avait dû servir à aiguiser des armes ou autres instruments.

Les fragments de ce squelette assez détérioré ont pu cependant être transportés, avec de grandes précautions.

Les mâchoires seules sont intactes. Elles présentent des canines et incisives presque circulaires dont la surface supérieure est complètement plate. Quelques petits sillons seuls creusent la table des molaires. Le sarcophage, formé d'une grande pierre de fond en calcaire du *Schlossberg,* mesurait $2^{m},10$ de long, $0^{m},90$ de large, et servait de support aux parois latérales, hautes de $0^{m},45$ et épaisses de $0^{m},22$. L'ensemble était recouvert d'un gros bloc à peine dégrossi extérieurement, mais dont la face interne avait été, comme celle des autres pierres, polie avec soin.

Les conduits souterrains que j'ai visités, construits irrégulièrement, sans art et disséminés dans la campagne, ont dû servir de refuge aux faibles et protéger sans doute aussi les biens des guerriers durant ces longues périodes d'agitation.

De cette époque barbare date la destruction des villages de *Hetzendorf, Lutkenau, Motsch, Motwitz, Uberrode, Udene, Vradersleben* et tant d'autres, aux environs de Salzmünde. La chronique ne nous a pas transmis les noms de ceux qui les ont saccagés; les opprimés ne racontent guère leurs misères; nul ne saura jamais ce que souffrirent ces peuplades pendant cette période de despotisme et de barbarie.

A cette époque où le pouvoir séculier et le clergé luttaient pour la suprématie, et se disputaient la domination des pays, des peuples et des consciences, on ne recula devant aucun crime, et c'est dans le voisinage des couvents et des châteaux que furent commises les plus horribles atrocités.

Après les troubles accumulés par l'anéantissement de ces mêmes forteresses, de ces mêmes châteaux, de ces mêmes couvents, l'humanité déchirée eut besoin de plusieurs siècles de travail pour jouir des bienfaits de la paix et entrer dans la voie du progrès.

Les différents possesseurs du château de Salzmünde, d'après Schadeberg, furent les empereurs saxons, Henri Ier, Othon Ier, Othon II, Othon III et Henri II (985), les Gaugraves de la maison de Wettin et plusieurs de leurs successeurs. Le dernier de cette lignée de comtes le donna, en 1288, à l'archichapitre de *Magdeburg,* qui, enrichi de la nouvelle œuvre de *Halle,* des chapitres de *Horsfeld* et de *Petersberg, Merseburg, Nauburg,* devenu puissant et redouté, levait des impôts sur tout le pays et fondait couvents sur couvents.

Jamais on ne fit de Salzmünde un titre nobiliaire, aucun document ne fait mention de ses seigneurs, ce qui s'explique par ce fait, que les empereurs offrant à des maisons religieuses les redevances du château, il n'eut point de vassaux et se trouva dans l'impossibilité de rien faire pour la défense du Burg; à l'époque de sa donation, ce n'était déjà plus qu'une petite moinerie aux abois.

Depuis que Charlemagne s'était servi du clergé pour l'aider à la soumission des Saxons, il l'avait toujours favorisé; évêques et abbés recevaient sans cesse de nouveaux privilèges au détriment des princes laïques et même de l'autorité impériale. On ne s'occupait que des intérêts monacaux, sans que le bien-être du peuple s'en accrût davantage.

A cet état de choses, qui dura plusieurs centaines d'années succédèrent enfin des temps meilleurs. Les princes protestants préparèrent les libertés politiques et religieuses, créèrent de nombreuses universités; les écoles et les fermes remplacèrent les châteaux-forts et la paix des familles succéda momentanément à la haine des peuples.

En l'an 1222, un heureux événement avait déjà préparé l'affranchissement de Salzmünde.

Élisabeth, épouse du comte palatin de Thuringe, entreprit avec son royal époux un voyage dans le pays de *Meissen,* qui venait de lui échoir en héritage.

Obligé de prolonger son séjour dans ce nouveau domaine afin d'y régler les affaires publiques, il laissa la jeune comtesse regagner seule la *Wartburg,* vieux castel de ses ancêtres.

Le comte Othon, héritier du landgraviat de *Wettin* ainsi que du fort de Salzmünde, apprenant qu'elle devait passer la nuit dans ce village, accourut de *Brchma,* faire à la comtesse les honneurs de son château.

Au penchant de la colline, où s'élève aujourd'hui une vaste tuilerie à vapeur, les habitants du village d'*Uberrode*[1] vinrent de leur côté souhaiter la bienvenue à Élisabeth de Thuringe, et en signe d'hommage lui offrirent de l'eau d'un puits qui se trouve en cet endroit.

Ceci se passait la veille de l'Ascension.

En signe de reconnaissance, elle exempta, pour toujours, les habitants de la dîme prélevée sur leurs terres et leur fit don d'une prairie[2].

Le lendemain, jour de la fête, la pieuse princesse, qui

---

1. Le village d'*Uberrode* n'existe plus ; mais jusqu'en 1820, 14 propriétaires de *Zappendorf, Schiepzig, Benkendorf* et *Salzmünde,* en la possession desquels les terres d'*Uberrode* étaient tombées, procédaient tous les ans au nettoyage du fameux puits, et deux d'entre eux, jouissant du revenu de la prairie, offraient chaque année aux douze autres un plantureux festin.

2. Cette prairie était située au pied du *Œlberg,* à l'endroit où l'on aperçoit encore aujourd'hui une carrière abandonnée.

porta depuis le nom de sainte Élisabeth de Thuringe, reçut les hommages de *Salzmünde* et *Gödewitz*, au lieu dit : *Landding*, où se rendait la justice pour les communes dépendantes du château. Émue de tant de soumission, Élisabeth exempta encore de la dîme toutes les terres rurales de ces deux villages et ordonna que l'anniversaire de cette délivrance fût pompeusement célébré.

On devait tenir en cet endroit une *Bursprache* et vider sept mesures de bière en son honneur.

A dater de cette époque, le lieu où ces repas se célébrèrent, prit le nom de *Bierhügel* (colline de bière) et fut chaque année, le jour de l'Ascension, le rendez-vous des villages voisins, accourus pour célébrer cette joyeuse fête populaire.

Dans ces dernières années, le sommet du *Bierhügel* a été orné d'un monument, dont l'inscription fait connaître aux passants l'historique de cette fête et le nom de sa fondatrice.

Après la réunion de *Gödwitz* à *Salzmünde*, en 1864, le propriétaire de ce domaine, craignant que la fête ne tombât en désuétude, prit soin de la perpétuer, en faisant un legs aux écoles des deux villages, afin de permettre aux enfants de prendre part aux réjouissances populaires. Et depuis 1866 la fête nationale est aussi une *Kinderfest*, qui n'est plus désignée que sous le nom de *Himmelfahrt*.

Il est très difficile de préciser la contenance des terres ayant appartenu au *Salzmünder Schloss*, alors que ce dernier était encore domaine impérial.

D'après les actes de donation aux couvents de *Horsfeld*, *Petersberg*, *Halle* et *Wettin*, 1,200 morgen (300 hectares) de terres labourables furent légués aux Congrégations. De ce fait il semble résulter que le domaine comprenait au moins *Bekendorf*, *Mullerdorf* et *Pfützenthal*. Messieurs du pouvoir spirituel n'étaient pas disposés à conserver le château, ils le laissèrent tomber en ruines, et l'archevêque *Gunther* de Magdeburg le vendit comme vieille masure, ainsi que les seigneuries limitrophes de *Friedburg*, *Gerbstedt* et les villages dépendants, au comte *Vallrath* de *Mansfeld* pour la somme de 4,000 gros à la soixantaine ou 9,000 florins.

Il y avait 425 ans que le château était en ruines.

La population protestante de *Mansfeld* vit s'éteindre sans regrets sa célèbre lignée de comtes, dont les derniers rejetons, devenus catholiques, n'avaient fait aucune apparition dans leur domaine pendant plus de 70 ans[1]. Le royaume de Prusse profita de cette situation favorable pour, en 1780, annexer le territoire de *Mansfeld* à la couronne.

Laissant derrière nous les tristes jours du moyen âge, nous arrivons aux temps modernes, où l'on vit s'opérer une réorganisation complète dans l'administration de cette vieille seigneurie, dès le commencement de la séquestration du comté, de 1570 à 1780.

Salzmünde et les villages voisins, *Pfützenthal, Prebitz, Fienstedt, Gödewitz, Quillchina, Mullerdorf, Zappendorf* et *Bekendorf,* échurent au grand bailliage de *Friedeburg* et relevèrent de son administration judiciaire.

Plus tard, les gouvernements de *Westphalie* et de *Prusse* y introduisirent des réformes, aussi énergiques qu'efficaces. La législation *Stein,* appliquée à cette contrée, fit sentir partout sa bienfaisante influence ; les vieilles coutumes disparurent. Le partage du pays en provinces, districts et cercles, effaça toute trace de l'ancienne classification.

Tant que la féodalité appesantit son rude gantelet sur l'agriculture et le commerce, tant qu'elle disposa de toutes les professions, et les tint pour ainsi dire en lisière, toute réalisation de bien-être devint impossible. Les temps modernes, en abolissant les privilèges de quelques-uns pour

---

1. Voir le *Comté de Mansfeld au temps de la Réformation*, par KRUMHAAR.

donner les mêmes droits et imposer les mêmes devoirs à tous, dénouèrent ces dures entraves, et seulement alors, l'homme put songer à exploiter utilement les trésors de la nature, à l'aide des dons qu'il a reçus en partage.

Dès lors plus de corvées à faire pour la métairie de *Pfützenthal,* plus de dîme à payer comme sujet vassal du district de *Friedburg;* les troupeaux du seigneur ne broutèrent plus l'herbe sur un tiers au moins du sol, condamné fatalement, par cette seule servitude, à observer strictement l'assolement triennal.

Pour citer encore un exemple de l'oppression qui pesait sur le villageois, disons qu'il était obligé de livrer, dans les cantonnements des cavaliers jaunes, à *Schönebeck, Egeln,* etc., etc., du foin et de l'avoine à un prix qui égalait à peine celui du transport. Trop souvent, hélas! il était contraint d'héberger ces soudards pendant des mois entiers.

L'administration et la justice, concentrées jusqu'alors dans la même main, furent confiées à deux représentants plus intègres.

Enfin, l'exécution de la loi dite de séparation, abolit l'odieuse servitude et vint rendre au paysan la complète possession de la terre qu'il arrosait de ses sueurs.

Chaque jour vit s'accroître, en même temps que le bien-être, l'instruction de ceux qui avaient formé naguère les tristes et sombres bataillons de la gent taillable et corvéable à merci.

Au commencement de ce siècle, après tant de vicissitudes, Salzmünde était le plus misérable et le plus humble des hameaux, son finage ne comprenait que 69 morgen ($17^{\text{hect}},25$) de terres labourables, $17^{\text{morg}},5$ ($4^{\text{hect}},3750$) de prairies, $9^{\text{morg}},5$ ($2^{\text{hect}},3750$) de jardin et $5^{\text{morg}},5$ ($1^{\text{hect}},3750$) de pâturages. Il comptait seulement 40 habitants ; le nombre en fut encore réduit par la fièvre, qui, sévissant à Halle, vint y exercer ses ravages et ne laissa pas assez de vivants pour enterrer les morts.

Et si l'on se demande aujourd'hui comment Salzmünde est arrivé, en un laps de temps si court, à sa prospérité actuelle, on peut répondre que l'initiative privée, jointe à une entente et à un discernement parfaits, y contribua pour la plus large part.

L'abondance des céréales attira les marchands des contrées lointaines, et ce village peu connu jusqu'alors, mais admirablement situé, fut choisi comme centre d'opérations commerciales importantes.

La navigation favorisa l'exportation des grains et Salzmünde, qui d'abord ne possédait qu'un bac, vit entrer dans son port (voir photographie), en 1830, une quarantaine de bateaux transportant à Hambourg[1], et de là sur les bords de la Tamise, une quantité considérable de blé et orge, transformés ensuite en substances alimentaires de première nécessité et de luxe.

En 1840, le commerce de grains tournant à l'agiotage, les Salzmündois l'abandonnèrent pour porter toute leur attention vers l'industrie, ne s'arrêtant, cependant, qu'à ce qui pouvait, eu égard aux circonstances, leur promettre quelques chances de succès. Plus tard, une législation moins étroite, permit de fouiller le sol, si riche en terres argileuses, en houille, charbon brun, sable, chaux, et de diriger ces matières premières sur la Saale, vers les usines qui y prenaient naissance. Dans la suite, les bateaux transportèrent les produits des salines saxonnes, la terre à porcelaine, etc., etc.

L'importance de Salzmünde, mise en évidence, ne tarda pas à le faire apprécier comme très favorable aussi au commerce des bois.

Jusque-là, les troncs entiers ou sciés, nécessaires aux

1. L'extension que prit la navigation, exigea un chantier de construction, de réparation, et donna naissance au premier art professionnel exercé à *Salzmünde*, à part celui de meunier et d'aubergiste remontant à une époque plus reculée.

constructions de toutes sortes, étaient transportés directement par flottage du *Fichtelgebirg*. Le prix de ces produits s'étant considérablement élevé, le transport eut lieu plus souvent par chemin de fer, et il en résulta pour les différents chantiers de la Saale, une salutaire concurrence profitable à tous. La voie ferrée amène les bois de Bohême jusqu'en Thuringe, et le commerce se trouve concentré entre les mains d'un homme simple et probe, qui trafique avec les différentes mines de houille terreuse des environs.

Une tuilerie, bâtie en 1832, s'agrandit considérablement jusqu'en 1860, favorisée qu'elle était par les transports faciles de ses marchandises et la qualité exceptionnelle des matières premières mises à sa disposition. (Voir photographie.)

Les bénéfices des premiers essais industriels donnèrent l'idée d'en tenter d'autres encore. Une fabrique de sucre de betteraves fut installée en 1847. L'entreprise réussit au delà de toute espérance et exigea bientôt de nombreuses augmentations. Il fallut acheter et prendre à ferme des terrains ruraux[1].

Les localités voisines, stimulées par l'exemple, alléchées par les bénéfices, construisirent partout des usines à l'instar de Salzmünde. C'est ainsi que s'élevèrent les sucreries de ***Trebitz*, *Langenborgen*, *Schwittersdorf*, *Oeste*, *Volkstedt*, *Teutschenthal*** (1865), ***Erdeborn*** (1866).

L'importance du domaine agricole augmentant de jour en jour, exigea une exploitation des plus rationnelles et des mieux combinées; aussi en 1855, il fut décidé qu'une distillerie serait bâtie à côté de la première fabrique, et un magnifique moulin à huile et à farine remplaça, en 1863, l'ancienne usine.

Par suite de la construction de ces trois établissements,

1. Le prix d'un morgen ($0^h,25^a,52^c$) fut de 100 thalers (375 fr.), mais la concurrence s'en mêlant, on se vit obligé de payer 300 et 310 thalers par $0^h,25^a,52^c$ (1,125 fr. à 1,162 fr. 50 c.) ; ce dernier prix ne s'est pas élevé.

le but proposé de convertir les récoltes en produits manufacturés, fut atteint.

Plus tard, en revenant sur cette importante question d'organisation intérieure et de mode d'exploitation, nous décrirons les diverses transformations, en les accompagnant de plans et dessins qui éviteront de longues et fatigantes descriptions.

Enfin des échantillons[1] seront les témoins indiscutables de la perfection avec laquelle les travaux sont exécutés.

L'industrie, développée depuis cinquante ans avec succès, a délivré Salzmünde de la misère et l'a transformé en un village des plus florissants.

Les chemins impraticables sont remplacés par des routes bien entretenues, facilitant les communications en les rendant plus rapides, et la population de la région, devenue insuffisante pour la bonne exploitation du sol, se voit secondée par des groupes de travailleurs affluant de toute part, et logés commodément et à bon marché, dans des maisons saines et bien distribuées, ils se rendent utiles, soit dans les champs, soit à l'atelier. Eux et tous ceux qui savent faire usage de leurs bras, peuvent se soustraire à la pauvreté; se nourrissant, se vêtissant mieux, ils apportent aussi dans leurs demeures l'ordre et la propreté, cette élégance du pauvre, qui réjouit la vue.

L'ivrognerie est rare aujourd'hui là où autrefois les exemples de ce vice déplorable et honteux étaient fréquents et contagieux.

Maint paysan du bon vieux temps passait une partie de ses journées, et souvent les nuits entières, à s'abreuver de *Schnapps,* en jouant le *Skat,* son jeu de cartes favori. La direction des affaires domestiques était alors complètement abandonnée à la femme. Sa vie rustique, sauvage même, ses

1. Cette collection a été offerte à l'Institut national agronomique.

fêtes grossières, où l'intempérance était de rigueur, lui suffisaient. Il évitait d'avoir aucun rapport avec les gens de la ville, ne sentant que trop son infériorité vis-à-vis des citadins. Pour lui, les grandes réjouissances consistaient moins dans la célébration des fêtes religieuses et de famille que dans celle des *Kermes*[1] et des *Schlachtfeste*[2].

Cette transformation heureuse fut opérée dans les dernières années. Salzmünde en marchant de l'avant donna l'exemple à toute la contrée, l'agriculture abandonna la routine, mit de côté les préjugés enracinés, et se déclara ouvertement pour les principes scientifiques tendant à la réalisation du progrès.

Les nouveaux modes de culture, l'emploi d'engrais auxiliaires, tels que le guano et la farine fossile, la jachère délaissée, la déviation des règles jusqu'alors observées et établies dans la succession des céréales, l'emploi des nouveaux instruments aratoires et de machines perfectionnées, portèrent leurs fruits.

Accueillies d'abord avec froideur et mépris, ces innovations devinrent bientôt un sujet d'émulation pour les propriétaires voisins.

A la vue de ces riches rendements, récompense bien méritée des améliorations progressives de l'exploitation modèle, ils prêtèrent une oreille attentive aux conseils qu'on voulut bien leur donner.

L'introduction de nouvelles races de bétail, la création d'étables bien comprises, enrichirent toute la contrée. Celui qui n'aurait connu que les pères de la génération actuelle, ne pourrait retrouver en elle les descendants des paysans de Mansfeld. Leurs richesses, laborieusement acquises, n'ont plus été gaspillées en une nuit d'orgie. Le jeu les tente bien

1. Foire et fête patronale.

2. Repas que l'on donne lorsqu'on tue un porc, un veau, etc.

encore quelquefois, mais ils savent s'arrêter sur la pente fatale : ils songent au lendemain et préfèrent agrandir leur lopin de terre, embellir leur demeure, ou acheter des instruments agricoles perfectionnés, plutôt que de perdre, en une heure d'oubli, les économies si péniblement amassées.

L'effet de ces conditions d'existence sur l'état moral apparaît avec évidence; les ouvriers aisés, indépendants, élèvent leurs enfants dans des habitudes de travail et d'économie. Le besoin d'une culture intellectuelle se fait également sentir, et dans les familles où l'almanach, la Bible et un livre de chansons suffisaient jadis à la lecture du soir, on trouve aujourd'hui des volumes de science agronomique à la portée de tous.

Les fils des pasteurs et des riches employés fréquentaient seuls, il y a vingt-cinq ans, les gymnases de Halle, qui voient maintenant abonder la jeunesse des campagnes.

L'école du village, quoiqu'en voie de progrès, ne suffit plus au paysan aisé; il veut pour ses enfants, pendant quelques années au moins, l'enseignement supérieur de la ville et le bien-être, loin de diminuer son patriotisme, n'a fait que l'augmenter. Il se croirait amoindri, déshonoré, si son fils ne pouvait servir comme volontaire dans l'armée.

Nous avons essayé d'esquisser à grands traits l'histoire de Salzmünde. Sur la montagne du haut de laquelle, à l'époque de la féodalité, le vieux château, grâce au principe du droit du plus fort, dominait toute la contrée pour y porter la paix et la guerre, une villa d'un style très pur et d'un goût parfait s'élève au milieu d'un riant paysage. Ses séduisantes terrasses invitent le voyageur à venir admirer Salzmünde, avec ses groupes de maisons d'un aspect pittoresque, ses ateliers, ses fabriques gracieusement disséminées, Salzmünde entouré de ses vertes prairies, de ses jardins, de ses champs producteurs. (Voir photographies.)

C'est de ce point de vue magnifique d'où l'on voit la Saale dérouler ses anneaux tortueux, entre deux rives accidentées et fleuries, que Frédéric-Guillaume IV, les 9 et 10 septembre 1857, observa, pendant les grandes manœuvres divisionnaires, la marche de ses soldats.

Huit ans plus tard, le 24 septembre 1865, le prince héritier Frédéric-Guillaume de Prusse et la princesse Victoria, son épouse, honorèrent le *Schlossberg* de leur présence.

Le duc Ernest de Saxe-Cobourg-Gotha, que les entreprises industrielles et agricoles intéressaient au plus haut degré, a visité à plusieurs reprises cette belle exploitation.

Attiré par la beauté de cette région, le touriste aime à inscrire la date de son passage sur un album, dont les feuillets sont couverts de centaines de noms illustres ; et ce n'est pas en moins de 14 langues, que sont exprimés les remerciements et la gratitude de ceux qui ont goûté l'hospitalité salzmündoise.

Dans un *Gärtchen* (petit jardin) situé au milieu du village, s'élève un vieux bloc de basalte sur lequel est gravée l'inscription suivante :

« Le pilier contre lequel repose cet écriteau en pierre est « le dernier vestige de l'ancien village de Salzmünde, protégé « visiblement par la grâce de Dieu. Dans les cinquante der- « nières années, le chiffre de sa population s'est élevé de « 38 à 850 habitants, et celui de ses maisons, de 23 à 185.

« Érigé en 1865, par le fondateur de ce village, pour servir « d'exemple aux générations futures, les engager à vivre « dans la crainte de Dieu, mettre leur confiance en lui, tra- « vailler honnêtement, en bonne intelligence, et s'aider cha- « que fois qu'il s'agit réellement du bien de l'humanité. »

CHAPITRE II

Géologie[1].

La géologie nous fait connaître les propriétés du sol, les différentes phases qu'il a traversées depuis son existence, et les événements terrestres qui peuvent surgir dans les temps futurs. C'est aussi l'une des sciences qui donnent les plus utiles renseignements à l'agriculture progressive.

L'agronome des temps modernes ne se contente plus d'une analyse superficielle de la couche arable, il veut pénétrer son sujet à fond et savoir comment prirent naissance cette terre, ce sol, cette couche supérieure, enfin, sur laquelle il doit opérer.

Il est donc intéressant d'étudier la provenance des différentes sortes d'argile, depuis la glaise commune du potier jusqu'à la fine terre à porcelaine (kaolin), utilisée par l'industrie locale, ou exportée vers de lointaines fabriques : Comment se sont formées ces couches de charbon brun, ou *houille terreuse,* employée comme combustible peu coûteux, en mélange avec les houilles proprement dites des environs? Quelle est l'origine de ce beau sable blanc sans aucune trace de fer, du carbonate et du sulfate de chaux, de la pierre à sablon, du porphyre, de ces mines de fer, de cuivre et d'argent, en un mot de toutes ces richesses, puisées au sein de la terre de cette contrée? Quelle est la

1. On peut consulter les cartes géologiques de Salzmünde et des environs à la Bibliothèque de l'Institut agronomique de France où elles ont été déposées.

source de ce grand lac salé (*Salzige See*)[1], dont le trop-plein se déverse dans la Saale sous le nom de *Salze*[2] ?

Nous nous sommes efforcé, pour répondre à ces questions multiples, de soumettre à une étude détaillée les différentes formations géologiques salzmündoises, en recherchant la part active qu'elles ont prise dans la création des terres labourables ou industrielles[3].

Pour avoir un aperçu général de la contrée, il faut monter au *Schlossberg,* sur les terrasses de la villa, à l'entrée de laquelle se trouve une carte du pays. De cet excellent poste d'observation, sur un des bords élevés de la *Saale,* nous dominons *Salzmünde* qui, d'après nos calculs barométriques, est situé à $68^{m},99$ au-dessus d'Amsterdam.

Derrière le village, le niveau du sol s'élève et atteint une hauteur de 136 mètres, quelques milles[4] plus loin vers l'Ouest, entre *Burgisdorf* et *Polleben,* nous montons à $216^{m},64$ et à *Kloster-Mansfeld,* on compte $243^{m},97$ d'altitude.

La hauteur moyenne sur un parcours de 26 kilomètres serait donc de 140 mètres. Le *Schlossberg,* entièrement composé de pierres à sablon de couleurs variées, mesure $66^{m},66$ et présente sur sa crête les derniers vestiges du château féodal, dont l'histoire succincte a été esquissée au chapitre précédent.

De cette hauteur, la Saale captive irrésistiblement nos regards. Sa largeur atteint plus de 180 mètres; ses nombreux et sinueux détours, sillonnés par les rapides bateaux, donnent

1. Voir *Plan général de l'exploitation.*

2. *Salze* signifie sels.

3. Consulter les cartes géologiques jointes à cette monographie, déposées à l'Institut agronomique de France, celles d'Andral, de Lespeyres; le *Vade-mecum* de Geibel, l'ouvrage du même auteur intitulé : *Pétrification du Falun de Lieskau près Halle;* le travail du major v. Bennigsen-Förder et l'aperçu des rapports géognosiques de l'Allemagne du Nord-Ouest, par Fréd. Hoffmann.

4. Le mille vaut $7.420^{m},438$.

au paysage un charme poétique et une grande animation, preuve vivante de l'importance de ce fleuve, de la prospérité du pays, de ses grandes et lointaines relations commerciales.

Ce cours d'eau nous servira de guide dans un voyage géologique de *Halle* à *Wettin;* les rivières sont un excellent itinéraire à suivre pour ces sortes d'explorations.

La Saale a dû longtemps épuiser ses efforts, entre les villages de *Giebicchenstein* et de *Crellwitz,* avant d'arriver à creuser son lit dans ces masses énormes de porphyre et l'agglomérat de pierres qui leur fait face. Aujourd'hui, ces roches lui servent de rives aussi grandioses que romantiques : d'une hauteur absolue de 100 mètres, elles nous montrent çà et là des parois tout à fait unies et perpendiculaires, atteignant 33 mètres et plus d'élévation.

Les montagnes de porphyre, s'étendant sur la rive droite du fleuve de *Landsberg* [1] à *Wettin* et *Loebejün*, c'est-à-dire sur une longueur d'environ 22 kilomètres, contribuent spécialement à la configuration de ce district.

On doit les considérer comme formant une seule et même chaîne, dont les enfoncements sont comblés par des terrains tertiaires et diluviens.

La cime la plus élevée est le *Petersberg*, dont l'altitude ne paraît pas avoir été fixée d'une façon très exacte ; les différentes observations ne sont pas concordantes; en prenant la moyenne, on arrive à 278 mètres au-dessus du niveau de la mer, élévation minime, il est vrai, mais qui n'en est pas moins le point culminant de toute la contrée, jusqu'aux côtes de la mer du Nord et de la Baltique.

Le porphyre se montre sur la rive gauche de la Saale, à *Crellwitz,* pour former ensuite les falaises de *Lettin,* de *Schiepzig,* et apparaître en dernier lieu comme point proé-

1. Le Kapellenberg y mesure 146^{m},65 au-dessus du niveau de la mer.

minent, en deçà de *Halle,* au lieu dit : *la Vigne Barth*[1], bien connue dans l'histoire.

A en juger par la structure extérieure, nous pouvons distinguer deux sortes de porphyre : l'une, massive, à grains assez compacts, avec cristallisation prononcée de feldspath ; l'autre, moins dense, plus riche en quartz et ne présentant pas comme la précédente une couleur rose-chair bien prononcée, mais un ton plus foncé se rapprochant du noir.

Veltheim propose de donner à la première espèce le nom de *porphyre de formation ancienne* et à la seconde celui de *porphyre de formation récente.*

Sans plus insister sur cette question, nous désignerons ces roches, avec Fréd. Hoffmann, par *porphyre inférieur* et *porphyre supérieur.*

L'important pour nous est de connaître la composition chimique de ces formations, nous en pourrons tirer d'utiles conséquences et facilement étudier les propriétés de la terre arable, résultant de l'efflorescence, ou de la décomposition de la gangue porphyréenne.

M. le professeur Wolf[2], qui a fait ces analyses, démontre que les éléments constituant ces roches varient avec les localités. Le mur de porphyre du jardin *Lehmann* à *Giebichenstein,* mesurant 66^{m},66 de haut, peut être considéré comme prototype de son espèce ; il contient :

17.91	parties	de feldspath mélangé	à du potassium (*orthoklas*).
36.33	—	—	à de la soude (*oligoklas*).
37.74	—	de quartz.	
6.13	—	d'oxyde de fer, chaux et terre glaise.	

1. C'est là que s'élève aujourd'hui un magnifique édifice, asile des aliénés. On peut faire un certain rapprochement entre cet établissement, qui soigne la folie, et les habitudes des étudiants allemands faisant autrefois, au même lieu, assaut de bière et d'épée.

2. Voir *Journa lfür praktische Chemie,* vol. 34, p. 193 et suivantes, et vol. 36, p. 142, etc.

Cinq échantillons de porphyre cristallisé provenant de diverses cassures, faites à *Brachwitz-s.-Saale,* à deux kilomètres de *Salzmünde,* nous ont donné les résultats suivants :

ÉCHANTILLONS.	POTASSIUM.	SODIUM.	
1.	5.90 p. 100	2.40 p. 100	
2.	7.30 —	1.39 —	rive droite.
3.	6 » —	2.40 —	
4.	6.95 —	1.42 —	rive droite.
5.	6.30 —	2.61 —	

N'oublions pas de signaler encore un porphyre d'une espèce toute particulière, le ***porphyre de quartz,*** produit résultant de métamorphoses diverses et qu'il faut bien se garder de confondre avec le *grès quartzeux,* dont nous aurons à parler plus loin.

Ces porphyres de quartz sont très employés, selon leur composition, comme matériaux de pavage et de construction ; les carrières les plus importantes se trouvent à *Galgemberg,* à *Giebichenstein,* près de *Loebejün,* au *Petersberg,* à *Hohenthurm,* et non loin de *Landsberg.*

Les observations à faire sur les variétés à grands cristaux, et quelque peu riches en quartz, offrent un certain intérêt.

Abandonné pendant plusieurs années à l'action des agents atmosphériques, le porphyre s'effleurit graduellement et contribue à la formation de terres fortes, riches en potassium et d'une grande fertilité. Les produits de cette décomposition acquièrent une plus grande valeur encore, lorsque les circonstances permettent à cette transformation de s'opérer sans trouble, sans mélange de matières étrangères. Ces dépôts constituent à leur tour le kaolin, ou terre à porcelaine, dérivation graduée du porphyre.

On peut assister à cette métamorphose (si je puis m'exprimer ainsi), en faisant une excursion à l'asile des aliénés par exemple, ou en suivant le chemin creux qui conduit de

Brachwitz à *Mörl ;* en contournant les masses rocheuses de cette espèce, nous pouvons facilement constater ce phénomène. Toute l'étendue comprise entre *Dölau* et la *Saale* a subi la transformation dont nous venons de parler.

Près des villages de *Beidersee, Mörl, Sennewitz* et *Seeben,* le kaolin occupe également de grandes étendues ; souvent d'énormes blocs, mesurant 10 mètres cubes, sont extraits de ces beaux gisements de terre à porcelaine, pour être expédiés aux fabriques de Berlin, Francfort, de Thuringe et exportés jusqu'en Russie et en Danemark.

Dans ces mines, les couches supérieures sont relativement pures, tandis que les masses inférieures, composées de grains, s'émiettent facilement et finissent par se consolider.

Il en faut conclure, ce qui du reste est très rationnel, que la transformation s'opère de haut en bas, provoquée par les eaux externes dont l'oxygène, l'acide carbonique et l'action mécanique corrodent les roches porphyréennes primitives. On peut encore constater sur certaines parcelles, quand elles sont humides, les traces légères laissées par la sécrétion du feldspath.

Une grande quantité de cette terre à porcelaine est lavée et débourbée à *Salzmünde,* pour être expédiée aux usines éloignées de cours d'eau.

Lors de sa purification, cette terre dépose du sable fin et du quartz, sous forme de petites pyramides présentant une grande analogie avec celles produites généralement par les bords (rarement par les couches mêmes) de l'argile plastique, dont la formation appartient à la période de la houille terreuse.

Nous démontrerons plus loin que cette argile appartient à une formation fossile tertiaire plus récente.

Enfin, nous devons signaler les services que, par son éruption, ce minéral plutonien a rendus au pays.

Les éminences de *Wettin, Loebejün* et *Plötz* sont entourées de gisements de houille dont l'élévation n'est due qu'au porphyre; ce sont les seuls endroits, dans toute la Saxe, où l'on trouve ce combustible.

Le poids de la houille extraite en 1881 s'élève à 39,141,450 kilogr., représentant une valeur de 561,027 fr. 45 c. ; 384 ouvriers sont occupés à son extraction.

La vieille mine de *Dölau,* située aussi au bord des montagnes porphyréennes, exploitée par une compagnie industrielle sous le nom de *Humboldt,* fut abandonnée en 1851 ; le rendement ne répondait pas aux efforts tentés ; mais dans un avenir prochain, on parviendra certainement à extraire la houille de points plus éloignés des gisements de porphyre, et à des profondeurs considérables.

Signalons enfin le soulèvement de *Giebichenstein* au sud de *Reilsberg,* où le charbon a été complètement mis à nu, et les fondations d'un grand établissement reposant sur un lit de houille dans la charmante petite ville de bains de *Wittekind.*

L'inspecteur en chef des mines, M. Veltheim, a minutieusement exploré au commencement de ce siècle la formation houillère du pays, en étendant très loin ses forages dans l'Ouest de cette région et dans la montagne qui lui fait face. Mais les qualités et l'importance de ces gisements paraissent si minimes, qu'on ne peut songer à une exploitation en règle.

C'est dans cette petite vallée, entre lés collines *Reil* et *Schmelzer,* près de *Giebichenstein,* que prend naissance une source minérale assez célèbre.

Au temps de Wittekind, dit la légende, on tenta d'extraire du sel des eaux jaillissantes de cette fontaine ; l'entreprise fut vite abandonnée, en raison du trop faible degré de saturation. Un habitant de Halle, M. Thiele, se rendit acquéreur en 1860 de cette source riche en soude, chlorure de sodium, chlorure de magnésium, et fonda en cet endroit une station balnéaire. L'efficacité de ses eaux, le site ravissant de cet établissement, ont contribué à faire augmenter d'année en année le nombre des personnes attirées par ce charmant séjour.

Vis-à-vis de ***Brachwitz,*** une autre source a été utilisée par le Dr Runde[1] pour y fonder les bains *Neu-Ragozy*. Les eaux bienfaisantes jaillissent du sein du porphyre et offrent beaucoup d'analogie avec celles de *Kissingen*. Leur position solitaire explique seule le peu de faveur que le public leur témoigne.

Cette fontaine, comme celle de Wittekind, ne contient, comparée aux autres eaux, qu'une très faible quantité de principes composants. Il faut en conclure que son cours souterrain, assez long, traverse des couches de sel gemme, et que, grossie par d'autres sources diminuant sa richesse en chlorure de sodium, elle reçoit en compensation une grande quantité de substances minérales curatives.

Dans l'intérêt de la science en général et celui des salines en particulier, il serait à désirer qu'on procédât à quelques forages d'exploration, dans la partie occidentale de ***Halle.***

A l'ouest des bains ***Neu-Ragozy,*** nous rencontrons pour la première fois le terrain permien (***Zechstein***), de formation conglomératique dans laquelle prédomine le ***grès rouge.***

Sur la droite de la *Saale,* au nord-ouest de ***Brachwitz,*** le dias se présente sous forme de pierre calcaire, compacte, de couleur grise, que l'on trouve sur une colline assez escarpée, aux environs de laquelle existe du minerai de fer très dense, globuleux, exploité en différents endroits.

Comme conglomérat de cuivre et schiste bitumineux, le

1. Aujourd'hui le Dr Steinbruck est directeur de cette station.

Zechstein nous apparaît au Nord-Nord-Ouest de *Döblitz*, à *Wettin* (au *Mühlberg*), à *Dobis*, et jusque dans le *Mansfeld*, où le minerai de cuivre argentifère est très répandu.

Ce n'est aussi qu'à partir de ce district que nous apercevons toutes les *formations diasiques*, *couches blanches*, *schiste cuivré*, *dias proprement dit*, *wake*, *calcaire poreux*, *pierre dite cendreuse*, *calcaire fétide*, *pierre à chaux bitumineuse*, fortement teintée en noir, et enfin, la *roche calcaire vésiculaire*, dite *pierre enfumée*.

Les marnes et la terre glaise secondaire composent la période de transition et nous conduisent au *grès bigarré*. Ce dernier occupe, dans la contrée, la place la plus importante; il renferme très souvent des bancs de *grès blancs* alternant plus ou moins avec des couches d'*argile micacée*.

Les carrières les plus importantes se trouvent à Salzmünde (dans le Olberg), à *Pfützenthal*, *Räther*, et près de *Höhnstädt*, d'où l'on extrait une excellente pierre à bâtir.

Le château royal de Sans-Souci à Potsdam fut construit avec les matériaux tirés des endroits que nous venons de signaler, principalement de Salzmünde et Räther.

A l'Est de *Schiepzig*, le *grès bigarré* se présente sous forme oolithique; la finesse du grain est telle, qu'il est difficile de reconnaître son isolement caractéristique, sans lequel on pourrait presque le confondre avec un calcaire à grains très dense; de là nous le voyons reparaître sur la rive opposée[1] de la Saale sous forme de masses de grès à rayures bigarrées, présentant des traces légères de schiste, masses qui reposent sans doute sur l'oolithe, dont elles forment la couche supérieure immédiate.

Non loin de *Döblitz*, les roches sont à gros grains, bien marqués, ne laissant aucun doute sur leur structure oolithique.

---

1. Rive droite.

S'étendant sur la gauche de Salzmünde à Pfützenthal, la vallée de la Salze est occupée par un grès bigarré d'un aspect différent. Ce sont alors de grandes masses conglomératiques arrondies, régulières, qui conviendraient parfaitement comme pierres ornementales dans les constructions.

A *Benkendorf*, le diluvium et l'alluvium rendent impossible toute observation sur la formation géologique ; on ne rencontre point de fossiles, mais par contre le minerai de fer et les sphérosidérites abondent sur le territoire de *Dölau*, *Lieskau*, ainsi que sur le bord Est du lac Salé (*Salzige See*).

Au sud-est de *Benkendorf*, nous trouvons le *calcaire conchylien* ou *coquillier*, s'étendant de *Bennstedt* à *Cölme* et *Lieskau* pour former une chaîne circulaire apparente. Vers l'Ouest, ce cercle calcaire semble interrompu. Il doit sans doute recouvrir le dépôt grésifère supérieur, qui tapisse toute la vallée de la Salze, comme le prouvent les forages pratiqués à Salzmünde.

D'autres sondages, effectués en vue de découvrir la houille[1] terreuse, ont décelé au lieu dit *les Zorges* la présence de la chaux.

Jusqu'à ce jour, la puissance de cette couche de chaux, qui s'étend vers le Sud-Est et se relève ensuite pour former la colline de *Nietleben* et *Passendorf*, n'a pas encore été constatée.

Nous avons suivi facilement, à part quelques interruptions, la formation calcaire sur un parcours de près de 22 kilomètres, dans une excursion en partant de *Bennstedt* vers *Köchstedt*, *Schraplau*, *Gorsleben*, *Dederstädt*, *Polleben* et *Valkstedt*.

En raison des nombreuses pétrifications qui accompagnent la chaux de cette contrée, nous lui donnerons le nom

---

1. On est descendu jusqu'à 43^{m},30 de profondeur.

de *chaux ondoyante*. Sur plusieurs points, elle est recouverte de *mehlbatzen* ou écume de chaux, substance minérale poreuse d'un jaune clair, présentant comme à *Lieskau* des concrétions arrondies.

Pendant de longues années, les gisements calcaires de la contrée avaient passé pour très pauvres en pétrifications, lorsqu'en 1853, M. le conseiller des mines Müller, de Halle-sur-Saale, fut assez heureux pour en trouver de magnifiques échantillons, dans une carrière non loin de *Lieskau*; plus tard les recherches assidues du professeur *Giebel* firent découvrir des richesses surprenantes dans les couches conchyliennes voisines.

Cette pierre calcaire, employée comme matériaux de construction, doit encore à sa grande pureté d'être recherchée par toutes les sucreries pour le travail des jus de betteraves.

A *Cölme, Bennstedt* et *Lieskau* nous avons compté plus de 100 fours à chaux qui, malgré leur importance, ne peuvent suffire aux nombreuses commandes de chaque jour.

Les fabriques de produits chimiques de la province se la disputent, et elle fait une concurrence meurtrière aux fours à coke Kindler pour la production de l'acide carbonique. D'après les analyses faites sur de nombreux échantillons, nous avons constaté qu'elle contient 91 à 97 p. 100 de carbonate de chaux et de magnésie.

Nous donnons les résultats fournis par un fragment soumis à la calcination :

Chaux	90.28	p. 100.
Magnésie	0.92	—
Potasse	0.35	—
Soude	0.19	—
Acide sulfurique	0.29	—
— carbonique.	Traces.	—
— silicique.	3.61	—
Terre argileuse et oxyde de fer. .	5.28	—
Argile	0.48	—

Le grès bigarré et la chaux conchylienne peuvent, en quelque sorte, être considérés comme formant les premiers sédiments, la charpente, ou plutôt la croûte solide superficielle de cette contrée.

Les vallées profondes, les grands vides qu'ils laissent, furent comblés par la houille terreuse, l'argile, la glaise, le sable et les éboulis de toutes sortes. Après ces transformations, peut-être fut-il un temps où la contrée formait un immense plateau; mais l'écoulement rapide et violent des eaux ne tarda pas (les lits presque desséchés des torrents et des rivières, encore visibles de nos jours, en sont la preuve) à produire çà et là quelques effondrements. La dislocation une fois commencée, fit de rapides progrès et entraîna la formation des grandes trouées qui creusent le pays. Quelques fragments du plateau primitif parvinrent à résister; ils se recouvrirent d'une excellente terre végétale supportée par des couches de glaise riche en chaux et mesurant par places $16^m,50$ et plus d'épaisseur.

Cette terre glaise constitue le manteau de la période grésifère ou calcaire.

Les flancs des vallées, presque toujours à nu, sans la moindre couche d'humus, permettent de reconnaître la succession des couches inférieures des plaines élevées.

C'est encore aux eaux torrentielles qu'il faut attribuer la mise à découvert du gypse, se montrant très distinctement sur les pentes au bas desquelles coule la *Lawcke*, avant de venir grossir la Salze à *Zappendorf*. Entre *Müllerdorf* et *Wills*, le lit de cette rivière est formé de gypse et, en maint endroit, les penchants des vallées, comme à *Räther* par exemple, nous le montrent sous forme de masses rocheuses. Ce minéral n'est donc pas rare dans le pays ; il forme des espaces vides semblables à ceux d'*Eisleben*, auxquels on a donné le nom caractéristique de *Gypsschlot-*

ten[1] à cause des effondrements fréquents qui se produisent, surtout dans les environs de *Schochwitz*. Il est facile d'expliquer ce phénomène assez curieux.

Les eaux souterraines, par l'action de leurs lavages continuels, finissent par creuser des cavernes dont les plafonds ne peuvent, à un moment donné, à cause de la dislocation du gypse, supporter les masses supérieures.

Les carrières gypsifères de *Räther* et *Schochwitz* n'ont pas encore été soumises à une exploitation régulière. Comme matériaux de construction, on préfère le carbonate de chaux ; employer le gypse comme amendement serait superflu, nous dirons même nuisible, les terres de Salzmünde en contenant par elles-mêmes de très fortes proportions. *Eisleben* livre ce produit à un prix très peu élevé, 1 fr. 50 c. les 100 kilogr. ; tels sont les motifs qui semblent faire négliger ces richesses. Il n'en est pas de même à *Gnölbzig* et *Beesenlaublingen*, qui écoulent très avantageusement leur sulfate de chaux dans le Mecklembourg et le Holstein, où il est employé comme engrais. Il est aussi, dans ces provinces, soumis à la cuisson, puis transformé en briquettes fort estimées pour constructions à bon marché dans les endroits où les murs n'ont pas à craindre l'humidité.

Les immenses gisements de houille terreuse appartenant à la période tertiaire sont un puissant auxiliaire pour la prospérité de l'industrie salzmündoise.

Nous nous occuperons d'abord et surtout du bassin houiller s'étendant de la Saale aux lacs de *Mansfeld* et reposant sur le grès bigarré et le calcaire conchylien. Ces couches de charbon brun se prolongent dans la direction nord-sud, entre les villages de *Dölau* et *Dölitz-am-Berge*, et est-ouest de *Nietleben* à *Wanzleben*.

---

1. *Gypsschlotten*, gypses tremblants, vacillants.

Jusqu'à présent, on n'a pas constaté avec certitude la connexion directe des gisements de l'Ouest avec ceux de *Röblingen, Etzdorf, Stedten* et *Scharplau,* situés au sud du lac Salé.

L'auge minière principale comprend plusieurs terrains houillers en pleine activité d'exploitation, fournissant un excellent combustible, objet d'un très grand commerce.

Partant de l'Ouest, nous rencontrons dans les rayons de *Wanzleben* et *Teutschenthal* beaucoup de petites houillères[1] dont on extrait les produits soit par voies souterraines, soit même à ciel ouvert.

Plus loin vers le Nord se trouve le grand gisement de *Langenbogen,* divisé en trois bassins bien distincts.

Réservée au fisc, cette mine, dont l'épaisseur des couches atteint jusqu'à 17^{m},75, fut ouverte dès la fin du XVIIIe siècle et, déjà à cette époque, alimenta les salines royales de Halle; mais les frais de transport, trop élevés, firent renoncer à cette exploitation en 1836, époque à laquelle les salines tirèrent leur combustible de *Zscherben,* localité plus rapprochée.

Toutefois, ce trésor inépuisable ne fut pas complètement abandonné et, vers 1860, de grands établissements se fondèrent à *Logenbogen* en vue d'une extraction très importante. La ligne du chemin de fer de *Halle-Cassel* facilite considérablement l'écoulement des produits, dont la tonne de 150 kilogrammes revient à 0 fr. 375.

En nous dirigeant vers l'Est, nous arrivons à une série de mines contiguës, s'étendant du Nord au Sud, de *Bennstedt* au delà du village de *Eisdorf.* Au Nord, le point extrême est formé par le puits de *Eintracht* (Concorde), appartenant à Salzmünde et se composant, comme nous l'avons dit plus haut, de quatre couches qui reposent dans un bassin ou auge minière.

1. Les couches de ces mines offrent une épaisseur de près de 9 mètres.

L'exploitation commença en 1864 au moyen d'une machine à vapeur à molettes. Les fabriques de Salzmünde tirent de ce puits la plus grande partie de leur charbon, plus de 30,000,000 de kilogr. ; enfin 12,000,000 de kilogr. sont débités aux particuliers à raison de 0 fr. 36 la tonne de 150 kilogr. prise sur place.

Les analyses suivantes fournissent quelques renseignements sur la qualité de ces houilles terreuses.

POUR 100 PARTIES.							
PROVENANCE DES ÉCHANTILLONS.	M Combustibles.	Cendres.	Eau.	PRODUITS DISTILLATOIRES.			
				Goudron humide.	Eau de goudron.	Gaz.	Résidus carbone et cendres.
Morl n° 1	46.9	4.5	48.6	13.4	43.4	20.8	22.3
Morl n° 2	39.3	3.6	57.1	21.5	46.3	18.7	13.4
Morl n° 3	47.0	6.5	46.5	21.5[1]	38.5	17.5	22.5
Schochwitz n° 1	43.8	6.5	49.7	non fait.	»	»	»
Schochwitz n° 2	36.5	14.1	49.4	8.0	51.2	»	»
Bennstädt (Concorde)	43.7	14.3	42.0	non fait.	»	»	»

1. Équivaut à 3,5 de goudron anhydre.

Composition des cendres de la houille de Bennstädt.

Acide carbonique	1.11
Chlore	0.19
Acide sulfurique	15.40
— silicique	12.39
Potassium, sodium	1.60
Oxyde de fer, terre argileuse	7.24
Chaux	17.52
Magnésie	3.37
Sable et argile	38.77

Cette houille renferme donc 1/3 de gypse.

Plus loin vers le Sud viennent se ranger l'une après l'autre les mines de *Sophie Gottesbelohnung* (récompense de Dieu),

Henriette et *Frédéric-Guillaume II*, formant une seule et même couche pouvant être revendiquée comme telle par chacun de ces puits. Aux deux derniers viennent se joindre vers l'Est le *Frédéric-Guillaume*[1], et enfin la mine de *Madai*, située déjà sur le territoire prussien.

Dans beaucoup de briqueteries de Halle et des environs, ce charbon brun, malaxé avec de l'eau, est soumis ensuite à l'action de la presse pour former des briques appelées *pierres de houille*. Ces *Kohlensteine* une fois desséchées, sont livrées à la consommation. Dans les petits villages, le malaxage du charbon brun est pratiqué en août et septembre, sur une aire bien nette. Hommes, femmes, enfants, les jambes nues, foulent cette boue noire qui est ensuite moulée dans de petites caisses rectangulaires en bois. On forme avec ces briques, aux trois quarts desséchées, des murs à claire-voie recouverts de paille à la partie supérieure, pour les mettre à l'abri de la pluie, en attendant leur utilisation.

A la limite des gisements connus on trouve encore, vers le Sud, quelques puits sans grande importance, *Schlettau, Holleben* et *Beuchlitz* entre autres. N'oublions pas en terminant les grandes mines royales de *Zscherben* et le *Neuglücker Verein*, près du village de *Nietleben*, appartenant à une compagnie industrielle qui exploite les dernières couches situées au Nord-Est.

On a constaté dans cette partie la présence de deux bancs houillers dont un seul est exploité ; l'autre, d'une épaisseur de 20 mètres environ, repose encore intact dans les profondeurs du sol.

Zscherben, nous l'avons dit, alimente les salines royales de Halle et approvisionne aussi de grandes manufactures et établissements privés.

---

1. La couche de houille mesure en cet endroit $17^{m},75$ d'épaisseur.

A l'extrémité Nord-Est de l'auge minière s'élèvent les grandes constructions de *Nietleben.* Ce puits fournit annuellement plus de 75,000,000 de kilogr. de houille. Un tramway la conduit à 3^k,700 sur les rives de la Saale d'où les bateaux la transportent à *Alsleben* et autres localités des environs.

Toutes ces mines produisent ensemble, par an, à l'heure actuelle, 300,000,000 de kilogr. de houille, représentant une valeur de quelques 300,000 thalers (1,125,000 fr.) et équivalant à 150,000 cordes de bois de chauffage.

La production annuelle d'une forêt en Prusse ne dépasse guère, par mille carré[1], 2,750 cordes. Il faudrait donc 54 milles carrés[2] de forêts pour fournir une quantité de combustible équivalente à celle des houilles extraites des bassins précités.

Mais on ne s'est pas contenté de demander au charbon brun de nous céder ses calories; l'industrie des temps modernes a exigé plus encore. La découverte du photogène, des huiles de naphte, de la paraffine et des produits dérivés des huiles goudronneuses, l'extraction, en un mot, de tous les principes chimiques renfermés dans la houille, ont considérablement augmenté sa valeur commerciale.

Les matières bitumineuses, abondantes dans cette contrée, sont séparées du charbon par distillation sous forme de goudron et expédiées aux usines de *Weissenfels* et *Zeitz,* où ce genre d'industrie a pris une grande extension. Les goudronneries les plus importantes avoisinent *Teutschenthal* et *Eisdorf.* Celles de *Mörl* ont été complètement abandonnées, les résultats n'étaient pas satisfaisants; par contre cinq nouvelles fabriques ont été créées à *Logenbogen.*

---

1. Le mille vaut $7,420^{m}$,438.
2. Voir *Table statistique*.

Outre le bassin tertiaire occupant l'espace compris entre la Saale, la Salze et les lacs de Mansfeld, nous signalerons quelques points houillers isolés, peu importants, il est vrai, près des villages de ***Schwittersdorf, Schowitz, Wils*** et ***Dölau,*** exploités par les puits de ***Gute-Hoffnung*** (Bon-Espoir), ***Amélie, Bismark II*** et ***Anna.*** Le charbon extrait est de qualité très inférieure et ne mérite que peu d'attention.

Ce n'est pas seulement la houille terreuse qui donne à la période tertiaire des environs de Salzmünde une si grande importance; elle renferme encore dans son sein d'autres trésors non moins appréciables.

Citons d'abord l'argile plastique blanche, qui apparaît aux confins des couches carbonifères. Sa résistance à l'action du feu la fait apprécier par les fabriques de porcelaine pour le moulage des capsules et des creusets. On la trouve à l'état le plus pur dans le bassin de la mine ***Eintracht,*** située entre les villages de ***Bennstädt, Cölme*** et ***Lieskau.*** Les terriers de ***Salzmünde-Dölau*** fournissent aussi pour la tuilerie de l'argile tertiaire de première qualité (*voir chapitre spécial*).

Un autre produit très rémunérateur est le sable blanc, fin, sans mélange de fer, recherché à juste titre par les verreries, les fabriques de grès et celles de porcelaine. Il est assez abondant près de ***Bennstedt, Cölme, Lieskau, Granau, Nietleben*** et dans les plaines de ***Dölau.***

Nous avons signalé plus haut le *grès quartzeux dense*, désigné quelquefois sous le nom de *pierre bulbeuse* ou grès de houille terreuse. Accompagnant toujours le charbon brun, dont il forme une partie de la couche, ou se présentant en amas compacts irréguliers sur les bords des lits de houille, sa résistance à l'écrasement le rend précieux pour la construction et l'entretien des chemins, chaussées et voies de communication.

Le diluvium et l'alluvium qui recouvrent les terrains tertiaires n'ont pas une grande importance au point de vue industriel. Très précieuses pour la fabrication de la brique rouge commune, ces terres, grâce à leurs principes composants nombreux et variés, sont la base d'une terre arable des plus estimées par les agriculteurs.

CHAPITRE III

Météorologie et Climatologie.

Le succès d'une récolte, répètent avec raison les praticiens, dépend principalement de la pluie et du soleil. Le climat est l'ennemi avec lequel on lutte le plus difficilement, a dit M. de Gasparin et, depuis la publication de son cours, en 1844, la nécessité d'adapter les cultures au climat, mise en évidence avec toute l'autorité de ce grand savant, est devenue plus impérieuse encore. Insister sur les avantages de la météorologie et de la climatologie, dont l'importance a été unanimement reconnue, serait ici superflu; si les résultats obtenus n'ont pas toujours répondu à l'attente des hommes de science, s'ils n'ont pu jusqu'à présent guider sûrement l'agriculteur, il faut espérer qu'à l'avenir les observateurs nous livreront des indications précises, où la pratique et la théorie pourront puiser d'utiles renseignements; et, lorsque ce résultat aura été obtenu, quels que soient les efforts dépensés, ils n'auront pas été achetés trop cher.

Il serait imprudent de porter un jugement exact sur l'économie rurale de Salzmünde, sans le faire précéder d'une description climatologique.

Grâce à l'extrême obligeance de M. Eltze, l'habile directeur de la tuilerie, nous avons pu mener ce travail à bonne fin : aussi sommes-nous heureux de pouvoir lui offrir en tête de cette étude, l'expression de notre reconnaissance et nos remerciements les plus sincères pour son bienveillant concours. Nous lui devons la majeure partie des observations qui vont suivre, auxquelles viendront s'ajouter celles que nous avons commencées pendant notre séjour de l'année dernière à Salzmünde. Le long stage que nous venons de terminer nous a permis de les continuer.

Le baromètre suspendu dans une chambre exposée au Nord, à 8m,79 au-dessus du niveau de la Saale, était abrité par un contre-châssis.

Fixé à la même hauteur, et placé à 0m,63 d'une muraille supportant un petit toit de zinc, le psychromètre, abrité contre la pluie, était également tourné vers le Nord.

Le pluviomètre, éloigné de toute construction, était fixé à 2m,50 du sol, au milieu d'un jardin.

L'évaporomètre, constitué par un cylindre en verre mesurant 0m,182 de haut et 0m,182 de diamètre, rempli d'eau aux deux tiers, était placé sur un piédestal de 1m,25 d'élévation. Chaque semaine, on procédait à une pesée minutieuse, et la quantité d'eau évaporée se trouvait déterminée par la différence entre deux pesées faites au commencement et à la fin de l'expérience. La pluie tombée pendant l'observation, accusée par le pluviomètre, était portée en compte de déduction.

Pour l'érection de la girouette, fixée sur une croix indiquant les pôles Nord et Sud, on a tenu compte de la déclinaison de l'aiguille aimantée, qui pour Salzmünde est de 15°4. L'intensité du vent est graduellement indiquée d'après l'échelle suivante :

0 = Calme plat.
1 = Vent très léger.
2 = Vent moyen.
3 = Vent fort.
4 = Tempête.

Les observations ont été faites trois fois par jour, à 7 heures du matin, 1 heure de l'après-midi et le soir, à 9 heures.

Pendant les années 1877 et 1878, les relevés n'eurent lieu qu'une fois par jour, à midi. Les tables suivantes indiquent la moyenne des observations pour chaque mois de l'année.

Le tableau IIe contenant les résultats des constatations trimestrielles, est divisé en saisons; l'hiver comprend les mois de décembre, janvier et février; le printemps, mars, avril, mai, et ainsi de suite.

TABLEAU.

I°

MOIS.	HAUTEUR barométrique.	PRESSION de la vapeur.	HUMIDITÉ relative à tant p. 100.	TEMPÉRATURE de l'air à midi.	MOYENNE de la température atmosphérique du jour.	DIRECTION du vent.	FORCE DU VENT.	HAUTEUR de la pluie.	NOMBRE D'AVERSES.	HAUTEUR de l'eau évaporée.
Janvier 1877. .	0.7581	0.00293	84	— 5°77	»	S	1.35	0.0139	4	»
Février — . .	0.7667	0.00452	81	5 27	»	S	1.54	0.0042	6	»
Mars — . .	0.7479	0.00588	68	7 87	»	O	2.10	0.0272	10	»
Avril — . .	0.7558	0.00462	52	9 37	»	N-O	2 »	0.0113	4	»
Mai — . .	0.7522	0.00696	55	14 37	»	N-O	2.10	0.0387	9	»
Juin — . .	0.7524	0.01207	61	14 62	»	O	1.57	0.1433	14	»
Juillet — . .	0.7511	0.01137	56	22 75	»	S-O	1.81	0.0298	11	»
Août — . .	0.7554	0.01112	55	22 75	»	O	1.52	0.0388	7	»
Septembre — . .	0.7522	0.00942	66	17 50	»	O-S-O	1.80	0.0432	8	»
Octobre — . .	0.7574	0.00832	72	13 37	»	E	1.79	0.0090	2	»
Novembre — . .	0.7504	0.00548	74	6 62	»	S-O	2.13	0.0513	11	»
Décembre — . .	0.7619	0.00451	83	2 27	»	S	1.52	0.0263	8	»
MOYENNE. . .	0.7549	0.00722	67	11°53	»	O-S-O	1.76	0.4370	94	»
								TOTAL.		
Janvier 1878. .	0.7534	0.00371	88	— 1°50	»	O-S-O	1.73	0.0234	11	»
Février — . .	0.7558	0.00438	81	1 62	»	N-O	1.69	0.0253	10	»
Mars — . .	0.7495	0.00676	75	9 50	»	S	1.60	0.0206	7	»
Avril — . .	0.7552	0.00676	60	13 27	»	O	2.13	0.0334	11	»
Mai — . .	0.7545	0.01038	53	20 »	»	S-E	1.84	0.0253	9	»
Juin — . .	0.7519	0.00944	58	19 37	»	O	2.17	0.0676	12	»
Juillet — . .	0.7540	0.01084	63	20 12	»	O-S-O	2.16	0.1244	18	»
Août — . .	0.7540	0.01035	57	20 75	»	S	1.74	0.0432	7	»
Septembre — . .	0.7571	0.00948	61	18 27	»	E	1.48	0.0351	5	»
Octobre — . .	0.7554	0.00798	68	13 62	»	O	2 »	0.0180	5	»
Novembre — . .	0.7552	0.00586	86	4 87	»	E	0.90	0.0118	3	»
Décembre — . .	0.7562	0.00438	79	3 »	»	S-O	1.84	0.0395	11	»
MOYENNE. . .	0.7545	0.00753	69	11°88	»	S	1.77	0.4676	109	»
								TOTAL.		
Janvier 1879. .	0.7527	0.00501	81.5	4°37	3°08	S-S-O	2.03	0.0203	7	0.0473
Février — . .	0.7601	0.00490	74.0	5 37	3 »	O	1.86	0.0245	8	0.0433
Mars — . .	0.7525	0.00576	74.0	7 75	5 30	O-S-O	1.81	0.0434	9	0.0353
Avril — . .	0.7522	0.00596	55.5	13 »	8 71	O-S-O	1.73	0.0217	9	0.1200
Mai — . .	0.7554	0.00811	58.0	12 87	13 16	N-E	1.77	0.0145	6	0.1361
Juin — . .	0.7545	0.01059	61.0	20 03	16 86	O-S-O	1.68	0.0930	13	0.1471
Juillet — . .	0.7570	0.00924	51.7	20 53	16 95	O-S-O	1.95	0.0199	10	0.1921
Août — . .	0.7550	0.01149	54.9	23 85	19 31	O-S-O	1.94	0.0351	10	0.1743
Septembre — . .	0.7548	0.00914	61.3	17 66	14 25	O-S-O	2.25	0.0459	14	0.0849
Octobre — . .	0.7543	0.00744	66.5	15 36	11 37	S-O	1.72	0.0179	8	0.0544
Novembre — . .	0.7585	0.00562	76.4	6 68	4 23	S-S-O	1.66	0.0432	9	0.0288
Décembre — . .	0.7569	0.00500	80.8	4 08	3 07	O-S-O	1.95	0.0362	16	0.0609
MOYENNE. . .	0.7555	0.00743	66.3	12°96	9°96	O-S-O	1.86	0.4156	119	1.1245
									TOTAL.	
									* Y compris la neige.	
Janvier 1880. .	0.7662	0.00303	85	— 4°62	— 6°90	S-S-O	1.47	0.0285	5 * 3	0.0280
Février — . .	0.7539	0.00405	82	0 87	— 1 13	S-O	1.79	0.0245	11 * 8	0.0216
Mars — . .	0.7490	0.00501	65	7 50	4 68	O-S-O	1.92	0.0271	14 * 1	0.0650
Avril — . .	0.7543	0.00407	46	10 12	6 50	N-E	1.98	0.0226	9 * 2	0.1083
Mai — . .	0.7545	0.00562	47	13 50	10 70	E	2.06	0.0545	14	0.1732
Juin — . .	0.7545	0.00988	57	19 87	17 25	O-S-O	2.40	0.1031	16	0.1823
Juillet — . .	0.7555	0.00989	58	19 87	17 21	N-N-O	1.62	0.1112	11	0.1734
Août — . .	0.7560	0.00878	54	18 62	15 75	O-N-O	2.84	0.1136	9	0.1683
Septembre — . .	0.7565	0.00914	59	18 »	14 27	O-S-O	1.80	0.0299	10	0.0893
Octobre — . .	0.7540	0.00651	63	11 50	8 33	O-N-O	2.13	0.0172	16 * 1	0.0486
Novembre . .	0.7547	0.00518	79	4 37	2 »	S-S-O	1.32	0.0379	11 * 2	0.0108
Décembre — . .	0.7536	0.00311	81	— 2 12	— 3 62	E-S-E	1.89	0.0015	6 * 3	0.0109
MOYENNE. . .	0.7561	0.00619	61.7	9°81	7°07	O-S-O	1.93	0.5716	132	1.0747
									TOTAL.	

Afin de ne pas brusquer la comparaison des observations faites en 1877 et 1878, je n'ai indiqué dans les deux derniers tableaux que les résultats constatés à une heure de l'après-midi, concernant la hauteur barométrique et la pression de vapeur d'eau, comparés aux chiffres donnant la moyenne proportionnelle de la journée entière; ces observations ne présentent qu'une différence insignifiante. L'état hygrométrique moyen est un peu inférieur et la moyenne de la force du vent au-dessus de la vérité. Nous reviendrons plus tard sur cette question.

TABLEAU.

II°

	HAUTEUR baro-métrique.	PRESSION de la vapeur.	HUMIDITÉ relative à tant p. 100.	TEMPÉRATURE de l'air à midi.	TEMPÉRATURE moyenne du jour.	DIRECTION du vent.	FORCE du vent.	HAUTEUR de la pluie.	NOMBRE d'averses.	HAUTEUR de l'eau évaporée.
1877										
Hiver 1876 à 1877. .	0.7575	0.00371	81.6	— 0° 61	»	S	1.46	0.0582	18	»
Printemps	0.7519	0.00562	58.3	10 50	»	N-O	2.06	0.0799	23	»
Été	0.7529	0.01149	57.3	22 50	»	O	1.63	0.2124	32	»
Automne	0.7542	0.00763	70.6	12 50	»	S	1.90	0.1068	27	»
1878										
Hiver 1877 à 1878. .	0.7668	0.00415	84.0	0 75	»	S-S-E	1.64	0.0747	29	»
Printemps	0.7531	0.00787	62.6	14 25	»	S	1.85	0.0813	27	»
Été	0.7534	0.01013	59.3	20 »	»	S-O	2.02	0.2354	37	»
Automne.	0.7559	0.00773	71.6	12 25	»	E	1.46	0.0667	13	»
1879										
Hiver 1878 à 1879. .	0.7563	0.00474	88.2	4 23	2°87	S-O	1.91	0.0853	26	0.1292
Printemps	0.7545	0.00675	62.5	12 46	9 13	O	1.77	0.0813	24	0.2904
Été	0.7555	0.01038	55.9	21 47	17 71	O-S-O	1.86	0.1468	33	0.5141
Automne.	0.7560	0.00762	68.1	13 23	9 95	S-O	1.88	0.1083	31	0.1787
1880										
Hiver 1879 à 1880. .	0.7592	0.00405	82.6	0 10	— 1 65	S-O	1.74	0.0912	32	0.1096
Printemps	0.7536	0.00485	52.7	10 37	7 30	N-O	1.98	0.1070	37	0.3590
Été	0.7554	0.00948	56.3	19 53	16 73	O-N-O	2.29	0.3303	46	0.5170
Automne.	0.7552	0.00697	67.0	11 21	8 20	S-O	1.75	0.0874	37	0.1488

Si nous portons notre attention sur les moyennes des hauteurs barométriques mensuelles prises séparément, nous verrons que : la hauteur maxima de quatre années tombe sur le mois de *février*, tandis que la hauteur minima porte toujours sur le mois de *mars*.

		MAXIMA.		MINIMA.
1877. . . .	Février. . . .	0,7667	Mars. . . .	0,7479
1878. . . .	Février. . . .	0,7558	Mars. . . .	0,7495
1879. . . .	Février. . . .	0,7601	Mars. . . .	0,7525
1880. . . .	Janvier. . . .	0,7662	Mars. . . .	0,7490

La hauteur maxima se produisit en janvier 1880 et le minima en 1879, comme l'indiquent les chiffres suivants :

	DATES.	CHALEUR atmosphérique.	VENT.	PRESSION barométrique.
Hauteur maxima. .	16 janvier 1880. .	— 13°25	2 E.	0m,7753
— minima. .	20 janvier 1879. .	8 50	4 O.-S.-O.	0 ,7257

La pression barométrique fut :

En 1877	0m,7549
En 1878	0 ,7545
En 1879	0 ,7555
En 1880	0 ,7561
Moyenne des 4 années . .	0 ,75525

D'après le chiffre moyen, 0m,75525, il nous est facile de calculer, à l'aide de la formule de Gauss, la hauteur de Salzmünde.

$$h. = 56500 \{ 1 + 0,00183\ (t + t') \} (\log b - \log b')$$

$t = 11°9$ moyenne de la chaleur atmosphérique à l'étiage.
$t' = 8°7$ — — — à Salzmünde.
$b = 0,7619$ — de la pression atmosphérique à l'étiage d'Amsterdam.
$b' = 0,7552$ — — — à Salzmünde.

d'où l'on tire $h = 72^m,485$, mais le baromètre était fixé à $5^m,251$ plus haut que la chaussée de la vallée de Salzmünde qui, par suite de la correction, se trouve à $72^m,485 - 5^m,251 = 67^m,234$.

En jetant les yeux sur le tableau II°, nous voyons que l'air fut toujours, en hiver, plus chargé d'humidité qu'en été, bien que dans cette saison l'atmosphère contînt une quantité de vapeur d'eau trois fois plus forte. Mais la température estivale la plus élevée, augmentée encore en raison du pouvoir hygrométrique par la vaporisation de quantités d'eau de plus en plus considérables, nous fait croire à une atmosphère plus sèche qu'elle ne l'est en réalité.

On sait, en effet, qu'un mètre cube d'air peut contenir :

à — 5° . . .	3,36	de vapeur d'eau.
à — 0° . . .	4,89	—
à + 5° . . .	6,81	—
à 10° . . .	9,38	—
à 20° . . .	17,23	—
à 25° . . .	22,95	—
etc.		

Cette loi explique comment l'air en hiver est facilement chargé d'humidité, tandis qu'en été il nous paraît plus sec, bien que renfermant une quantité de vapeur d'eau plus forte.

La table suivante démontre la relation intime existant entre la température et l'état hygrométrique de l'air[1].

		PRESSION de la vapeur d'eau.	HUMIDITÉ de l'air calculée à tant p. 100 par rapport à la température que pourrait avoir à chaque fois une certaine quantité d'eau.	TEMPÉRATURE.
		—	—	—
1877	hiver	0,00371	81.6	— 0,61
	été	0,01149	57.3	22,50
1878	hiver	0,00415	84.0	0,75
	été	0,01013	59.3	20,00
1879	hiver	0,00474	78.2	4,25
	été	0,01038	55.9	21,50
1880	hiver	0,00640	82.6	0,12
	été	0,00948	56.3	19,50

L'été 1879 eut donc l'atmosphère la plus sèche.

1. La pression de la vapeur représente la quantité absolue d'eau contenue dans l'atmosphère.

Pour 1877	l'humidité à midi fut égale à		67.0	p. 100
— 1878	—	—	69.0	—
— 1879	—	—	66.3	—
— 1880	—	—	64.7	—
	Moyenne.		67.7	p. 100

Ce chiffre est très faible, en comparaison de la plupart des moyennes qui, à midi, sont presque partout de 71 p. 100. Les contrées connues pour avoir un climat très doux n'en renferment pas moins de 75 p. 100. Il faut en conclure que l'atmosphère de Salzmünde est très sèche et la température assez froide.

Les observations précédentes ayant eu lieu à midi ne sauraient indiquer le degré hygrométrique de la journée entière, car l'air, au milieu de la journée, est moins humide que le soir et le matin.

Pour obtenir un chiffre moyen se rapprochant de la vérité, il faudrait augmenter de 10 p. 100 environ les résultats inscrits en regard des années 1879 et 1880.

La direction prédominante du vent a été :

En 1877. . . .	Ouest-Sud-Ouest.
En 1878. . . .	S.
En 1879. . . .	O.-S.-O.
En 1880. . . .	O.-S.-O.

La moyenne de la direction du vent a donc été Ouest-Sud-Ouest.

Les vents du Nord sont relativement très rares. Voici le résultat de quelques constatations :

		VENT 1878.	VENT 1879.	VENT 1880.
Cadran Nord-Est .	N.	40 fois.	29 fois.	30 fois.
	N.-E. . . .	23 —	14 —	28 —
	E.	61 —	36 —	49 —
	Total. .	124 —	79 —	107 —
Cadran Sud-Ouest	O.	69 fois.	127 fois.	80 fois.
	S.-O. . . .	65 —	55 —	46 —
	S.	52 —	42 —	36 —
	Total. .	186 —	224 —	162 —

Le tableau II° ne fait pas ressortir d'une façon très nette la direction du vent pour chacune des quatre saisons; son intensité fut :

En 1877 de.	1.76
En 1878 de.	1.77
En 1879 de.	1.86
En 1880 de.	1.93
Moyenne. . . .	1.83

Cette contrée est donc, comme nous pouvons le voir, exposée, vers le milieu du jour, à de très forts courants. Dans la matinée et vers le soir, ils sont plus faibles, souvent même d'une intensité moitié moindre. Cette différence remarquable est surtout très sensible en été. Un calme plat règne alors généralement à Salzmünde, où les matinées sont fort belles. A 9 heures, le vent s'élève, souffle fortement et arrive à son maximum de violence vers midi. L'air desséché, chargé de poussière, est très pénible à respirer. Le calme revient subitement à 7 heures du soir et permet de jouir d'une belle et tranquille soirée.

Ces observations faites pendant l'été de 1880 se trouvent ici réunies.

Force du vent.

	A 7 heures du matin.	A 1 heure après-midi.	A 9 heures du soir.
Juin	1.3	2.4	0.9
Juillet	1.4	1.6	1.0
Août.	1.6	2.8	1.2

Calme plat. (Totaux des cas observés.)

Juin	4.0	0.0	8.0
Juillet	7.0	0.0	11.0
Août.	7.0	0.0	9.0

La température atmosphérique fut constatée, pour 1877

et 1878, une seule fois par jour, à midi, aussi les résultats obtenus sont-ils trop élevés comparativement au degré de chaleur moyenne.

Si l'on veut connaître, par des observations journalières, la moyenne de la température, on peut, suivant Dove, expérimenter le matin à 8 heures et demie ou, ce qui est préférable encore, le soir à 8 heures précises.

Le résultat pour l'Allemagne du Nord et du Centre est à peu près le même que si l'on avait opéré trois fois par jour à huit heures d'intervalle.

Les données de l'Observatoire de Schwerin en 1864 nous serviront d'exemple. (*Voir les Annales de la Société patriotique de Mecklembourg 1865*, p. 79.)

	6 heures du matin.	2 heures de l'après-midi.	10 heures du soir.	Moyenne du jour.	Observations particulières à 8 heures soir.
	—	—	—	—	—
Hiver	1.48	0.50	— 0.76	— 0.57	— 0.48
Printemps	3.23	10.23	4.87	6.12	6.20
Été	12.50	18.71	13.25	13.66	14.91
Automne	5.75	10.50	6.75	7.70	7.48

Température.

	A midi.	Moyenne de la journée.	Différence.
	—	—	—
1879	12°87	9°96	2.91
1880	9 81	7 08	2.73

En déduisant 2°75 des observations faites à midi pour les années 1877 et 1878, nous aurons ainsi les nombres suivants se rapprochant de la moyenne exacte pour la journée entière :

1877	=	8°78
1878	=	9 13
1879	=	9 96
1880	=	7 08

Plus tard, nous examinerons la différence entre ces résultats et ceux enregistrés par d'autres stations; bornons-nous quant à présent à faire ressortir la température peu élevée de 1880. Elle s'écarte très sensiblement du résultat moyen et, quoique la cause principale ne doive en être attribuée qu'à une augmentation de pluie s'élevant à 25 p. 100 environ, il n'en résulte pas moins ce fait indubitable que le climat de Salzmünde est sujet à de très grandes variations, surtout en hiver et au printemps, comme le prouve le tableau suivant.

L'automne, au contraire, est des plus beaux et des plus constants.

Température moyenne des années.

	HIVER.	PRINTEMPS.	ÉTÉ.	AUTOMNE.
1877[1]	— 2.25	7.37	19.37	9.37
1878[1]	— 0.87	11.12	16.87	9.12
1879	+ 3.00	9.12	17.75	9.87
1880	— 1.62	7.25	16.75	8.25

La table suivante a été dressée pour servir de comparaison au tableau précédent.

1. Ces chiffres ont été obtenus par la réduction de la température à midi, leur exactitude laisse donc un peu à désirer.

TABLEAU.

TEMPÉRATURE MOYENNE des localités suivantes :		HIVER.	PRINTEMPS.	ÉTÉ.	AUTOMNE	MOYENNE de l'année.
Hospice de Saint-Bernard		— 7.75	— 2 »	6.12	— 0.37	— 1 »
Sur le Brocken		— 8.25	0 »	8.62	3 »	0.87
Saint-Pétersbourg		— 7.62	2.12	15.87	4.75	3.75
Upsala		— 3.12	3.25	12.62	4.87	4.37
Stockholm		— 3.25	3.50	15.75	6.87	5.75
Pays montagneux de la Saxe, 1828-1837		— 3.12	3.87	13 »	4.25	4.25
Kœnigsberg		— 3.25	5.37	15.87	6.87	6.25
Breslau, 1828-1837		— 1.50	7.62	17.87	9.12	8.25
Rostock, 1848-1859		0.25	7.12	15.25	8.87	8.37
Torgau, 1848-1864	matin 6 heures	— 1 »	5.12	14.75	6.75	8.62
	midi 2 heures	1.50	11.75	21.87	12 »	
	soir 10 heures	— 0.37	7.12	16.75	8.12	
Berlin, 1822-1845		— 0.25	8.50	18.12	9.50	9 »
Halle		— 0.25	8.62	17.50	9 »	8.75
Eisleben		— 1 »	9.12	16.75	9.12	8.50
Leipzig, 1828-1837		— 0.12	7.62	18.25	8.75	8.75
Coblentz		2 »	11 »	19.25	11 »	10.75
Heidelberg		1.62	11.50	19.50	10.75	10.75
Munich		0.25	9.25	17.62	9.37	9.12
Vienne		0 »	10.87	20.75	10.62	10.62
Ofen		— 0.37	10.62	21 »	10.75	10.50
Greenwich, 1855-1877		3.50	8 »	16.37	10 »	9.37
Londres		4.12	9.50	17.12	11 »	10.50
Liverpool		5.12	9.62	16.12	10.87	10.50
Paris		3.25	10.37	18.18	11.25	10.75
Bordeaux		6.12	13.37	21.75	14.37	13.87
Marseille		6.12	12.12	23.37	15 »	14.12
Trieste		4.12	12 »	21.87	13.75	13 »
Venise		3.37	12.62	22.75	13.25	13 »
Rome		8.12	14.62	23.50	17.12	15.87
Lisbonne		11.37	15.37	21.62	16.87	16.31
Constantinople		5.87	13.37	25.12	16.75	15.25
Vera-Cruz		21.75	25.50	27.50	25.87	25.37

D'après ce tableau, Salzmünde, par ses hivers plus froids et ses étés plus chauds, diffère des pays à climats doux et tempérés. L'automne est des plus agréables, sa chaleur relativement élevée, jointe à la rareté des pluies, le rendent spécialement apte à la culture de la betterave et de la pomme de terre, si répandue dans toute la contrée. Le printemps proprement dit, au contraire, dont la durée est de quelques semaines seulement, semble n'être qu'une brusque transition de l'hiver à l'été. Les tableaux I° et II° fournissent les plus amples renseignements sur les pluies de Salzmünde :

Maximum des averses pendant les mois de

Juin 1877	14 jours de pluie.	0m,1428
Juillet 1878	18 —	0 ,1217
Juin 1879	13 —	0 ,0915
Août 1880.	9 —	0 ,1126

Minimum des averses pendant les mois de

Février 1877 . . .	6 jours de pluie.	0m,0054
Novembre 1878. . .	3 —	0 ,0123
Mai 1879	6 —	0 ,0150
Décembre 1880. . .	6 —	0 ,0015

(D'après Karsten.)

Les moyennes des averses et leur degré d'intensité, pendant ces quatre années d'observations, ont été :

MOIS.	NOMBRE des averses.	HAUTEUR de la pluie.
Janvier.	7	0m,0216
Février.	9	0 ,0239
Mars.	10	0 ,0300
Avril.	8	0 ,0220
Mai	9	0 ,0338
Juin.	14	0 ,1022
Juillet	13	0 ,0718
Août.	8	0 ,0575
Septembre	9	0 ,0419
Octobre	8	0 ,0162
Novembre.	9	0 ,0361
Décembre.	10	0 ,0270
Total.		0m,4840

Le maximum des pluies tombe donc en juin et le minimum en octobre[1].

La quantité d'eau calculée par saison serait la suivante :

ANNÉES.	Été.	Printemps, automne et hiver.
1877.	0^m,2134	0^m,2436
1878.	0 ,2354	0 ,2246
1879.	0 ,1498	0 ,2727
1880.	0 ,3308	0 ,2970
Total . . .	0 ,9294	1 ,0379

Juin, juillet et août supportent près de la moitié de la pluie annuelle.

Nous sommes en présence d'un état assez anormal, contribuant certainement à la fertilité de la contrée, car, à cette humidité bienfaisante viennent se joindre les alizés et les grandes chaleurs de l'été, facteurs si favorables à la végétation.

La hauteur totale des averses a été :

En :	1877	de	0^m,2134	+	0^m,2436	=	0^m,4570	en	94	averses.
	1878	de	0 ,2354	+	0 ,2246	=	0 ,4600	en	109	—
	1879	de	0 ,1498	+	0 ,2727	=	0 ,4225	en	119	—
	1880	de	0 ,3308	+	0 ,2970	=	0 ,6278	en	132	—
				Moyenne. . . .			0^m,4918			

Il est intéressant de comparer ces hauteurs pluviales à celles d'autres pays et de constater combien celles de Salzmünde sont minimes. Les chiffres suivants démontrent clairement le fait que nous venons d'énoncer.

1. Dans toute l'Allemagne du Nord il est peu de contrées où le mois de juin soit aussi pluvieux et le mois d'octobre aussi sec qu'à Salzmünde.

MOIS ET SAISONS.	GREENWICH[1] 1855-1861.		STUTTGARD 1855-1861.		TORGAU 1848-1864.		ROYAUME DE SAXE 1828-1837.			1848-1853.				
	NOMBRE d'averses.	HAUTEUR de la pluie.	NOMBRE d'averses.	HAUTEUR de la pluie.	NOMBRE d'averses.	HAUTEUR de la pluie.	Dans la plaine à 97m,451.	Dans la montagne à 292m,355.	Sur les plateaux à 584m,874.	Aix-la-Chapelle.	Cologne.	Salz-wedel.	Berlin.	Bal-lenstädt dans le Harz.
Janvier	14.6	0.0379	13.0	0.0307	12.5	0.0300	0.0366	0.0419	0.0445	0.0522	0.0420	0.0334	0.0368	0.0718
Février	9.5	0.0271	10.7	0.0289	12.5	0.0395	0.0172	0.0247	0.0230	0.0513	0.0516	0.0568	0.0500	0.0761
Mars	12.1	0.0379	14.7	0.0341	14.4	0.0330	0.0368	0.0132	0.0605	0.0701	0.0431	0.0365	0.0368	0.0822
Avril	11.1	0.0352	13.5	0.0419	14.5	0.0419	0.0329	0.0131	0.0500	0.0703	0.0721	0.0360	0.0555	0.0899
Mai	12 »	0.0560	17.5	0.0815	13.3	0.0496	0.0446	0.0599	0.0469	0.0485	0.0619	0.0419	0.0503	0.1122
Juin	10.7	0.0539	14.4	0.0718	14.9	0.0740	0.0701	0.0767	0.0862	0.0284	0.0663	0.0882	0.0880	0.1938
Juillet	11.6	0.0651	14.0	0.0540	14.3	0.0768	0.0813	0.0972	0.1001	0.0675	0.0645	0.0459	0.0469	0.0961
Août	12 »	0.0480	15.0	0.0676	13.1	0.0595	0.0581	0.0705	0.0988	0.0984	0.0794	0.0636	0.0489	0.0721
Septembre	13.6	0.0650	13.0	0.0541	10.9	0.0445	0.0503	0.0639	0.0726	0.0593	0.0542	0.0676	0.0401	0.0903
Octobre	12.6	0.0649	10.5	0.0272	11.1	0.0351	0.0324	0.0335	0.0361	0.0542	0.0542	0.0570	0.0485	0.0761
Novembre	11.6	0.0527	13.4	0.0554	13.5	0.0409	0.0368	0.0445	0.0636	0.0585	0.0432	0.0488	0.0500	0.1092
Décembre	12.6	0.0370	13.0	0.0270	13.1	0.0365	0.0419	0.0585	0.0771	0.0597	0.0405	0.0519	0.0341	0.0503
TOTAUX		0.5807		0.5742		0.5613	0.5390	0.6579	0.7594	0.7184	0.6760	0.6306	0.5859	1.1201
Hiver	36.7	0.1011	36.7	0.0843	38 »	0.1091	0.0972	0.1258	0.1423	0.1645	0.1370	0.1291	0.1215	0.1979
Printemps	35.2	0.1271	35.7	0.1594	42 »	0.1236	0.1160	0.1460	0.1562	0.1892	0.1802	0.1168	0.1412	0.2852
Été	34.3	0.1685	43.4	0.1966	43 »	0.2103	0.2104	0.2450	0.2871	0.1924	0.2447	0.2090	0.1832	0.3608
Automne	37.8	0.1840	36.9	0.1339	35 »	0.1183	0.1154	0.1411	0.1732	0.1723	0.1541	0.1757	0.1370	0.2762

1. Greenwich passe pour une des contrées les plus sèches de l'Angleterre.

Les vents de l'Ouest et du Sud-Ouest soufflent le plus communément sur Salzmünde et amènent 55 p. 100 du total des averses, ainsi qu'on peut le voir en consultant les tableaux précédents. Cette situation est la même pour l'Allemagne septentrionale et la zone tempérée du Nord. Le phénomène doit être attribué aux deux courants, qui ne cessent de se mouvoir en même temps et en sens inverse, du pôle à l'équateur, et *vice versa*. Cette théorie bien connue aujourd'hui a été établie par Dove.

L'air, fortement échauffé sur la zone équatoriale[1], s'élève en masse vers les hautes régions de l'atmosphère. Parvenue à une élévation inconnue, mais qui dépasse plusieurs kilomètres, la nappe ascendante se partage en deux nappes horizontales s'étalant dans la direction des pôles.

Le mouvement ascensionnel ainsi produit donne lieu à un appel d'air des deux côtés de la zone où s'est établie la nappe ascendante ; deux autres nappes horizontales, rasant la surface du sol ou des mers, se dirigent des régions tempérées vers cette zone centrale. Nous trouvons donc sur tout le parcours de la terre une double circulation aérienne.

Un courant d'air parti des régions tropicales marche vers l'équateur. Situé dans les régions inférieures de l'atmosphère et à la surface du globe, il est directement accessible à notre observation et constitue les alizés. Arrivé à une certaine distance de l'équateur, plus grande en été, plus faible en hiver, à la surface de l'Atlantique, et variable suivant les lieux et les saisons, le courant aérien se redresse vers les hauteurs de l'atmosphère ; lorsqu'il a atteint un certain niveau, il reprend une direction sensiblement horizontale vers le pôle, en se rapprochant toutefois graduellement de la terre, à mesure qu'il s'écarte de l'équateur. Maury a donné

1. Voir *Météorologie*, de M. H. Marié Davy.

à cette branche du courant le nom de *contre-alizé supérieur*.

Jusqu'alors, le circuit n'est pas complet ; les alizés et contre-alizés, reliés entre eux par la branche ascendante de la région équatoriale, ne le sont pas encore du côté des pôles. Cette liaison s'opère de deux manières. Dans le voisinage des tropiques une portion notable du contre-alizé supérieur forme une nappe descendante qui alimente l'alizé inférieur ; mais une autre portion du contre-alizé supérieur continue sa marche vers le pôle en s'étalant à la surface du globe et, après avoir ainsi parcouru une trajectoire plus ou moins étendue, elle retourne vers les régions équatoriales pour y compléter la masse d'air entraînée par l'alizé inférieur. Cette seconde branche du circuit se détache de la première en certains points déterminés du circuit général, particulièrement sur la partie occidentale de l'Atlantique du Nord. Elle parcourt l'Atlantique Nord et une partie de l'Europe et de l'Asie avant de revenir alimenter l'alizé vers le Sud. La variabilité de son parcours et les accidents qui se produisent au milieu de sa masse, sont les principales causes des brusques variations auxquelles nos climats d'Europe sont exposés.

Un effet semblable a lieu sur l'hémisphère austral.

La rotation de la terre produit sur les circuits Nord et Sud une déviation très remarquable, facile à expliquer.

Tous les points de la surface terrestre font leur révolution diurne dans le même temps, mais avec des vitesses inégales, parce qu'ils ne parcourent pas des cercles de même étendue. Les points situés sur l'équateur ont à faire plus de chemin et marchent plus vite. A mesure qu'on se rapproche des pôles, les parallèles diminuent de rayon, et la vitesse de leurs divers points décroît elle-même. La rotation est d'environ 1,664 kilomètres par heure, à l'équateur ; elle n'est plus que de 1,092 kilomètres sur le 49e degré de latitude, dans le voisinage de Paris, et descend à 952 kilomètres sur le 55e degré de latitude, près de Newcastle; au pôle même, elle est nulle.

L'air, qui nous semble au repos à Paris, se meut donc en réalité de l'Ouest à l'Est, à raison de 1,092 kilomètres à l'heure. Transportons cet air au 55e degré de latitude, sans que rien ne soit changé dans sa vitesse, il continuera d'y parcourir 1,092 kilomètres à l'heure, mais chaque point du 55e en parcourt seulement 952. L'air gagnera donc sur le sol, et dans le sens de l'Ouest à l'Est, 140 kilomètres à chaque heure; comme le sol nous paraît toujours en repos, parce que nous participons à son mouvement, nous attribuerons à l'air une vitesse de 140 kilomètres par heure, ce qui constitue un véritable ouragan. Un effet inverse aurait lieu si une masse d'air, en repos à Newcastle, était transportée sur le parallèle de Paris sans changement de vitesse. Cet air nous semblerait courir de l'Est à l'Ouest avec une vitesse rétrograde de 140 kilomètres à l'heure.

En réalité, ces passages de masses d'air d'un parallèle à l'autre se font toujours d'une manière graduelle et, pendant leur durée, des résistances de diverses natures tendent à égaliser les vitesses. Les différences affaiblies n'en existent pas moins et, comme la grandeur des cercles parallèles diminue très rapidement à mesure qu'on s'approche des pôles, les effets signalés plus haut seront de plus en plus prononcés à mesure que les latitudes seront plus élevées.

Tout courant d'air marchant du Nord au Sud dans l'hémisphère Nord déviera graduellement vers l'Ouest parce qu'il retardera, dans sa marche vers l'Est, sur les régions méridionales desquelles il tend à se rapprocher. Tout courant d'air se dirigeant du Sud au Nord dans le même hémisphère déviera graduellement vers l'Est, parce qu'il avancera, dans sa marche, sur des régions ayant une vitesse de l'Ouest à l'Est inférieure à la sienne.

Le phénomène inverse se produira dans l'hémisphère austral.

Le courant polaire amène avec lui les temps froids et secs. Le courant équatorial, abondamment chargé de vapeurs d'eau, procure de chaudes et belles journées, des pluies bienfaisantes, à moins que le courant du Nord ne vienne lui barrer le passage.

Le courant Sud nous aborde suivant la direction Ouest au Sud-Ouest. Cette dernière marche sera donc celle qu'il faudra consulter pour savoir si nous aurons ou non de la pluie.

Le vent Sud-Ouest, ce messager des averses, après avoir refoulé les courants secs vers le Nord-Est, s'arrête quelque temps encore, indécis dans les régions élevées de l'atmosphère, avant de venir fondre sur nous : toute la colonne d'air devient plus légère, par suite, le baromètre baisse et nous annonce la pluie; mais il remonte dès que le courant polaire, s'élevant peu à peu, reprend le dessus en nous amenant un temps sec et froid.

Tout en accordant une grande importance à l'influence des courants atmosphériques prédominants, sur la quantité de pluie tombée dans une région, gardons-nous bien de négliger deux autres facteurs très importants, les montagnes et les forêts.

Plus une contrée est boisée, plus son climat est humide. Il est indiscutable que les localités situées au Sud-Ouest de grandes chaînes de montagnes sont exposées à de nombreuses ondées, car les vents chauds, arrivant de l'Ouest, toujours très chargés de vapeur, se trouvent tout à coup en présence de froides régions, sur lesquelles ils déposent la plus grande partie de leur humidité. La pluie arrose très rarement les localités de l'autre versant. Quelquefois même elle fait complètement défaut et, en dépit de la prédominance des vents du Sud-Ouest, ces contrées sont vouées à une éternelle sécheresse.

Située à l'Occident et vis-à-vis du Harz, occupant une position septentrionale par rapport aux forêts thuringiennes, Salzmünde, privé de bois, se trouve donc peu favorisé sous le rapport des pluies.

La sécheresse du printemps et de l'automne, particulière à toute l'Allemagne du Nord, ne dépend pas seulement de causes locales. Au commencement des saisons, à l'époque des équinoxes par conséquent, le courant Sud s'échappe à une plus grande distance, aussi, au moment de ces deux périodes, s'abaisse-t-il plus rapidement.

Dans la partie méridionale de l'Europe, il rase déjà la surface du sol, mais, arrivé au sommet glacé de la chaîne des Alpes, il abandonne la plus grande partie de sa vapeur d'eau, expose les pays riverains de la Méditerranée à de grandes inondations et c'est presque dépourvu d'humidité qu'il aborde les régions de l'Allemagne du Nord.

Le tableau suivant donne le résultat des observations concernant l'évaporation de l'eau des années 1879 et 1880.

	SAISONS.	ÉVAPORATION de l'eau.	HUMIDITÉ de l'air à tant p. 100.	TEMPÉRATURE moyenne.	HAUTEUR de pluie tombée.
1879	Printemps . . .	0m,2910	62.5	9°12	0m,0812
	Été.	0 ,5140	55.9	17 75	0 ,1489
	Automne . . .	0 ,1808	68.1	9 87	0 ,1083
1880	Hiver.	0 ,1096	82.6	1 62	0 ,0920
	Printemps . . .	0 ,3519	52.7	7 25	0 ,1072
	Été.	0 ,5173	56.3	16 7	0 ,3304
	Automne . . .	0 ,1483	67.0	8 25	0 ,0974

La simple inspection de ces chiffres nous fait voir que

l'évaporation de l'eau a lieu avant tout en raison de l'humidité atmosphérique.

Le printemps et l'automne sont presque égaux en chaleur et cependant, au printemps, la quantité d'eau évaporée est deux fois plus considérable qu'en automne, pendant lequel l'air est cependant plus humide.

En voici une preuve évidente donnée par les chiffres suivants, résultat d'observations mensuelles :

	ÉVAPORATION.	HUMIDITÉ p. 100.	TEMPÉRATURE.	
Juin 1879	0,1543	61.0	16.75	Température presque égale.
Juillet 1880 . . .	0,1814	58.0	17.12	
Juillet 1879 . . .	0,3001	51.7	16.87	
Octobre 1879. . .	0,0410	66.5	11.37	Température peu différente
Avril 1879. . . .	0,1190	55.5	9.0	
Mai 1880	0,1715	47.0	8.5	

Comme second facteur intervient l'influence de la chaleur atmosphérique ; plus cette dernière est élevée et plus l'air est capable de se charger d'humidité, par suite la libre évaporation de l'eau est accélérée. Elle devient nulle si, par un grand brouillard ou de fortes pluies, l'air est saturé.

1880.	CHALEUR de l'air.	ÉVAPORATION de l'eau.
Juillet.	17°25	0m,1635
Août	15 75	0 ,1614
Septembre	14 25	0 ,0882
Octobre	8 37	0 ,0486
Novembre	2	0 ,0108

Comparons l'été et l'hiver, cette influence sera plus évidente encore :

1880.	TEMPÉRATURE.	ÉVAPORATION.
Hiver	— 1°66	0m,1095
Été.	+ 16 75	0 ,2465

L'évaporation des masses liquides congelées est ici mise en évidence.

La violence du vent intervient comme troisième facteur, le plus faible de tous peut-être, mais son influence n'en est pas moins très sensible, car les résultats concernant l'évaporation des hivers 1879 et 1880, en ne tenant compte que de l'humidité et de la chaleur atmosphérique, ne peuvent s'expliquer et sont contradictoires.

Il serait facile de traduire en chiffres l'intensité du vent en réunissant les observations journalières ou hebdomadaires des différents mois. Cette étude nous entraînerait trop loin.

	HAUTEUR de la pluie.	ÉVAPORATION.	PROPORTION.
1879	0m,4249	1m,1369	1 à 2,7
1880	0 ,5900	1 ,0746	1 à 1,8

Pendant ces deux années, la vaporisation fut deux fois plus forte que la quantité de pluie tombée sur une surface donnée.

La plus grande différence entre l'averse et l'évaporation porte sur les saisons suivantes :

	HAUTEUR de la pluie.	ÉVAPORATION.	DÉFICIT.
Été 1879.	0m,1489	0m,5142	0m,3653
Printemps 1880 . . .	0 ,1075	0 ,3509	0 ,2434
Printemps 1879 . . .	0 ,0813	0 ,2907	0 ,2094
Été 1880.	0 ,3304	0 ,5172	0 ,3304

Durant les deux hivers, pluie et évaporation se compensèrent à peu près; ce fait n'a jamais été constaté. Il est utile de rechercher, étant donné ces grands déficits, à quelle source les champs de Salzmünde puisent leur humidité et comment les plantes, surtout au printemps et en été, se procurent la quantité d'eau nécessaire à leur végétation.

1° Couverte de végétaux, ou inculte, la surface du sol évapore-t-elle autant qu'une masse liquide en général?

2° L'humidité perdue peut-elle être regagnée par les mottes de terre, en absorbant pendant la fraîcheur des nuits la vapeur d'eau de l'atmosphère?

La solution de ces deux questions n'est pas encore très nette, les différentes expériences faites à ce sujet n'ayant pas encore donné de résultats très satisfaisants.

D'après Saussure et Gilbert, etc., un morgen (25 ares 52) de blé ou de maïs produisent pendant quatre mois de l'été une évaporation de 856,930 à 1,713,850 mètres cubes, soit une hauteur de 0^{m},3248 à 0^{m},6496. C'est donc une perte égale à celle d'une surface d'eau quelconque, et même supérieure, lorsqu'on se trouve en présence d'une superficie couverte de végétation.

Les pluies annuelles sont loin de suffire à couvrir le déficit. Le sol possède donc cette propriété éminemment développée d'absorber les vapeurs atmosphériques, facilement condensées par la fraîcheur des nuits. Cette faculté absorbante varie, à n'en pas douter, suivant la nature du terrain. Elle augmente beaucoup, comme on le sait, avec la porosité naturelle des terres et leur richesse en humus.

En douze heures, une surface arable est susceptible, dans les conditions les plus favorables, d'absorber après complet desséchement 1/30 de son poids en vapeur d'eau. Ce chiffre peut s'élever jusqu'à 1/2 p. 100.

Le sol marneux de Salzmünde, riche en humus et très poreux, essentiellement propre à l'absorption de l'humidité atmosphérique, explique la méthode du labourage à vive jauge et l'importance attachée aux binages, pour émietter la surface du sol; la capillarité avec les profondeurs du terrain se trouve ainsi rompue, la fraîcheur naturelle est conservée et le pouvoir condensateur augmenté.

Pour les années 1881 et 1882, nous avons employé une méthode préférable à la précédente. Les longues colonnes de chiffres, toujours pénibles à lire, sont remplacées par des tableaux graphiques parlant aux yeux et faisant ressortir immédiatement le point important à connaître. Nous recommandons cette forme d'observations aux agriculteurs désireux de se rendre un compte exact de la climatologie de leur contrée.

CHAPITRE IV

Le sol et ses caractères.

L'exploitation agricole de Salzmünde composée de terrains morcelés, répartis sur les finages de 26 villages environ, ne présente pas une uniformité de culture et une qualité de sols identiques. Cette surface, ne mesurant pas moins de 3,572 hectares 28 ares, se compose de terres sablonneuses à petits grains et de composition très fine sur les rives basses de la Saale, à côté de parcelles argileuses légères, à couches de gravier ne dépassant pas $0^m,162$ à $0^m,324$ d'épaisseur, reposant sur la glaise. Plus loin, nous voyons dominer la pierre calcaire ; dans d'autres champs, le grès bigarré ou le dias, et le grès carbonifère. Enfin, le porphyre rouge se montre presque à fleur de terre, n'entravant que trop souvent le travail du laboureur.

Les nombreux petits vallons au fond desquels se fait entendre le murmure d'un limpide ruisseau, diffèrent essentiellement des grands et fertiles plateaux qu'ils sillonnent en tous sens.

La différence est plus accentuée encore entre les sols élevés, qui, en raison de leur consistance légère permettant les labourages à vive jauge passent, à juste titre, pour les premiers de leur espèce, et les terres fortes de glaise ou d'argile ferrugineuse, reposant sur le porphyre de la rive droite de la Saale, entre les villages de *Döblitz, Schwerz, Mörl* et *Brachwitz*.

En plusieurs endroits cependant, de nombreuses veines ne dérivent que du porphyre lui-même, attaqué par les agents atmosphériques; mais la majeure partie de ces terrains rougeâtres doivent leur formation aux courants diluviens seulement, comme le prouve leur richesse en carbonate de chaux (3 à 4 p. 100), principes composants étrangers à la roche porphyréenne.

Tous ces terrains de composition extrême, dont l'étendue comparée à la grande surface exploitée, est des plus restreintes, n'ont pas une grande importance.

Les sols argilo-sablonneux, renfermant de l'humus à base marneuse, dominent, et sont inscrits dans les registres d'impôts sous les numéros 2 et 3.

La terre noire des hauteurs, si propre à la culture de la betterave et de la pomme de terre, atteint rarement 0m,649 d'épaisseur ; aussi, en remuant profondément le sol, ramène-t-on presque toujours une certaine quantité de la couche inférieure de marne jaunâtre, dont la présence ne nuit en rien à la production.

Très tendre et à petits grains, elle renferme 10 à 15 p. 100 de carbonate de chaux et laisse partout des traces sensibles d'acide phosphorique. Sa profondeur générale de 0m,90, qui atteint souvent 3 à 4 mètres, permet aux racines de betteraves, luzernes, esparcettes et colzas de se développer facilement, en trouvant une nourriture abondante.

Ces sols marneux et légers sont très propres aux labourages à vive jauge et deviennent, grâce au cylindre et à la herse, aussi meubles et unis que possible.

Les chaumes de blé, par exemple, que l'on défriche ordinairement à 0m,378 d'épaisseur, à l'entrée de l'hiver, restent sillons béants jusqu'au printemps. A cette époque un coup d'extirpateur et quelques tours de herse suffisent alors à les rendre aptes à recevoir la semence. Le travail du rouleau est tout à fait accessoire ; son rôle se borne à plomber le sol. Les terres ainsi préparées conservent admirablement leurs propriétés absorbantes, et les pluies en durcissent fort peu la surface. Ce fait a une importance capitale pour la germination et la sortie de terre des betteraves qui, exposées dans un sol compact à la sécheresse du printemps, seraient fortement compromises.

Une telle préparation des champs facilite la culture des céréales, car ces terres se prêtent également à l'exploitation en planche et en billons. Les blés s'accommodent moins que la betterave du labourage à plat, surtout dans les sols lourds, glaiseux, difficiles à ameublir et pour lesquels la culture à vive jauge ne se renouvelle pas régulièrement tous les ans. Le pouvoir absorbant, joint à la grande hygroscopicité de ces terrains, est une de leurs précieuses qualités. Les analyses suivantes nous montrent que 50 kilogr. de terre absorbent en moyenne 25 kilogr. d'eau de pluie, qui ne se perd, ni en filtrant trop rapidement dans la profondeur, ni en s'écoulant à la surface. Ces sols, en effet, sont de véritables éponges.

La composition chimique et la capacité nutritive de ces terres végétales soumises à une analyse très minutieuse sont réunies dans le tableau suivant :

TABLEAU.

1,000 parties de terre anhydre contiennent :	SCHIEPSIG.	SALZMÜNDE.	QUILLSCHINA	BEESEN-STEDT.	SCHWIT-TERSDORF.	FRIEDEBUR-GER HÖHE.	GALGEN-BERG.	BEKKEN-DORF.	DÖLITZ.
Sable et argile.	828.8	824.5	790.6	792.7	883.2	770.8	761.3	866.4	791.9
Substances minérales solubles (à chaud) dans l'acide chlorhydrique	134.5	141.2	169.8	158.8	122.4	195.4	195.3	99.2	165.4
Humus.	36.7	34.3	39.6	48.5	44.4	38.8	43.5	34.4	42.7
SUBSTANCES MINÉRALES.									
Potasse.	7.20	6.35	11.83	5.19	3.41	8.09	4.89	2.33	4.10
Soude	6.83	1.27	10.14	1.82	1.48	7.74	1.85	2.01	0.60
Chaux	15.78	16.77	17.42	7.61	4.07	17.54	31.42	4.54	15.99
Magnésie	5.98	6.87	8.45	6.32	0.85	10.16	8.74	1.15	0.69
Oxyde de fer.	27.32	28.35	32.77	33.57	28.28	34.59	32.26	22.10	28.46
Oxyde de manganèse	0.25	0.30	0.46	1.02	1.72	0.65	0.97	1.17	1.72
Oxyde d'aluminium	45.54	50.96	60.47	36.14	39.29	52.45	26.08	29.69	40.97
Acide sulfurique	0.65	0.59	1.54	0.19	0.73	0.29	0.41	0.92	0.37
Acide phosphorique.	0.66	0.59	0.62	1.50	0.85	1.01	0.69	0.31	0.59
Acide silicique.	17.49	17.85	20.13	66.38	43.16	58.72	68.41	33.92	68.75
Acide carbonique.	6.72	8.01	9.58	1.59	0.10	6.71	20.59	0.83	5.34
Chlore	0.007	0.021	0.011	0.799	0.110	0.578	0.185	0.118	0.160
Azote total	0.830	1.086	0.780	1.140	1.258	0.976	1.183	0.951	1.024
Ammoniaque { Résidu distillé de chaux	0.122	0.136	0.112	0.153	0.138	0.174	0.134	0.100	0.097
Ammoniaque { » » magnésie	0.030	0.034	0.024	0.069	0.100	0.075	0.039	0.084	0.079
Acide nitrique.	Traces.	0.096	0.063	0.126	0.037	0.069	0.049	Traces.	0.014
Sels minéraux	0.480	0.472	0.616	2.016	0.480	1.208	0.808	0.472	0.688
Matières organiques.	0.168	0.248	0.312	0.608	0.232	0.976	0.320	0.184	0.296
Capacité hydraulique p. 100. .	53.7	54.9	48.4	53.2	61.6	64.2	49.3	42.7	48.0

Une simple inspection de ces chiffres met en évidence la qualité supérieure des terres de Salzmünde.

Nous avons parcouru, pour avoir quelques termes de comparaison, les traités agronomiques ayant rapport aux analyses de sols analogues à ceux que nous trouvons ; ici la moyenne de treize de ces recherches nous conduit aux chiffres suivants :

Sur 1,000 parties de terre.

Sels minéraux solubles		114.88	
Humus		70.37	avec 1.55 d'azote.
Potasse		2.10	
Soude		1.39	
Chaux		18.06	
Magnésie		3.26	
Oxyde de fer, de magnésie et argile		53.69	
Acide phosphorique		1.26	
Acide sulfurique		0.36	
Chlore		0.05	
Extraits aqueux	substances minérales	0.61	
	humus	0.44	

Les terres sont donc très riches en sels minéraux solubles, en principes carbonatés, oxydes et argile. La forte proportion en carbonates est due à la constante alcalinité, qui s'oppose à toute formation acide. Il m'a été impossible de trouver, dans les environs, un champ à molécules acidulées. La marne et la chaux, qui rendent ailleurs de si grands services comme amendements, ne sont point utilisées. Les essais entrepris n'ont jamais donné, on le comprend, de bons résultats.

La somme des oxydes métalliques solubles et des terres argileuses hydratées est en moyenne de 71 p. 1,000, chiffre plus élevé que dans les autres terrains. La présence de ces corps augmente considérablement l'absorption de l'ammoniaque, des substances potassiques renfermées dans le sol, et contribue pour une large part à la fertilité de la couche arable. Grâce à leurs rapports incessants avec les acides humiques, ils ont des affinités avec l'oxygène de l'air et l'humidité de la terre, conditions très favorables pour cette dernière. L'acide silicique, soluble dans un léger bain de soude, ne fait pas défaut. Un bon labour est le moyen pratique le plus simple pour assurer l'efficacité des silicates chargés, en fournissant aux plantes l'acide silicique, de donner à l'épi la force nécessaire pour porter haut et droit ses fruits désirés. La couleur sombre de ces sols semblerait indiquer une proportion d'humus très considérable ; l'analyse nous détrompe et accuse une quantité au-dessous de la moyenne.

Dans cette contrée, l'humus doit former une composition chimico-physique à part ; la quantité d'argile fine et marnifère uniformément répandue dans les mottes de terre, tend à le prouver. Les analyses suivantes montrent du reste que l'azote du sol n'est pas en rapport avec la contenance en humus.

1,000 parties de substances humiques renferment

	SOLS.								
	1.	2.	3.	4.	5.	6.	7.	8.	9.
Azote	22.57	31.40	19.65	23.48	28.30	28.89	27.21	27.67	23.96
Ammoniaque. Résidu distillé de chaux	3.31	3.94	2.82	3.15	3.11	5.15	3.08	2.91	2.27
Ammoniaque. — de magnésie	0.82	0.98	0.60	1.42	2.25	2.22	0.89	2.44	1.85
Acide nitrique	•	3.78	1.58	3.59	0.83	2.04	1.13	•	0.33

La relation entre les substances azotées du sol, l'ammoniaque et l'acide nitrique, est encore plus faible. Les résultats des analyses concernant la solubilité de l'azote sont excellents. Le résidu distillé de la chaux donne pour les neuf terrains sur lesquels on a expérimenté 0,13 p. 1,000 d'ammoniaque, soit 12.7 p. 100 de la quantité totale d'azote. Le résidu distillé de magnésie a fourni, pour les mêmes sols, 0,06 p. 100 d'ammoniaque, c'est-à-dire près de 6 p. 100 de l'azote total.

La plante peut-elle absorber cette quantité ammoniacale disponible, ou doit-elle se contenter d'une dose inférieure? Nous n'oserions nous prononcer sur cette question. Une méthode précise révélant la quantité d'azote assimilable dans un sol n'étant pas encore à notre disposition. Aussi les chiffres ci-dessus ne doivent être envisagés que dans un sens tout à fait relatif.

L'extrait aqueux comprend la somme des substances minérales et humiques et leurs solutions dans l'eau :

Pour 1,000 parties de terre :

	MINIMUM.	MAXIMUM.	MOYENNE des 9 espèces de sols.
Substances minérales . .	0,472	2,016	0,804
Humus	0,168	0,976	0,372

résultats très minimes, comparés à la quantité totale d'humus et d'extraits acides du sol.

Les composés générateurs sont la potasse et les sels de soude combinés à l'acide humique : l'extrait incandescent présente, pour ce motif, une réaction fortement alcaline et une très grande tendance à l'hygroscopicité.

On y découvre aussi de petites quantités d'oxyde de fer, de chaux, d'acide phosphorique et silicique, corps dont la solubilité dans l'eau a été acquise par suite de la présence et de la formation de certains sels doubles, en mélange avec les humates et l'acide humique.

Pendant longtemps on a cherché une relation entre l'extrait aqueux et le degré de fertilité d'un champ. Plusieurs savants ont cru même avoir trouvé ce rapport; l'expérience ne confirme pas cette hypothèse. Les composés minéraux contenus dans l'extrait aqueux n'ont, dans nombre de cas, aucun rapport avec la quantité de potasse et de soude renfermée dans l'extrait acide.

En considérant les masses humiques et ammoniacales seules, la relation est encore plus insaisissable. L'influence des acides minéraux est par contre très marquée. La quantité de substances minérales solubles dans l'eau est en rapport avec celle des acides chlorhydriques, phosphoriques et nitriques, existant dans le sol.

Ainsi pour 1,000 parties de terre, on trouve :

NUMÉRO du champ.	EXTRAIT aqueux minéral.	CHLORE.	ACIDE phosphorique.	ACIDE nitrique.
1. . . .	0,180	0,007	0.66	traces.
3. . . .	0,616	0,011	0.62	0,063
4. . . .	2,016	0,799	1.50	0,126
6. . . .	1,208	0,578	1.01	0,069
7. . . .	0,808	0,158	0.69	0,049
8. . . .	0,472	0,118	0.61	traces.
9. . . .	0,688	0,160	0.59	0,014

La partie organique de l'extrait aqueux devrait, étant donné les différents acides humiques dont il se compose, augmenter ou diminuer avec la base plus ou moins soluble, telle que potasse, soude et ammoniaque. Cette hypothèse n'est pas confirmée.

La quantité moyenne d'acide phosphorique contenue dans les champs d'expérience est de 0,76 p. 1,000. Ce chiffre, comparé à celui de la moyenne précédente, qui en accuse jusqu'à 1,26 p. 1,000 dans d'autres terrains, est très faible. Cette infériorité doit être compensée par des fumures abondantes et périodiques, à base de farine fossile et de superphosphates.

Les expériences entreprises en grand, depuis nombre d'années, avec un mélange de 50 kilogr. de guano et 25 kilogr. de farine fossile par morgen ($0^{h},25^{a},52$) ont donné des résultats aussi efficaces que lucratifs.

Le sol du comté de Mansfeld contient en extraits acides 2,3 et jusqu'à 11,8 p. 1,000 de potasse, y compris 3,8 p. 1,000 de soude ; la moyenne des autres terres est de 2,1 p. 1,000 de potasse et de 1,4 de soude. Il serait donc superflu, pour ne pas dire nuisible, de donner aux plantes cultivées un engrais potassique. Quiconque enfreindrait cette loi agricole, formulée avec tant d'autorité par les savants de nos jours, pourrait s'exposer volontairement à des mécomptes, en abaissant, dans la plupart des cas, le rendement moyen.

DEUXIÈME PARTIE

CHAPITRE V

Terrains de Salzmünde, leur répartition.

Les terrains de l'exploitation de Salzmünde ne sont pas contigus. En considérant la carte jointe à cette étude, nous les voyons épars sur tout le parcours du plateau de Mansfeld, dans les profondes et étroites vallées qui le traversent, bornés au Nord-Est et Sud-Est par le cercle de la Saale; ils se trouvent, par conséquent, sauf une fraction assez faible, dans une des parties les plus fertiles de l'ancienne province de Saxe et peuvent être tous considérés comme propres à la culture de la betterave.

La distance moyenne des surfaces exploitées au point central (Salzmünde) est d'environ un mille ($7^k,522$) et le plus grand éloignement entre deux champs à peu près de 3 milles ($23^k,566$). Cette grande surface s'accroît de jour en jour, car, depuis quarante ans, les acquisitions sont devenues très importantes. Tous ces terrains se trouvent répartis sur 26 territoires différents, avec 16 fermes d'exploitation distinctes.

Le prix moyen d'un morgen ($0^h,25^a,52$) de bonnes terres, quand il s'agit d'un lot important, est de 750 fr.; pour une parcelle servant à arrondir une acquisition antérieure, le prix s'élève à 937 fr. 50 c. et 1,125 fr.

On n'aura une idée juste des nombreuses difficultés qu'il fallut surmonter pour former ce grand tout, qu'en songeant au morcellement primitif, à ces petites parcelles mesurant à peine $52^a,52$. L'occasion d'acquérir de grandes surfaces se présentait très rarement, et ce fut surtout grâce aux effets bienfaisants de la loi dite de *séparation*[1] qu'en 1850 toutes ces petites propriétés furent agglomérées.

De grands progrès furent réalisés; il reste encore beaucoup à faire pour arriver à une unité complète. Réduire le nombre des stations d'exploitation serait certainement très avantageux, par la suppression de quantité d'employés, d'ouvriers, d'attelages, d'instruments, etc., mais, quel que soit l'éloignement de chacune de ces terres, le mode de culture reste le même. Toutes, à quelques exceptions près, sont exploitées d'après le système intensif.

Chaque ferme possède un inventaire complet des instruments et animaux nécessaires à l'exploitation.

L'élevage des moutons et l'engraissement du bétail n'ont lieu que sur quelques-unes des grandes propriétés. Les champs de chaque inspection distincte sont soumis au même mode de culture.

Les produits en betteraves, pommes de terre, céréales, graines oléagineuses, sont transportés au point central pour y être transformés en sucre, alcool, farine et huile. Salzmünde livre, en échange, des résidus de distillerie, du petit blé concassé, du son, des tourteaux, des pulpes, etc., etc., et pourvoit même en grande partie à l'alimentation des ouvriers, pour lesquels on donne de la viande, des saucisses, de la farine, du pain et du fromage.

Les voies construites à l'époque dite de *séparation* et les chaussées dues à l'initiative privée, reliant entre elles les routes royales et les chemins vicinaux de la contrée, facilitent les communications entre les fermes du domaine[2].

---

1. Étudiée en Saxe par M. Tisserand, conseiller d'État, l'éminent directeur de l'agriculture, cette méthode qu'il s'efforça de vulgariser en France a déjà produit le meilleur résultat dans quelques régions.

2. La propriété est traversée par la route de Mansfeld.

Toutes ces voies, soigneusement entretenues, sont plantées d'arbres fruitiers en plein rapport, qui contribuent à l'ornement du paysage. Les différents chemins particuliers, construits par le propriétaire sur une longueur de 15 kilomètres environ, sont tous pavés et coûtèrent 300,000 fr., dépense considérable, déjà amortie par l'économie réalisée sur les frais de transport.

Aujourd'hui Salzmünde possède en propre trente-six propriétés, soit. . . . . 2,871 hectares.

Quinze autres prises à ferme. . . . $476^h,45^a,84$

Champs loués pour la culture annuelle de la betterave 127, 60

Au total. . . . $3,475^h,05^a,84$

Dont $82^h,94$ de prairies seulement et $33^h,17^a,60$ de pacages et de bois.

Ces 3,475 hectares sont soumis à l'inspection de douze chefs indépendants les uns des autres et habitant les localités soulignées de deux traits sur la carte annexée.

La répartition des terrains est indiquée dans le tableau suivant :

1. Salzmünde (y compris Gödewitz et Quilschina).	$561^h,44^a$, »^{c}
2. Benkendorf	312 ,62 »
3. Schochwitz et Krimpe	419 ,80 ,40
4. Räther et Höhnstedt.	458 ,84 ,96
5. Teutschenthàl	270 ,04 »
6. Asendorf	50 ,01 ,90
7. Zaschwitz.	141 ,89 ,12
8. Döblitz.	149 ,54 ,72
9. Schiepzig	154 ,14 ,08
10. Lettin	134 ,23 ,52
11. Mörl.	122 ,75 ,12
12. Polleben[1]	599 ,72 »
Total	$3,475^h,05^a,84^c$

1. Ce domaine est soumis à une exploitation indépendante du contrôle de Salzmünde; loué à ferme, son inventaire en bétail, instruments, etc., ne se trouve pas relaté dans ce rapport.

Les bâtiments d'exploitation sont aujourd'hui en parfait état, mais il ne faut pas oublier, en présence de cette riche installation, les sacrifices qu'elle a coûtés. Une nouvelle propriété était-elle acquise, il fallait utiliser les vieilles constructions et en tirer le meilleur parti, tout en se conformant aux progrès agricoles du moment. Les nombreux agrandissements effectués ont répondu complètement aux exigences de cette exploitation. Salzmünde ne possède pas un seul bâtiment agricole ayant plus de cinquante ans d'existence. Toutes les réformes ont été apportées d'après les plans et indications de l'Œconomirath Zimmermann ; aussi nous trouvons-nous en présence d'un tout complet, tant par l'organisation grandiose et rationnelle intérieure, que par une architecture à la fois simple et élégante.

Le plan général de Salzmünde, joint à cette étude, donne une idée exacte de l'orientation de ces constructions. Les coupes, plans et élévations indiqueront plus tard les détails des principales installations.

CHAPITRE VI

Organisation de la direction agricole.

Le siège de la direction générale est à Salzmünde. C'est de là que la tête dirigeante, connaissant parfaitement la position et les rapports du sol, la succession des assolements, l'état des cultures et des récoltes, envoie dans tous les centres agricoles des ordres précis.

Depuis plusieurs années, le poste d'inspecteur en chef a été confié à deux inspecteurs rapporteurs, chargés de dresser un état quotidien des travaux de l'exploitation. Dans la saison propre aux labourages et aux récoltes, ils doivent fournir des rapports verbaux et écrits les plus détaillés, concernant l'exploitation des terres confiées à leur surveillance, rendre compte des travaux qui viennent d'être exécutés et prévoir ceux qui suivront; l'attention des deux inspecteurs généraux doit encore être portée sur tous les rouages de l'administration, les intérêts de chaque économie rurale, et l'une de leurs fonctions les plus délicates est d'entretenir partout et toujours des relations aussi cordiales que suivies entre le propriétaire et les chefs de culture.

Le registre des commandes et récoltes, les extraits généraux des états de fourrage et fumure, enfin tous les calculs nécessaires ayant trait à l'agronomie, sont confiés à leurs soins.

Outre ces deux adjoints, la direction de l'exploitation comprend :

10 inspecteurs;

11 administrateurs;

36 surveillants.

L'inspecteur[1] à la tête de son rayon de terre est indépendant en ce qui concerne les détails et ordres à donner pour l'exécution des travaux journaliers; c'est lui qui engage les travailleurs, en se conformant aux principes établis. Quelques-uns ont à leur disposition un et même deux administrateurs[2] pour les seconder.

Au sujet des assolements, ensemencements, fumures et labourages des champs, les inspecteurs doivent strictement respecter les ordres émanant de Salzmünde et, dans les questions graves traitant de l'ensemble des affaires, ils n'ont qu'un rôle secondaire.

La coutume exige que, dans presque toutes les grandes fermes allemandes, l'inspecteur marié vive sur le sol qu'il administre en veillant à l'entretien de sa famille. Une habitation avec cuisine, laiterie, basse-cour, porcherie et potager est, dans ce but, mise à sa disposition.

A Salzmünde, au contraire, les inspecteurs doivent tous être célibataires; il a été reconnu que l'organisation d'un ménage compliqué occasionne une grande dépense de temps et d'argent, surtout quand les comptes et écritures ne peuvent être facilement contrôlés.

Simplifier autant que possible l'organisation administrative, centraliser et unifier les affaires, tel est donc le principe fondamental mis en pratique dans cette propriété.

Les ouvriers ne sont jamais nourris; aussi les gages sont-ils un peu plus élevés, afin de leur permettre de subvenir comme ils l'entendent à leurs besoins.

En général, les engagements se font, soit à la journée, soit à forfait. Ces dispositions, aussi sensées que froidement conçues, cette organisation presque militaire, donnent à l'exploitation tout entière un air de grande simplicité. Il

1. Le titre exact est plutôt inspecteur des champs (*Feld-Inspector*).

2. L'administrateur est l'inspecteur des cours (*Hof-Inspector*).

faut moins la considérer comme ferme modèle au grand complet que comme une station agricole, où les instruments aratoires et les bêtes indispensables à l'exploitation trouvent *seuls* un abri à côté du produit des champs.

Tous les mardis, sous la présidence du propriétaire, les inspecteurs se réunissent en conférence pour traiter les questions relatives à l'état général des affaires de la semaine suivante. Les extraits hebdomadaires de leurs domaines respectifs, renfermant un inventaire complet et très détaillé du *doit* et *avoir* de la semaine courante, y sont contrôlés ; les dépenses au comptant collationnées et passées ensuite en compte sous les divers titres *ad hoc* (*voir l'annexe, Comptabilité*). Il est facile, à première vue, de se rendre un compte exact des recettes et dépenses de chaque inspection, d'introduire les réformes nécessaires et d'intervenir immédiatement en cas d'urgence.

Chaque inspecteur doit mettre en ordre les livres de comptabilité suivants :

1° Un registre ordinaire sur lequel sont inscrits les travaux quotidiens;

2° Un livre des journaliers;

3° Un journal pour le bétail;

4° Un journal de vente;

5° Un livre de caisse.

Les extraits hebdomadaires, dont nous avons parlé plus haut, sont puisés à ces différents livres.

Le comptoir central possède, pour chaque ferme un compte de capital où sont transcrits les articles :

1° Constructions, réparations, achats et ventes de parcelles, les échanges, etc.;

2° Un compte courant pour les factures de chaque ferme ;

3° Un grand-livre sur lequel le compte courant est transcrit.

Les recettes et dépenses des différentes branches d'exploitation, entretien des chevaux, bœufs, vaches, moutons, porcs à l'engrais, etc., sont mises en évidence.

Les frais de fumure, culture, récoltes, ne forment pas un compte particulier pour chaque pièce de terre.

Les différentes exploitations touchent gratuitement de la sucrerie et de la distillerie les arriérés en fourrages, qui ont lieu proportionnellement aux livraisons faites. S'il y a excédent, le surplus est débité, ou crédité dans le cas contraire.

Pour le partage des engrais, il existe un arrangement amiable entre chaque domaine. Cette question sera traitée plus loin.

Le moulin de Salzmünde est en relation d'affaires avec les différentes stations agricoles, qui lui livrent les grains et plantes oléagineuses au cours du marché de Halle et reçoivent en échange de la farine, du petit blé concassé, du son, des tourteaux, etc.

Les comptes sont arrêtés le 30 juin de chaque année; dressés par les inspecteurs, ils sont collationnés et examinés au comptoir central (*voir l'annexe*). Cette époque, très bien choisie, concorde du reste avec le calme des affaires.

Pour stimuler les inspecteurs dans l'exécution de leurs travaux et se rendre compte des capacités et du mérite de chacun, il a été décidé que cinq d'entre eux, nommés à l'élection, formeraient, sous la présidence du propriétaire disposant de deux voix, une commission chargée d'examiner, au mois de mai, tous les champs cultivés. Le jugement est exprimé par les chiffres :

4...... Parfait.
3...... Très bien.
2...... Bien.
1...... Assez bien.

Les trois premiers classés reçoivent une forte prime en argent. Les labours à la charrue et ceux exécutés à la machine à vapeur sont différemment cotés; on prend la moyenne du résultat final ; la cote définitive est obtenue en divisant la somme des notes données pour chaque pièce de terre par la superficie évaluée en morgen ($0^{h},25^{a},52$).

CHAPITRE VII

Les travailleurs des champs. — Leurs salaires et leur entretien.

En raison de la multiplicité des travaux et de leur étroit enchaînement, le nombre des travailleurs de Salzmünde est difficile à préciser. Il varie d'un jour à l'autre et dépend des besoins de la saison. Le minimum est en hiver de 600, employés au battage des grains, transport des betteraves, des pommes de terre, des fumiers, etc.

Quand l'activité du printemps revient, plus de 3,000 ouvriers sont occupés aux binages, sarclages, à la rentrée des prairies artificielles et naturelles, à la récolte des seigles, blés, avoines, etc.

Un ouvrier gagne en moyenne :

	Hommes.	Femmes et Enfants.		
Pendant le semestre d'hiver. .	1f,375	0f,60	à	0f,75
Pendant le semestre d'été. . .	1 425	1 »	à	1 25

Ces salaires, relativement élevés pour la contrée, ont beaucoup contribué, dans ces dernières années, à remplacer le travail manuel par celui des machines, réduisant de moitié les frais d'exploitation.

Pour conserver les ouvriers et se mettre à l'abri de la concurrence des propriétaires voisins, on fait signer à chaque employé un contrat par lequel il s'oblige à donner tout son temps à celui qui l'a loué. Le propriétaire s'engage en retour à ne le jamais laisser chômer.

Cet acte est ainsi formulé :

« Les soussignés. . . . . reconnaissent avoir « été engagés du 1er avril 1882 au 1er avril 1883 par « M. A. Zimmermann, de Salzmünde, aux conditions sui- « vantes :

« 1° Les ouvriers ne jouissent d'aucun droit exclusif con- « cernant l'exécution ou la distribution des travaux. Le pro- « priétaire peut prendre, à son gré, d'autres travailleurs « encore, ainsi que des faucheurs supplémentaires; il est « tenu de donner du travail à ses gens, chaque semaine de « l'année, mais à lui seul appartient le droit de choisir et de « préciser les travaux à exécuter, soit à la journée, soit à « forfait.

« 2° Les ouvriers doivent obéissance passive aux ordres et « dispositions prises par les gérants respectifs des proprié- « tés, se rendre de suite à l'ouvrage, eux et tous les mem- « bres de leur famille capables de travailler.

« Ils ont à exécuter soigneusement et fidèlement les tra- « vaux qui leur sont confiés, tant sur la ferme pour laquelle « ils ont été engagés par le présent contrat et qui appartient « en propre à leur patron, que sur celle prise en location.

« 3° Un homme reçoit 1 marc 10 (1 fr. 375) par jour, « une femme 0 m. 60 (0 fr. 75). Il est alloué à tous invaria- « blement par morgen de Magdebourg (25a,52) 2 marcs « (2 fr. 50 c.) pour les binages, fauchages, ainsi que pour « l'emmagasinage et le battage des blés; la confection de 60 « liens en pailles de seigle leur est payée 0 m. 04 (0 fr. 06) « quand on ne livre pas de tortils en pailles de blé.

« On donne 1 marc (1 fr. 25 c.) pour le fauchage de

« l'orge, de l'avoine, trémois et méteil; 0 m. 80 (1 fr.) pour la « récolte des haricots, pois, vesces, colzas et autres plantes « oléagineuses, le fauchage du foin et regains, ainsi que pour « la cueillette des semences de betteraves; 0 m. 66 (0 fr. 825) « par morgen pour faucher les trèfles et luzernes.

« Les salaires sont toujours payés après entier achève- « ment du travail. Toutefois, des acomptes ne sont pas « refusés à ceux qui en font la demande. Pour l'arra- « chage des betteraves et pommes de terre, on paie les prix « ordinaires stipulés au contrat.

« Si le battage des grains a lieu par *scheffel* (55 litres) le « 14e échoit au batteur.

« 4° Chaque travailleur, outre son salaire préfixé, a droit : « 1° à 90 mètres carrés de terrain pour cultiver des pommes « de terre; 2° quatre bottes de paille par trimestre, à la con- « dition de livrer gratuitement au propriétaire tout fumier « provenant de son ménage; 3° un logis dans l'intérieur des « bâtiments destinés à cet usage, s'il est possible, moyennant « une redevance annuelle; 4° l'ouvrier reçoit sa consomma- « tion annuelle en seigle jusqu'à concurrence de 20 bois- « seaux (1,210 litres), 4 boisseaux (220 litres) d'orge au cours « du marché de Halle; si le prix du boisseau de seigle dé- « passait 6 marcs (7 fr. 50 c.) et le boisseau d'orge 4 m. 50 « (5 fr. 62 c.), ils l'obtiendraient quand même à ce prix « maximum; 5° enfin trois chariots de houille terreuse, que « l'ouvrier est obligé de payer, mais dont le transport est « gratuit.

« 5° Le propriétaire a le droit d'annuler immédiatement « le présent contrat, si l'ouvrier ou l'un des siens se rend « coupable de quelque méfait ou inexactitude dans l'exer- « cice de son travail ou ailleurs; s'il montre de l'insubordina- « tion, s'il tient des propos outrageants à l'égard du proprié- « taire ou d'un employé de l'exploitation; s'il endommage

« le logis qu'il occupe ou les instruments confiés à sa garde ; « s'il se montre léger, insouciant dans l'emploi du feu, de la « lumière ; s'il exécute mal son travail, ou s'il y met de la « négligence ; s'il ne tient pas compte des ordres et instruc- « tions qu'on lui donne, ou s'il est condamné pour quelque « crime ou délit.

« Dans tous les cas précités, le propriétaire est en droit « de faire évacuer le logis au coupable et de lui retirer la « concession du champ de pommes de terre sans autre avis « préalable.

« De plus le loyer pour les trois mois qui suivent n'en doit « pas moins être payé à l'avance. La semence seule de pom- « mes de terre est restituée à qui de droit. »

1er avril 1882.

(Suivent les signatures.)

Un exemplaire imprimé de cet engagement est affiché dans toutes les fabriques et fermes de l'exploitation.

La nourriture est à la charge de l'ouvrier. 76 familles ont été ainsi engagées par contrat pour 1882[1].

Le système du travail à forfait est mis en vigueur pour toutes les manipulations agricoles en général. Les clauses du traité sont établies de façon qu'un travailleur diligent peut gagner 2 m. 50 (3 fr. 12 c.) par jour et une femme 1 m. 80 (2 fr. 25 c.) au maximum.

Le plus grand nombre des ouvriers sont de pauvres habitants des forêts thuringiennes et du petit village d'Eichsfeld. Tous occupent la maison dite de famille (construction nouvelle édifiée et aménagée pour eux). (*Voir Plan correspondant.*)

---

1. Chaque famille varie entre 8 et 24 personnes

Nous examinerons plus loin les secours auxquels ils ont droit, leurs rapports avec la caisse des malades et la caisse d'épargne salzmündoise.

L'exploitation agricole compte 80 garçons de ferme dont le salaire annuel est fixé à 168 fr. 75 c., plus un quart de litre de soupe réconfortante avec des légumes ou trois grosses boulettes de farine[1].

Ils reçoivent en outre, par semaine, 0^k,700 grammes de beurre, 1^k,404 de fromage équivalant à six petits fromages allemands, 1^k,404 de viande fraîche, bœuf, mouton ou porc, 6^k,552 de pain de seigle et blé mélangé; le dimanche ils ont en supplément 0^k,234 grammes de saucisse.

Logement, chauffage et éclairage gratuits.

Les bouviers ne sont pas nourris et reçoivent la soupe dans le cas où ils passent la journée entière dans les champs; leur salaire est de 1 fr. 25 c. à 1 fr. 87 c. selon le nombre d'heures de travail et sa difficulté.

Les ouvriers de Salzmünde ou des autres fermes, qui achètent leur nourriture à l'exploitation même, sont peu nombreux. Les différents ménages, y compris l'établissement de garçons, n'en consommèrent pas moins en 1881 et 1882 :

154,000	litres	d'orge	=	35,000	kilogr.	de farine d'orge et d'orge mondée.
133,760	—	de seigle	=	60,800	—	de farine pour le pain.
42,020	—	de blé	=	18,850	—	de farine pour gâteaux.
6,930	—	de pois.				
5,995	—	de lentilles.				
6,765	—	de haricots.				

Le lait, le beurre et le fromage d'au moins 140 vaches.

---

1. Elles se composent de pommes de terre bouillies et de farine mélangée de croûtes de pain concassé, dont on forme une pâte cuite à l'eau; le dimanche, on y ajoute des œufs.

La consommation en viande de boucherie fut de:

108 bœufs	pesant 500k, »	poids vif	. . . .	54,000 kilogr.
294 moutons	— 42 ,500	—	. . . .	12,495 —
111 porcs	— 175	—	. . . .	19,425 —
25 veaux	— 40	—	. . . .	1,000 —
		Total	. . . .	86,920 —

Soit par jour 117 kilogr. environ de viande.

445 litres d'orge = 96 kilogr. de farine à cuire.
495 — seigle et froment = 225 kilogr. de farine pour le pain.

Afin de réduire autant que possible la fourniture de ces produits alimentaires, on s'efforça d'obliger les travailleurs à pourvoir eux-mêmes à leurs besoins.

CHAPITRE VIII

Animaux utiles à l'exploitation, leur entretien.

Les chiffres suivants indiquent le maximum des animaux nourris sur l'exploitation :

29 chevaux carrossiers et de selle ;
190 — de labour ;
500 bœufs de trait (races et variétés allemandes mélangées de quelques types italiens) ;
320 vaches laitières (toutes hollandaises, petite variété blanche et noire) ;
150 têtes de jeune bétail ;
300 porcs ;
5,000 moutons ;
1,600 à 1,800 volailles.

En 1882, le nombre des animaux s'élevait à :

20	chevaux carrossiers et de selle du prix de	2,500f à 6,000f [1]	
185	— de labour	—	1,000
432	bœufs de trait et de labour	—	524
278	vaches laitières	—	437 50
100	têtes de jeune bétail	—	271 77
250	porcs (jeunes)	—	50 98
4,409	moutons	—	19 25
1,410	volailles	—	1 25

Ce qui donne une bête de trait pour $4^h,33^a,84$ et une tête de gros bétail pour 2 hectares environ. Ce rapport très

1. Toutes ces données puisées au dernier inventaire du 30 juin 1882, dans les registres du comptoir central de Salzmünde, sont, nous avons le regret de le dire, bien au-dessous de la valeur réelle, le cheval de trait, par exemple, évalué à 1,000 fr., est toujours payé par M. Zimmermann 1,875 fr. et souvent ce chiffre est dépassé. Il en est de même pour toutes les autres données de la comptabilité (capital vivant) dont les bases d'estimation sont dans le même rapport.

faible s'explique par la petite quantité de prairies naturelles, 82h,94, ne permettant pas d'en nourrir davantage, bien qu'on en puisse créer dix fois plus à peu de frais.

Les animaux dangereusement malades sont soignés dans une étable spéciale, par un vétérinaire de 1re classe attaché à l'exploitation, mais l'état sanitaire est assez satisfaisant en général.

Pour l'année 1881 à 1882 les pertes sèches ont été :

Chevaux morts.	6	p. 100.
Bêtes à cornes.	3.50	—
Moutons.	5.50	—
Porcs.	10	—

M. le Dr Beicher, vétérinaire en chef, m'a fourni les renseignements suivants sur les maladies qui sévissent le plus fréquemment.

Les chevaux, tirés en grande partie des Ardennes et de la Belgique, sont exposés plus ou moins fortement à la grippe, maladie dont ils guérissent presque tous. La gourme, favorisée au printemps et à l'automne par les variations de température, exerce ses ravages surtout parmi les jeunes recrues; c'est aussi à cette époque que beaucoup de chevaux sont atteints de coliques, maladies relativement peu dangereuses si elles ne sont engendrées par quelque inflammation de la rate.

Les cas de paralysie, sous les formes les plus variées, assez fréquents, doivent être attribués au travail pénible et continu auquel ces animaux sont astreints.

Parmi les bœufs, vaches et génisses règnent, avec plus ou moins d'intensité, les épidémies pulmonaires (péripneumonie) combattues avec succès par la vaccination au début de la maladie. Depuis 1860, ce moyen de préservation est employé pour tous les animaux jeunes ou vieux nouvellement achetés, et tous ceux qui ont été soumis à ce traitement préventif n'ont jamais été atteints par la maladie.

Les inflammations de la rate ne se renouvellent que sporadiquement de même que les autres maladies des pieds et de la bouche, qui disparaissent avec une rapidité proportionnelle à la gravité du *genius epidemicus*.

Les cas d'inflammation des pieds de derrière sont assez fréquents. Un seul (rarement les deux à la fois) se gonfle fortement et, au bout de quelques jours, entre en suppuration; des douleurs atroces, jointes à l'insuffisance du traitement, amènent trop souvent la perte rapide de ces pauvres bêtes.

Cette affection, aujourd'hui assez répandue dans la contrée, est attribuée, selon certains auteurs, au peu de soins apportés à faire disparaître les liquides et membranes enveloppant le fœtus des bovidés. Des observations personnelles me portent à croire que cette maladie doit plutôt être attribuée à l'alimentation trop riche en résidus distillatoires. Toutefois, je dois avouer que j'ai eu l'occasion de constater cet accident dans des étables où jamais les pulpes de distillerie n'avaient pénétré.

Les porcs, de race anglaise, pour la plupart, sont d'un excellent rapport. Les inflammations de la rate, les angines, les érysipèles font peu de victimes.

Nous avons à signaler parmi les moutons quelques cas seulement de sang de rate. Les épidémies pédieuses sont fort rares, et depuis plus de vingt ans, on n'a pas remarqué un cas de petite vérole.

Le ferrage des chevaux et des bœufs est exécuté avec une grande perfection, à la forge de Salzmünde. Les chevaux de selle et de carrosse portent des fers plats, à profondes rainures, suivant la méthode de Dresde.

On emploie pour les bêtes de trait le fer à crochet et

à bec forgés en tenant compte de la constitution anatomique du sabot en général et de la forme du pied de chaque bête en particulier. La fourchette n'est jamais amoindrie, comme cela se pratique trop souvent en France. On la laisse se développer complètement en se contentant de la rafraîchir légèrement. Cette manière d'agir est excellente et la liste des sujets malades ne présente jamais un cas de bête estropiée par la faute du maréchal ferrant[1].

Les molettes et éparvins sont fort rares, on ne les signale que chez les chevaux de selle ou de carrosse.

Un gué, ou bassin, a été construit en 1864 pour baigner et nettoyer les animaux. La Salze l'alimente en été, l'eau chaude des fabriques le remplit en hiver, et pendant les plus grands froids même, la température n'est jamais inférieure à 31°25. Ce bassin à parois perpendiculaires mesure $5^{m},50$ de large, 80 mètres de long et 3 mètres de profondeur; le niveau de l'eau s'élève à $1^{m},20$.

Les bêtes de trait, qui, dans la mauvaise saison, rentrent fort tard, chargées de betteraves ramenées des champs éloignés, sont presque toujours couvertes de boue, traversent le réservoir à eau chaude avec les chariots qu'elles traînent. Chevaux et bœufs rentrent complètement nettoyés à l'étable et les roues des voitures sont ainsi débarrassées le lendemain des 50 à 60 kilogr. de terre congelée dont elles étaient chargées.

Le même soin est apporté à l'entretien et à la propreté des écuries et des étables. Les râteliers et mangeoires sont badigeonnés de temps à autre au lait de chaux.

---

1. L'emploi du fer à crochets est très utile dans les contrées où les hivers longs et la neige durcie empêcheraient le fer plat d'avoir prise, mais il faut attacher beaucoup de soins à la confection de cette ferrure, qui, mal faite, peut fausser les aplombs du cheval. Les fers plats n'ont jamais réussi pour les chevaux de trait. Aujourd'hui on emploie des fers en acier fondu, à crochets, qui donnent de très bons résultats.

Nous terminons ces observations générales par un tableau : *État des fourrages* (*voir l'annexe*), donnant un aperçu des rapports alimentaires entre les différentes inspections.

Envisageons maintenant la question d'alimentation des animaux entretenus sur l'exploitation.

Les chevaux de travail, provenant autrefois du Danemark, sont aujourd'hui achetés dans les Ardennes et en Belgique. Vingt-cinq têtes environ, de 5 à 7 ans, constituent la remonte annuelle. Un fournisseur en titre se charge des achats. Il reçoit par avance 2,870 fr. par paire de chevaux et s'oblige à présenter au moins 35 bêtes pour le choix ; le surplus de la somme lui est payé après acceptation de la livraison.

Aussitôt acclimatés, nos chevaux français montrent une très grande résistance, leurs articulations sont solides et leurs formes relativement élégantes. On les attelle presque exclusivement aux lourds chariots prussiens pesant en moyenne à vide 1,500 kilogr. ; il est très rare de les voir traîner la charrue.

Toutes les voitures conduites par deux chevaux transportent une charge de 3,037 litres d'alcool, 2,250 litres de résidus distillatoires, ou 3,000 kilogr. de betteraves.

L'alimentation consiste, par tête et par jour, en 10 kilogr. d'avoine et 5 kilogr. de foin avec paille hachée à discrétion.

Lorsque les travaux deviennent plus pénibles, on ajoute 2 à 5 kilogr. d'orge concassée et des tourteaux de farine de lin délayés au printemps dans l'eau des abreuvoirs.

Ces chevaux, d'un prix très élevé, sont l'objet de soins tout particuliers, et leurs écuries soumises au contrôle le plus rigoureux.

Les légumineuses, le seigle, le son, le trèfle et le regain n'entrent plus dans leur alimentation et l'eau qu'ils boivent est toujours tiédie par un courant de vapeur. Ce mode de nourriture a fait disparaître dans une très forte proportion, les coliques et les maladies aiguës.

Le foin est de tous les fourrages le plus dispendieux. Les 82[h],94 de prairies sont loin de suffire aux besoins de l'exploitation, le surplus 350,000 à 500,000 kilogr. est fourni par les prairies de l'Elbe. Le transport, bien qu'effectué par bateaux, n'en est pas moins très coûteux et le prix de revient s'élève de 5 fr. à 6 fr. 25 c. les 50 kilogr.

BŒUFS DE TRAIT

Le nombre de ces animaux s'élève à 500 environ. Dès l'entrée de l'hiver, on en choisit 140 parmi les plus vieux, pour les engraisser et les vendre à la saison prochaine ; ceux qui restent suffisent aux cultures du printemps ; les vides sont comblés au moment des travaux d'automne. Plusieurs courtiers parcourent alors la Bavière et la Franconie pour faire les achats ; les bêtes sont rendues à Salzmünde au prix moyen de 487 fr. 50 c. par tête. Un bœuf employé principalement aux labours travaille 3 ou 4 ans.

La composition des rations et leur valeur chimique sont réunies dans le tableau suivant :

I

COMPOSITION DES RATIONS.		EXTRAIT sec.	SUBSTANCES albu-mineuses.	MATIÈRES solubles dans l'éther	HYDRATE de carbone.
Résidus de distillerie.	32k,500 . . .	2k,625	0k,590	0k,080	1k,250
Pulpes de betteraves pressées.	10 » . . .	2 ,870	0 ,200	0 ,050	1 ,830
Orge concassée.	1 ,500 . . .	1 ,280	0 ,165	0 ,030	0 ,880
Tourteaux . .	1 ,500 . . .	1 ,280	0 ,420	0 ,140	0 ,360
Paille hachée et menues pailles.	3 ,500 à 5 kil.	4 ,285	0 ,245	0 ,005	1 ,745
TOTAL.		12k,340	1k,620	0k,305	6k,065
Proportion des principes nutritifs : 1 : 4.5.					

Au moment des travaux pénibles on ajoute 1 kilogr. à 1k,500 de trèfle haché. Cette nourriture entretient le bœuf en très bon état, facile à constater par les formes et le poil toujours propre et luisant.

Soumis à l'engraissement hivernal, ces animaux reçoivent par jour et par tête une alimentation un peu différente ; nous l'avons consignée dans la première colonne du tableau II en la faisant suivre de sa composition chimique.

II

COMPOSITION DES RATIONS.		EXTRAIT sec.	SUBSTANCES albumineuses.	MATIÈRES solubles dans l'éther.	HYDRATE de carbone.
Résidus de distillerie.	50k » . . .	3k,500	0k,790	0k,105	1k,685
Pulpes de betteraves pressées.	20 » . . .	5 ,750	0 ,380	0 ,100	3 ,660
Orge concassée.	3 ,500. . .	1 ,700	0 ,245	0 ,040	1 ,240
Tourteaux. . .	2 » . . .	1 ,700	0 ,560	0 ,200	0 ,485
Foin et trèfle. .	2 ,500. . .	1 ,700	0 ,325	0 ,080	0 ,685
TOTAL.		14k,350	2k,300	0k,525	7k,755
Proportion des principes nutritifs : 1 : 5.2.					

L'engraissement dure quatre mois seulement.

Pendant cette période, l'animal, qui au début ne pesait que 600 kilogr., arrive à 750 kilogr., soit un accroissement de 1k,250 par jour.

L'hiver dernier, à Gödewitz, l'augmentation de poids s'éleva à 1k,500 par tête et par jour.

Les deux kilogr. de tourteaux avaient été remplacés par 0k,250 de résidus[1] oléagineux et de 0k,500 seulement de tourteaux proprement dits.

Employés immédiatement, ces résidus sont certainement un mode de nourriture des plus simples et des plus efficaces.

Les bœufs ainsi engraissés sont conduits sur les marchés des provinces rhénanes ou de l'Angleterre, et vendus à raison de 75 fr. les 100 kilogr. On rentre ainsi dans le prix d'achat; le travail et le fumier ont été fournis gratuitement en échange de la nourriture.

1. Dépôts mucilagineux et riches en stéarine des grands réservoirs à huile du moulin de Salzmünde.

Les résidus de betteraves, soumis à une deuxième compression[1], sont toujours acidulés avant d'être servis aux animaux. Cette préparation a lieu dans les silos, murés en briques, à ciel ouvert, recouverts de terre.

D'après certaine théorie allemande, les substances cellulosiques, si finement organisées par elles-mêmes, se décomposeraient pendant ce séjour plus facilement encore. Il se produirait une transformation en acides gras qui augmenterait singulièrement la valeur nutritive de ces résidus.

Tandis que dans les masses fraîches on rencontre à peine quelques traces de substances grasses, celles qui ont séjourné dans les silos accusent à l'analyse 0,33 à 0,66 p. 100 de graisse, chiffre considérable, si l'on songe que les substances sèches n'en fournissent guère plus de 0,25 p. 100.

Les résidus pressés de betteraves seraient donc très riches en substances grasses, à condition d'avoir mûri plusieurs mois en silos[2]. Nous ne partageons pas cette manière de voir. La véracité de l'analyse est incontestable, mais son interprétation a été inexacte. Aussi, pour ne pas s'écarter des données scientifiques, donnerons-nous le nom de ***matières solubles dans l'éther*** aux corps complexes qui avaient été dosés comme graisses.

Si agréables que puissent être ces pulpes au goût des bœufs, vaches ou moutons, elles n'en sont pas moins considérées comme une nourriture assez pauvre en sels, acide phosphorique, chaux, potasse et substances albumineuses.

---

1. Les résidus de betteraves pressées ne proviennent pas directement de la sucrerie; ils sont soumis à une deuxième compression et diffèrent des pulpes simples en ce qu'ils contiennent, à l'état frais, une quantité de sucre ne dépassant jamais 2 à 2.5 p. 100. Les eaux dans lesquelles ils ont macéré avant la deuxième compression sont renvoyées aux râpes qu'elles humidifient.

2. Dans beaucoup d'exploitations allemandes les silos, pour ce motif, ne sont ouverts qu'en été et en automne seulement, pour la consommation des animaux.

Cette vérité reconnue, du reste, depuis longtemps, fait ajouter aux pulpes pressées de betteraves des résidus de distillerie riches en albumine, du son contenant de grandes quantités d'acide phosphorique, ou des pailles hachées, remplaçant d'une manière efficace ce qui manque aux déchets de sucrerie.

Peu riches en chaux et en principes sucrés, leur fermentation est des plus pénibles; on obvie facilement à cet inconvénient en ajoutant $0^k,500$ de chaux vive délayée dans de l'eau par 100 kilogr. de résidus, mouillés à la pomme d'arrosoir, au moment de la mise en fosse.

Les premiers essais de ce genre eurent lieu à Salzmünde. L'odeur, l'aspect et la fermentation plus prononcée des pulpes ainsi préparées confirmèrent les espérances scientifiques.

Les deux analyses suivantes montrent nettement combien le tant pour 100 d'eau et la composition chimique de ces résidus sont variables. Ce peu de constance doit être attribué autant à la qualité des betteraves qu'à la quantité d'eau qu'elles renfermaient avant d'être soumises aux manipulations industrielles.

Résidus pressés de betteraves des années

	1877. Séjour de 2 mois dans les silos.		1880. Séjour de 5 mois dans les silos.	
Extrait sec	27.30	p. 100	21.30	p. 100
Substances albumineuses	2.40	—	1.87	—
Matières solubles dans l'éther	0.35	—	0.59	—
Extrait aqueux	3.57	—	12.76 (Extrait aqueux et Hydrates de carbone réunis)	—
Hydrates de carbone	12.63	—		
Fibres ligneuses	5.75	—	3.82	—
Cendres	1.99	—	1.21	—
Sables et argile	0.61	—	1.03	—
Proportion des principes nutritifs	1 : 7.1		1 : 8	

La composition des cendres du tableau précédent est la suivante :

Potasse	0.18
Soude	0.14
Chaux	0.23
Acide phosphorique	0.09
Acide sulfurique	0.05
Chlore	0.04

La fabrique de sucre produit annuellement 4,000,000 de kilogrammes de résidus de pulpes pressées, dont on peut évaluer la valeur à 83,750 fr.[1].

Une autre substance dont l'importance alimentaire ne peut nous échapper est fournie par la distillerie, qui emploie chaque année le produit de 375 hectares de pommes de terre, plus 375,000 kilogr. d'orge maltée et 500,000 kilogr. de mélasses de betteraves.

MÉLANGES.		SUBSTANCES albumineuses.	MATIÈRES solubles dans l'éther.	HYDRATE de carbone.	SUBSTANCES sèches.
—		kil.	kil.	kil.	kil.
Pommes de terre	5,500,000 kil.	132,000	16,500	1,045,000	1,320,000
Orge maltée . .	375,000	37,500	8,250	246,350	337,500
Mélasse	500,000	39,000	»	314,000	407,000
Total.		208,500	24,750	1,605,350	2,064,500
Dont il faut soustraire $^{1}/_{8}$ en substances albumineuses et $^{3}/_{4}$ d'hydrate de carbone.		26,050	»	1,204,000	1,230,000
Reste pour les résidus distillatoires		182,450	24,750	401,350	834,500

Les 7 p. 100 de substance sèche qui se trouvent renfermés dans les résidus en question correspondent à une masse dis-

1. Nous parlons seulement ici des pulpes de 1881, alors que la sucrerie fonctionnait encore avec les râpes et les presses hydrauliques.

Les expériences relatives aux résidus de diffusion ne seront entreprises que dans le courant de l'hiver 1882 à 1883.

tillatoire moyenne annuelle de $\frac{834,500 \times 100}{7} = 11,921,400$ kilogr. de la composition suivante, pour 100 parties :

Eau.	93.00	
Substances albumineuses	1.58	$\left(\frac{182,450}{119,000}\right)$
Matières solubles dans l'éther . .	0.21	$\left(\frac{24,750}{119,000}\right)$
Hydrates de carbone.	3.37	$\left(\frac{401,350}{119,000}\right)$
Fibres ligneuses et cendres . . .	1.84	
Total.	100.00	
Proportion des principes nutritifs . . .		1 : 2.5

Ces énormes masses de résidus entièrement consommés par le bétail de l'exploitation, constituent une grande partie de la nourriture des animaux. Il est donc important de savoir dans quel rapport le mélange de ces pulpes doit avoir lieu avec les autres fourrages.

A côté de cette substance alimentaire, nous trouvons les déchets de betteraves pressurées de la sucrerie dont nous avons parlé plus haut. Leur composition chimique est diamétralement opposée. Si les uns abondent en substances albumineuses et en sels, les autres en sont tellement dépourvus qu'ils forment par eux-mêmes une nourriture des plus incomplètes. L'hydrate de carbone, en excès chez ces derniers, compense la trop faible quantité renfermée dans les résidus distillatoires. En mélangeant ces deux matières dans une juste proportion, on fournira un aliment contenant les principes fondamentaux de nutrition animale, ce qui n'a pas lieu pour chacun d'eux pris en particulier.

Si ces deux fourrages ne se trouvaient réunis à Salzmünde, on serait fort embarrassé pour l'emploi rationnel de chacun d'eux pris séparément. Grâce à leur mélange, on obtient une matière alimentaire dont la proportion en principes nutritifs est de 1 : 4,7, chiffre approchant beaucoup de celui du foin de première qualité; la proportion de la ration se trouve donc bien établie.

	EXTRAIT sec.	SUBSTANCES albumineuses.	MATIÈRES solubles dans l'éther.	HYDRATES de carbone.
	kil.	kil.	kil.	kil.
La fabrique de sucre livre annuellement au bétail 4,000,000 kil. de résidus pressés de betteraves.	1,120,000	76,000	16,000	720,000
La distillerie livre aussi au bétail 11,921,400 kil. de résidus. .	834,000	182,450	24,750	401,350
Total.	1,954,000	258,450	40,750	1,121,350

Chaque bœuf peut donc absorber par jour 2 kilogr. de pulpes des fabriques ainsi répartis : 1^k,500 de résidus distillatoires et 500 grammes de pulpes de betteraves, ajoutés aux fourrages dans les proportions voulues.

L'alimentation des vaches est toute différente, comme on peut en juger d'après les chiffres suivants :

		EXTRAIT sec.	SUBSTANCES albumineuses.	MATIÈRES solubles dans l'éther.	HYDRATES de carbone
Résidus de distillerie. . . .	100 kil.	14.0	3.16	0.42	6.74
Tourteaux, orge concassée. .	1	1.7	0.56	0.20	0.48
Trèfle.	1	1.6	0.26	0.06	0.56
Paille hachée, menues pailles.	3	5.0	0.24	0.09	2.04
Total.		22.3	4.22	0.77	9.82

Proportion des principes nutritifs. . . . 1 : 2,8.

Comparons ces données à celles recommandées par l'école allemande pour l'alimentation d'une vache laitière d'un poids moyen de 500 à 550 kilogr.

EXTRAIT sec.	SUBSTANCES albumineuses.	MATIÈRES solubles dans l'éther.	HYDRATES de carbone.
13^k,500	1^k,350	0^k,400	6^k,900

Nous voyons que les rations de Salzmünde ne sont pas d'accord avec les prescriptions de la science; la proportion des résidus distillatoires est beaucoup trop forte.

Une alimentation, préférable à mon avis, serait la suivante :

		DISTRIBUTION.
Résidus distillatoires.	60k »	1° Résidus distillatoires, pailles hachées et menues pailles.
Résidus pressés de betteraves .	20 »	2° Pulpes de sucrerie et son mélangés.
Son	1 ,500	3° Paille et foin.
Foin	2 »	
Paille.	1 »	

En éliminant le foin et les tourteaux, et en ajoutant paille et menues pailles (7k,500 environ), on pourrait supposer avoir rétabli l'équilibre dans la composition de la ration. Erreur.

Le bétail, habitué aux pulpes de distillerie, se refuse à absorber plus de 2k,500 à 3k,500 de fourrage brut par jour. Tels sont les renseignements que nous avons recueillis dans toutes les exploitations où les pulpes sont la base principale de l'alimentation des animaux de la race bovine.

La justesse du fait ne peut être mise en doute; il est incontestable que les organes digestifs d'un animal habitué à une nourriture très émolliente ne peuvent facilement s'assimiler les principes nutritifs renfermés dans une substance aussi volumineuse et difficile à digérer que la paille. Quand une vache absorbe 100 kilogr. de résidus de distillerie renfermant 92 kilogr. d'eau, cette masse aqueuse ne peut que raréfier et affaiblir la sécrétion et l'action des sucs digestifs. L'entretien d'un animal nourri de substances aussi diluées n'exige pas la même quantité de matières sèches.

Le registre de la laiterie de Salzmünde, très soigneusement tenu, nous montre que les 250 vaches laitières de l'exploitation produisent, en moyenne, 10lit,46 de lait par tête et par jour. L'état sanitaire de ces bovidés est tel, que, deux ou trois mois après avoir cessé de les traire, on pourrait les assimiler aux animaux soumis à l'engraissement. Mais, tout en reconnaissant que la ration dont nous avons parlé remplit parfaitement son but et se trouve, dans les circonstances présentes, le meilleur marché de toutes, nous ne pouvons la qualifier de ration modèle, bien qu'elle réponde aux exigences voulues.

Une économie plus considérable (en tenant compte des calculs économiques) devrait être réalisée par l'application de la théorie allemande. L'état sanitaire des vaches serait plus satisfaisant en réduisant la proportion de résidus distillatoires pour augmenter celle des pulpes de betteraves, du maïs vert[1], des têtes de betteraves décolletées, de betteraves proprement dites et surtout de paille hachée et menues pailles, après les avoir étuvées pour les rendre plus appétibles aux bêtes.

Les renseignements que nous avons demandés à de savants éleveurs nous ont convaincu qu'ils étaient satisfaits de l'état sanitaire des troupeaux ainsi alimentés. Les pertes occasionnées par les pneumonies, inflammations de la rate, paralysie, etc., ont-ils dit, peut-être avec un certain point d'amour-propre, n'étaient pas plus fortes dans leurs fermes que chez les autres agriculteurs n'usant pas de résidus. Le prix plus élevé et la plus grande abondance des rations de leurs voisins n'empêchent pas le bétail d'être inférieur en force et en beauté à celui de Salzmünde, dont la robe est toujours luisante et les formes bien arrondies; résultats donnant tort à la théorie allemande.

---

1. On a commencé, dans ces derniers temps, à donner aux bœufs et vaches du maïs haché, des feuilles de betteraves, mais cet essai a été entrepris sur une trop faible échelle. Il faudrait donner plus d'extension à la culture du maïs afin de pouvoir l'ensiler, et augmenter aussi la proportion des betteraves et carottes fourragères.

Signalons encore les déchets de mélasse, utilisés surtout pendant les mois d'été.

Dans toutes les autres exploitations, on les emploie pour fumer les champs ou alimenter des fourneaux spéciaux, en formant des briques dites charbons de résidus, dont on extrait de belle potasse. A Salzmünde, ces résidus sont envoyés à la fabrique d'alcool et augmentent la quantité de pulpes distillatoires pour l'alimentation du bétail. La proportion du mélange est, en hiver, de 1 à 2. La disette de pommes de terre, en été, fait élever ce chiffre à 2 sur 3.

Vingt ans d'expérience ont démontré que les proportions de ce mélange conservent à ces pulpes le même degré de pouvoir nutritif, en dépit de la grande quantité de sels de potasse et de substances organiques qu'elles renferment.

Quelques praticiens prétendent que les bœufs et les vaches consomment la pulpe du mélange en plus grande quantité que celle provenant des distilleries ordinaires travaillant pendant toute la campagne des pommes de terre seulement. Les sels contenus dans les mélasses doivent sans doute exciter l'appétit des animaux. On a essayé à plusieurs reprises d'employer les résidus à l'état pur, surtout aux mois de juillet et août, moment où la pomme de terre fait complètement défaut. Les vaches se sont toujours ressenties de ce régime, et la quantité de lait a diminué; après quelques semaines, un dépérissement général s'est manifesté et, finalement, une diarrhée chronique fut presque toujours le couronnement de cette pratique.

Les résidus de mélasse de Salzmünde renferment 7 à 8 p. 100 de substances sèches; la proportion des principes nutritifs est de 1 : 2; dans les fourrages ordinaires, tels que foins, betteraves, tourteaux, résidus de pommes de terre, etc., le rapport des substances nutritives aux sels minéraux est de

12 : 1; il s'élève même à 40 : 1 dans les différentes espèces de céréales. Avec les résidus de mélasse, on constitue un aliment qui renferme 3 à 4 parties de matières assimilables pour 1 de sels, presque exclusivement formés de potasse et soude; soit sept fois autant de sels purgatifs que dans les fourrages ordinaires. C'est là le grand reproche à faire à ces résidus, qui causent les diarrhées dysentériques dont nous avons parlé.

Lorsqu'il y a disette de fourrage et de résidus de pommes de terre, les bêtes à cornes sont obligées de se contenter de résidus de mélasse presque purs. Elles en reçoivent 50 kilogr. seulement par jour, additionnés de paille et de maïs vert hachés. La réaction de ces résidus est, comme on le sait, des plus acides. En les neutralisant au moyen de 1/5 p. 100 de chaux caustique sous forme de lait de chaux, les effets diurétiques ne sont pas atténués, mais on contribue dans une large part à l'amélioration de ces aliments.

Plusieurs exploitations voisines ont eu recours à ce procédé dont les résultats furent très satisfaisants; l'état sanitaire meilleur et le mélange beaucoup plus apprécié par les animaux en sont la preuve.

Quelques savants agronomes préconisent les deux moyens suivants pour améliorer les résidus distillatoires de mélasses.

Le premier consiste à remplacer, dans la préparation du sirop, l'acide sulfurique par l'acide chlorhydrique ordinaire. Ce dernier provoque la transformation du sucre de canne en sucre interverti, aussi rapidement et d'une manière aussi complète que le fait le SHO^4, mais l'HCl dégage en même temps du chlorure de potassium et du chlorure de sodium, sels qui passent tous deux dans les résidus, et dont l'assimilation par l'animal se fait plus facilement que celle de tous les sulfates et sulfites alcalins.

Les premiers passent dans le sang et leur évacuation a

lieu par les voies ordinaires, sans causer de diarrhée. Les seconds ne peuvent s'échapper que par les intestins en provoquant les troubles bien connus occasionnés par les sulfates de soude, de potasse, de magnésie, etc. Les distilleries ne font plus usage, il est vrai, des quantités d'acides capables de transformer la totalité de la potasse et de la soude en sulfates et chlorures alcalins.

Pour arriver à ce résultat, 50 kilogr. de mélasses nécessiteraient en moyenne 3 kilogr. d'acide sulfurique concentré, correspondant à 7 kilogr. d'acide chlorhydrique ordinaire. Mais l'on n'emploie en moyenne que 500 grammes d'acide sulfurique produisant 750 grammes environ de sel de Glauber anhydre qui, passant dans les mélasses, augmente très sensiblement leurs effets laxatifs.

1 kilogr. à 1^{k},500 d'acide chlorhydrique rendrait probablement les résidus plus sains et par conséquent plus profitables aux animaux. L'addition du lait de chaux est très recommandable, car il neutralise les acides et compense, en quelque sorte, la trop petite quantité de calcaire contenue dans la mélasse. Cette matière par elle-même renferme des quantités d'acide phosphorique très faibles, les résidus doivent donc en être aussi dépourvus.

C'est ici qu'arrive le second procédé d'amélioration. Il ne faut pas perdre de vue que, dans les exploitations où cette nourriture est employée, il faut la compléter par des fourrages riches en acide phosphorique, tels que trèfle, tourteaux, marc de raisin, etc. Quand ces produits manquent, ils peuvent être remplacés par des os pulvérisés et étuvés à une pression de 2 atmosphères. Un mélange de 50 kilogr. de résidus avec 160 grammes à 170 grammes d'os pulvérisés ne présente plus le défaut signalé. Cette dose peut être augmentée sans inconvénient. Les excréments n'en sont que plus fertiles, et cette dépense est nulle, si l'on songe que l'agriculteur est obligé d'acheter pour la fumure de ses champs une certaine quantité d'acide phosphorique.

165 grammes d'os pulvérisés donnent aux substances sèches des résidus de mélasse autant d'acide phosphoriqne, pour 100 parties, qu'en renferment les semences des céréales.

D'après les expériences que nous avons faites dans le laboratoire de l'Institut agronomique de France, sous la savante direction de M. Müntz, la poudre d'os peut être avantageusement remplacée par le phosphate de chaux précipité. Son assimilation rapide est d'une plus grande efficacité. Cette addition d'acide phosphorique est surtout précieuse pour les exploitations dans lesquelles la culture très développée des betteraves impose une alimentation dont l'appoint principal est fourni par les déchets de distillerie et les pulpes de sucrerie.

Si l'on se contentait d'un mélange de 1 partie et demie du résidu de mélasse avec 1/2 de pulpes de betteraves, ce qui semblerait offrir une juste proportion entre les substances azotées et non azotées, un dépérissement complet se manifesterait bien vite dans l'étable ainsi entretenue. Quelques mois suffiraient pour amener ce déplorable résultat, surtout dans les écuries de vaches laitières, qui abandonnent avec le lait de chaque jour une quantité de phosphate de chaux relativement considérable.

L'utilisation rationnelle des résidus de mélasse comme aliments, une des grandes améliorations introduites à Salzmünde, est payée bien plus avantageusement par les animaux, que ne pourraient l'acheter les champs sous forme d'engrais. Traversé par cette substance, le tube digestif absorbe les principes nutritifs, tandis que la presque totalité des sels s'échappe par les voies éliminatoires ordinaires et donne une somme de principes fertilisants à peu près équivalente à celle que la fabrique aurait pu livrer en envoyant directement ses résidus dans les champs.

Le grand inconvénient de cette alimentation consiste encore dans la production d'une quantité d'urine considérable, 100 kilogr. environ par jour et par tête de bétail. En dépit des litières et de la fosse à fumier, sur laquelle on étend régulièrement, et par couches, de la terre glaise desséchée, l'absorption complète est impossible. Aussi est-on obligé de transporter et répandre ce purin sur les champs des environs. L'effet produit n'est pas aussi satisfaisant qu'on pourrait le supposer. L'extrait sec de ce liquide ne s'élève guère à plus de 2.50 p. 100; l'urine d'un animal nourri au foin, petit blé concassé, betteraves et tourteaux, en renferme de 6 à 8 p. 100.

Les terres et prairies étant, comme cet engrais, très riches en potasse, son peu d'efficacité est dès lors expliqué. Quelques centeners (50 kilogr.) de superphosphates suffiraient à l'améliorer. On sait, en effet, que l'urine de bœuf et de vache est très pauvre en acide phosphorique; l'excès de phosphate absorbé par les ruminants dans leur alimentation fourragère, s'échappe presque en totalité par l'ouverture anale, tandis que chez les animaux dont la nourriture consiste surtout en grains et viande, l'acide phosphorique est évacué, pour la plus grande partie, par les voies urinaires.

La chimie physiologique explique ce phénomène en le faisant dépendre de la proportion dans laquelle se trouvent la potasse et l'acide phosphorique contenus dans la nourriture de l'animal.

L'exploitation de Salzmünde possédant, malgré sa grande étendue, 82^{h},94 seulement de prairies naturelles, et les champs de trèfle et luzerne étant cultivés uniquement en vue de la production du foin, laissent sans pâturages les vaches et le jeune bétail, dont l'alimentation se fait toute l'année à l'étable.

On cherche bien à atténuer les effets préjudiciables de ce séjour permanent dans les écuries, en laissant gambader, plusieurs heures par jour, les animaux sur la fosse à fumier, qu'ils tassent et améliorent, mais l'état sanitaire souffre de ce régime et la production laitière s'en ressent. Le lait moins abondant, la crème presque incolore et sans beaucoup de saveur, donnent presque toujours un beurre blanc, qu'il faut colorer avec la teinture de safran.

Les vaches des différentes stations échelonnées le long de la Saale sont chaque matin, à 8 heures, conduites à la rivière, dans laquelle elles séjournent une demi-heure environ. Cette cure régulière de bains froids raffermit le derme des bêtes à cornes et semble particulièrement favorable aux laitières, qu'on entretient toujours ainsi dans un état de grande propreté.

Pendant les trois mois d'hiver, la Saale étant souvent congelée et trop froide, on fait traverser aux animaux les grands bassins d'eau chaude dont nous avons parlé. Ces bains chauds sont tellement agréables aux vaches, qu'on a grand' peine à les en faire sortir.

Le fourrage vert en trèfle pur est exclu de l'exploitation, quoique ce genre d'alimentation amène une lactation plus abondante. Les accidents digestifs sont redoutés, et la grande quantité de substances albumineuses contenue dans cette matière nutritive la fait utiliser comme foin, proportionnellement mélangé aux autres substances alimentaires. En juillet et août, époque de la pénurie des résidus, il faut, par nécessité, nourrir quelquefois au trèfle vert, toujours additionné, dans ce cas, de 2.50 p. 100 de paille hachée. Cette excellente mesure ne saurait être trop recommandée.

Le maïs est aussi une grande ressource pour les fourrages d'été. Récolté en vert dans la seconde quinzaine du mois d'août, il est haché en fragments de $0^m,02$ de long et mélangé, à la paille, au son et menues pailles. La ration est de 20 à 25 kilogr. par jour.

Dans le courant de l'année 1881 à 1882, les bestiaux, bœufs, vaches et moutons ont consommé 275,000 kilogr. de tourteaux de colza, dont la plus grande partie provenait du moulin à huile de Salzmünde.

Quand le prix des tourteaux dépasse 18 fr. 75 c. les 100 kilogr., on leur substitue du son qui ne revient jamais à plus de 10 fr. les 100 kilogr.[1]; 1^k,500 de son remplace alors dans la ration le kilogramme de tourteau supprimé. Il n'y a à reprocher à ce changement que la forte diminution des matières solubles dans l'éther, entrant dans l'alimentation. On sait, en effet, que le son renferme environ moitié moins d'extraits solubles dans l'éther que le tourteau de colza, question capitale quand il s'agit d'engraissement à venir.

Les vaches, toutes de race hollandaise, appartiennent à la petite variété blanche et noire. Le propriétaire l'a choisie de préférence aux deux autres, laitières par excellence, pour ne pas se mettre en désaccord avec le grand principe zootechnique qui exige, qu'avant d'acclimater un animal, on se préoccupe de ses conditions d'existence. Salzmünde avec sa faible quantité de prairies ne pouvait alimenter la grande variété hollandaise et lui faire donner ses 30 à 45 litres de lait par jour. De plus, la question de savoir si la production du lait serait plus avantageuse que celle du beurre, était à examiner.

L'exploitation se trouve à une trop grande distance d'un centre d'écoulement pour produire avec avantage d'aussi fortes quantités de lait; il était plus lucratif, sous le rapport de la ration d'entretien, d'avoir recours à une petite variété produisant en moyenne, toute l'année, 10^{lit},46 d'un lait très riche en principes gras (globules graisseux).

1. En calculant le foin à raison de 7 fr. 50 c. les 100 kilogr., la valeur économique de ces deux fourrages serait dans le rapport de 13 fr. à 9 fr. 50 c. par 100 kilogr.

Nous pouvons faire la même comparaison entre ces bovidés, nos cotentines, flamandes et les petites bretonnes françaises.

Les vaches de l'Allgau, un moment introduites, ne répondirent pas aux espérances, et celles de la Harz luttèrent avec désavantage contre leurs concurrentes néerlandaises, qui les ont peu à peu remplacées.

D'autres propriétaires saxons ont cependant procédé d'une manière tout opposée et sont revenus exclusivement au bétail de la Harz. Ces vaches, plus fécondes, prétend-on, résistent mieux aux maladies pulmonaires. Leur poids ne dépasse jamais 300 à 350 kilogr. Le lait est bien inférieur, comme qualité, à celui produit par la race hollandaise, mais il est beaucoup plus riche en principes gras (beurre) ; enfin la proximité de la Harz permet un recrutement plus facile des sujets d'élite, coûtant 187 fr. 50 c. par tête, soit moitié moins que les vaches hollandaises.

Toutes ces considérations doivent appeler l'attention des agriculteurs, qui, faute de débouchés pour la vente du lait, préfèrent s'adonner au commerce non moins lucratif de la fabrication fromagère.

Le lait des vaches de la Harz produit un fromage aussi fin, aussi recherché que celui de Suisse et de Limbourg ; le débit en est considérable[1].

---

1. Dans beaucoup de fromageries de la Harz on trouve des étables de 100 vaches laitières environ et un troupeau de 25 chèvres, dont le lait mélangé doit donner au fromage l'arome et le bouquet particuliers à tous les produits suisses.

A Salzmünde, comme dans presque toutes les exploitations saxonnes et prussiennes, on trouve dans les étables et les écuries quelques capridés. Une croyance populaire attribue à la présence de ces animaux, dégageant une odeur *sui generis*, l'assainissement de l'air et la préservation de toutes maladies.

Ce préjugé est tellement enraciné que beaucoup de quartiers de cavalerie abritent quelques chèvres. Les gens sérieux et quelque peu scientifiques reconnaissent tous sans exception que cette pratique est sans efficacité ; ils la considèrent comme un amusement pour les enfants des bouviers ou vachers et un petit profit pour les soldats.

Le lait des villages de Salzmünde, Lettin, Teutschenthal, est conduit à la laiterie halloise; celui des autres exploitations, non vendu, sert à la fabrication du fromage et du beurre, obtenus au moyen de nouveaux appareils américains (*Amerikanisches Schaukelbutterfass Davis' swing-churn*).

Les barattes Gussander, autrefois employées, rendaient de bons services. Cinq sixièmes des substances grasses renfermées dans le lait étaient utilisés; les anciennes tinettes, au contraire, laissaient dans le caillé un quart des globules butyreux.

Au sortir de l'étable, le lait passe sur un réfrigérant Lawrence et en été on y ajoute quelquefois même une dissolution de soude. 16gr,5 de soude caustique pour 6k,250, empêche le lait de passer au bleu, suivant l'expression vulgaire.

Avant la création de la laiterie halloise, sur l'organisation de laquelle nous reviendrons plus loin, le lait des inspections voisines de Halle était livré tout frais à un Suisse. La direction ne gagnait pas plus à vendre en gros qu'au détail; le seul bénéfice, peut-être, était d'éviter la fraude, par la suppression des intermédiaires.

Salzmünde n'élève pas de veaux; tous sont vendus à l'âge de huit jours; quelques-uns seulement, réservés à la table du maître, sont exclusivement nourris au lait[1].

Pour compléter les vides produits dans les étables, on fait venir tous les ans 50 à 60 génisses de 6 à 8 mois, expédiées directement de Hollande par un courtier.

---

1. Un exemple d'élevage intensif est l'essai suivant exécuté, en 1878, sur deux veaux mâles nés le 15 septembre 1877. Les quatre premiers mois et demi, l'alimentation consista en lait, regain très tendre, farine d'avoine, avoine concassée, tourteaux et lait écrémé ainsi que le meilleur foin, toujours à discrétion. A l'âge de 14 à 16 mois, chacun de ces animaux a dévoré 20 kilogr. de résidus pressés de

MOUTONS.

Le nombre des moutons nourris sur le territoire de Salzmünde varie entre 4,000 et 5,000. La production de la laine, il y a 25 ans, passait encore en Saxe et en Prusse pour le point capital de cet élevage. Salzmünde recherchait surtout les *Negretti* et les *Hoschtitz;* mais la toison de l'animal très richement nourri perdait bien vite de sa valeur malgré les grands sacrifices imposés pour recruter des béliers de choix. Le prix de la laine et sa qualité allaient sans cesse en décroissant. Des essais comparés, entrepris sur une grande échelle, démontrèrent que les croisements de mérinos, voir même des Negretti, avec des béliers Southdown, produisaient des agneaux qui à 10 et 12 mois étaient vendus 30 fr. pièce, procurant un bénéfice net de 13 fr. 75 c. Dès lors la production de la viande prit le dessus.

A partir de l'année 1863, tous les Negretti furent croisés avec des béliers Southdown, provenant directement des élevages de Webb (Babrahn) et de lord Walsingham (Merton Halle). Les bénéfices surpassèrent alors, de plusieurs milliers de thalers, ceux qu'on réalisait autrefois avec le produit de

---

betteraves, 1^k,500 de foin, 1 kilogr. de tourteaux, 3^k,500 de farine d'orge et 6 kilogr. d'avoine.

La table suivante indique l'accroissement graduel, de deux en deux mois, de ces terribles mangeurs.

AGE en mois.	POIDS des deux veaux mâles. 1o.	2o.	AUGMENTATION par tête et par jour.
—	—	—	—
4 1/2 mois . .	247^k,500	260^k »	0^k,939
6 1/2 — . .	311 »	332 ,500	1 ,133
8 1/2 — . .	385 »	425 »	1 ,400
10 1/2 — . .	455 »	485 »	1 ,083
12 1/2 — . .	556 »	560 ,500	1 ,470
14 1/2 — . .	558 »	607 ,500	0 ,408
16 1/2 — . .	611 ,500	649 »	0 ,791

la laine. Les animaux, ainsi croisés, sont plus précoces et la vente en est par conséquent plus productive.

Les inspections de Schochwitz, Räther, Teutschenthal et Pfützenthal, dans lesquelles sont répartis les différents élevages de moutons, dont le produit annuel en agneaux s'élève à 1,700 et 1,800, possèdent 60 béliers southdown et 45 béliers negretti de race pure.

M. A. Heyne, de Wintersdorf, près Altembourg, est chargé de l'examen des troupeaux; chaque année, il procède à une inspection minutieuse des brebis et les marie à un bélier conforme à leurs aptitudes. La monte est toujours surveillée avec la plus scrupuleuse attention.

La culture des plantes sarclées oblige à entretenir les champs d'automne dans un état de propreté exceptionnelle; aussi ces animaux, vu la faible étendue des prairies naturelles sont-ils presque toujours contraints à l'alimentation stabulaire.

Le printemps est l'époque de l'agnelage, les jeunes naissent au mois de mars et, le sevrage opéré, reçoivent comme nourriture, un mélange de paille, trèfle vert et quelques résidus pressés de betteraves, le tout finement haché.

En automne, on les conduit pâturer les chaumes ou les champs de trèfle, destinés à produire ensuite des récoltes dérobées, luzerne, lupuline, etc. Au mois d'octobre et de novembre, les feuilles et les têtes décolletées de betteraves fournissent encore une nourriture abondante, puis, l'hiver arrivé, on les soumet à l'engraissement.

Les agneaux et les femelles reçoivent par jour et par tête 2 kilogr. de résidus pressés de betteraves, 250 grammes de foin de trèfle et 500 grammes de paille.

Nous avons consigné, dans le tableau suivant, la composition de la ration donnée aux jeunes moutons destinés à la boucherie.

		EXTRAIT sec.	SUBSTANCES albumineuses.	MATIÈRES solubles dans l'éther.	HYDRATES de carbone.
Pulpes pressées de betteraves.	3k,000	0k,750	0k,057	0k,012	0k,450
Foin de trèfle	0 ,250	0 ,210	0 ,0325	0 ,008	0 ,0675
Tourteaux de colza.	0 ,250	0 ,105	0 ,035	0 ,0125	0 ,030
Son.	0 ,250	0 ,105	0 ,015	0 ,0035	0 ,053
Paille	0 ,250	0 ,210	0 ,010	0 ,0035	0 ,085
Total	4k,000	1k,380	0k,1495	0k,0395	0k,6855
Proportion des principes nutritifs				1 : 5,3	

La vente commence le 15 mars pour finir en juin, à raison de 30 fr. par tête (50 kilogr. en moyenne), abstraction faite de la laine, qui rapporte 5 fr. et plus. Paris, Londres, Hambourg et les bords du Rhin sont les principaux débouchés.

Les vieilles brebis[1] soumises à l'engraissement reçoivent par tête et par jour :

3k,500	de têtes de betteraves.
0 ,500	de foin de trèfle.
0 ,250	de paille.
4k,250	

La pratique démontre que cet engraissement est le moins coûteux de tous. La ration précédente avait été à plusieurs reprises augmentée de 125 grammes de tourteaux, mais l'efficacité de cette adjonction fut presque nulle.

Les feuilles de betteraves fraîches ou desséchées étaient autrefois dévorées dans les champs par les moutons ; une grande partie était pourrie ou emportée par le vent.

Un hectare de betteraves sucrières produit en moyenne 8,000 kilogr. de feuilles. Cette donnée est plutôt en dessous qu'au-dessus de la réalité, comme nous pouvons le vérifier, en consultant le tableau suivant, résumé de nombreuses

1. Les brebis se vendent, tondues, 52 fr. 50 c. les 100 kilogr.

constatations faites sur des champs labourés, fumés, ensemencés et récoltés aux mêmes époques et de la même manière que toutes les autres terres de la propriété.

RÉCOLTE PAR HECTARE.	BENKENDORF.	BÖNINGEN.	PRERAU.	TILLEDA.	LANGENSTEIN.	IDA-MARIEN-HÜTTE.	BRAUNSCHWEIG.	HEINSDORF.	ROSSLA.
Betteraves lavées. . .	39.200	34.104	39.200	26.460	41.160	22.344	22.344	18.620	45.472
Leurs feuilles	13.328	10.584	11.760	15.092	17.836	5.096	8.232	6.065	28.420
	BLANSKO.	SALZMÜNDE.	MAHLSTADT.	NEUHOF.	MÜNGERSDORF.	REINSCHANZ-INSEL.	STISTERHOF.	NORDHAUSEN.	SUDENBURG.
Betteraves lavées. . .	28.028	28.420	19.992	21.952	54.292	27.636	46.452	49.196	25.284
Leurs feuilles	10.192	15.680	6.664	6.478	19.200	16.464	19.992	19.012	12.348
	SCHMOLZ.	KÖNIGSSAAL.	BRODU.	FRIEDENSAU.	CZAKOWITZ.	GRUSZKA.	JAKOWSKA.		
Betteraves lavées. . .	24.108	50.176	33.908	22.148	49.784	13.328	9.212		
Leurs feuilles	7.252	13.720	11.956	3.920	22.736	5.684	7.448		

Des expériences ont été entreprises pour arriver à une meilleure utilisation de ce fourrage; le produit d'au moins 500 hectares est entassé dans des fosses de deux mètres de profondeur, creusées en terre. Ensilées pendant trois mois, ces feuilles de betteraves représentent encore 5,000 kilogr. de matières nutritives par hectare. On a donc à sa disposition 2,500,000 kilogr. d'un précieux appoint alimentaire hivernal et printanier, surtout dans les années de disette fourragère. Tel est le cas de l'année 1882 à 1883, pendant laquelle les trémois, les premières coupes de trèfle et de sainfoin furent, par suite des pluies continuelles, rentrés difficilement, ou en grande partie perdus et abandonnés dans les champs, laissant un déficit difficile à combler.

Après un séjour de cinq mois en silos, la composition chimique de cent parties de feuilles de betteraves est la suivante :

Eau	73.16 p. 100	
Substances albumineuses	0.94	—
Matières solubles dans l'éther	0.75	—
Matières ligneuses	2. »	—
Acide	1.14	—
Acides gras, volatils en majeure partie	»	—
Acide butyrique allié à des bases	0.53	—
Ammoniaque alliée à des acides	0.20	—
Matières solubles dans l'eau froide { substances organiques	3.30	—
Matières solubles dans l'eau froide { substances minérales	1.7	—
Matières organiques non azotées	8.56	—
Cendres { solubles dans l'acide chlorhydrique	5.24	—
Cendres { sable et argile	8.48	—

Les sels de soude contenaient :

	1879.	1877. Nos 1 et 2.	1877. Avec 3 p. 100 de menues pailles.
	—	—	—
Chlorure de sodium	0.78	0.43	0.34
Soude	0.08	0.31	0.13
Potasse	0.99	0.72	0.61
Chaux	0.70	1.66	1.27
Magnésie	0.27	0.03	0.09
Acide sulfurique	0.36	0.24	0.20
Acide phosphorique	0.09	0.11	0.17
Oxyde de fer et terre argileuse [1]	1.83	2.05	1.88
Totaux	5.10	5.55	4.69

Les deux dernières analyses se rapportent aux cendres de deux échantillons de feuilles de betteraves enfouies en 1876.

1. L'oxyde de fer et l'argile doivent être attribués à la terre qui accompagnait ces cendres.

La moitié des substances azotées contenues dans les feuilles ensilées, s'est transformée en sels ammoniacaux ; on a commis une faute en les calculant à l'état de matières albumineuses. Une fermentation ammoniacale aussi prodigieuse dans les fourrages verts ainsi conservés est très rare, mais encore faut-il avoir soin d'en tenir compte, si l'on ne veut courir le risque de coter les substances albumineuses 100 p. 100 trop haut.

12 p. 100 de substances sèches et 3 p. 100 de matières grasses sont renfermés dans les feuilles fraîches ; après l'ensilage, la proportion d'extrait sec a augmenté et la teneur en matières solubles dans l'éther s'est accrue, comme pour les pulpes de betteraves.

Le rapport entre les principes nutritifs étant 1.3 avant la mise en silos, est de 1.10 après la fermentation, chiffres montrant clairement que le traitement subi par cet aliment, primitivement très riche en azote, l'a considérablement appauvri. Il faut donc, pour en tirer le meilleur parti, l'additionner de tourteaux et de son en assez grande proportion.

Si nous estimons la valeur de 100 kilogr. de foin à 7 fr. 50 c., les 100 kilogr. de feuilles fermentées seront évalués 1 fr. 36 c.

On peut encore, si on le juge convenable, mélanger 3 à 5 p. 100 de menues pailles, répandues au fur et à mesure de l'entassement des feuilles. Toutefois, cette addition n'est pas indispensable, car la conservation est parfaite sans cette précaution. Ajouter du chlorure de sodium, serait toujours nuisible, étant donnée l'énorme quantité de sels contenus dans les feuilles.

Quelques petits propriétaires de domaines moins étendus décollettent à temps perdu les betteraves encore en terre et procèdent à l'ensilage des feuilles et des têtes avant l'arrachage des racines, rendu alors très pénible par cette opération préliminaire.

Tous les automnes ne sont malheureusement pas favorables à cette récolte, qui ne peut toujours être faite en temps utile. On doit avant tout s'occuper de la betterave, et ne pas la laisser geler pour donner ses soins à quelques quintaux de fourrage.

Par suite de l'humidité persistante en 1881, Salzmünde n'a pu faire ses approvisionnements, les pluies ont détrempé le sol et retardé le transport des betteraves, puis les gelées ont grillé les feuilles, qu'on dut laisser pourrir sur place. Habituellement distribuées aux moutons à partir du mois de janvier, elles entrent dans la composition des rations, qu'elles améliorent, de la manière suivante :

Pour dix moutons de 40 kilogr. chaque :

		EXTRAIT sec.	SUBSTANCES albumineuses.	MATIÈRES solubles dans l'éther.	HYDRATES de carbone.
Feuilles ensilées.	20k, »	5k,350	0k,200	0k,150	1k,800
Pulpes pressées de betteraves	15 , »	4 , »	0 ,350	0 ,130	2 ,400
Son de blé.	2 ,500	2 ,150	0 ,335	0 ,075	0 ,950
Paille	2 , »	1 ,700	0 ,080	0 ,030	0 ,650
Total.		13k,200	0k,965	0k,365	5k,800

Ce mélange, un peu faible en matières albumineuses, n'en est pas moins suffisant au point de vue nutritif. Il se recommande par le bon marché exceptionnel et le côté rationnel de sa composition bien comprise, ressortant de la combinaison des feuilles si riches en sels avec les pulpes de betteraves, qui en sont presque dépourvues ; enfin l'addition de 2k,500 de son remédie à la pauvreté en phosphates des deux premières substances.

Terminons en disant que le produit net de l'année 1881 à 1882, pour la totalité des moutons élevés sur l'exploitation, monte à la somme de 61,385 fr. 35 c. se répartissant ainsi : laine 25,107 fr. 60 c., viande 36,277 fr. 75 c. Soit plus de 15 fr. par tête de mouton, 6 fr. 25 c. pour la laine et 9 fr. 37 c. de viande.

PORCS.

Salzmünde ne suit pas l'exemple de beaucoup d'exploitations allemandes, dans lesquelles l'élevage des porcs est pratiqué en vue de la vente de sujets reproducteurs ou de cochons de lait. Pourvoir à l'approvisionnement des différentes fermes est le seul motif qui fait entretenir quelques suidés. Aussi le nombre des femelles ne dépasse-t-il pas 50, et la totalité des individus, tous de race anglaise (*Yorkshire* et *Berkshire*), porte à 250 l'effectif de ces animaux.

Les produits obtenus se distinguent par une très grande longueur des reins et un accroissement rapide. Ils sont connus dans la contrée sous le nom inexact de race de Salzmünde.

Les nourrisseurs prétendent que les truies à oreilles pendantes, ont des portées moins nombreuses, mais plus robustes, et que les femelles à oreilles pointues sont plus prolifiques.

On habitue les jeunes encore à la mamelle à absorber des grains d'orge concassés et du lait écrémé. Sevrés à l'âge de cinq semaines, ils reçoivent à discrétion, mais exclusivement jusqu'à quatre mois, la nourriture que nous venons de mentionner. Parvenus à cet âge, les pommes de terre, mélangées de lait caillé et d'orge concassée, forment la base de leur alimentation. A neuf mois, ayant atteint un état d'engraissement satisfaisant, leur ration se compose de 2[k],500 à 3 kilogr. d'orge concassée, 3[k],500 de pommes de terre échaudées, le tout mélangé à du petit-lait, pour former une bouillie épaisse.

Cette nourriture et une très grande propreté conduisent ces animaux au poids moyen de 225 kilogr. à un an, résultat remarquable obtenu au moyen de très fortes rations, il est vrai, mais relativement pauvres en substances albumineuses et en matières grasses. Deux fois par jour seulement, les truies et verrats reçoivent leur pâtée de pommes de terre étuvées, de grains d'orge, de paille hachée et d'eau. Cette maigre chère les empêche de devenir trop gras et impropres à la reproduction.

Une semaine ou deux avant de mettre bas, les femelles ont droit à un supplément de quelques kilogrammes d'orge concassée et aussitôt après leur délivrance, on leur distribue de l'eau d'orge à discrétion.

BASSE-COUR.

La basse-cour, composée d'oies, canards[1], dindons, poulets exclusifs à Salzmünde, de quelques paires de pintades, d'oies blanches du Japon, formait au mois de juin de cette année (1882) un total de 1,410 volailles, non compris 1,200 paires de pigeons.

L'élevage de ces volatiles n'offre rien de particulier ; sans gardiens, livrés à leur propre initiative, ils reçoivent une fois seulement par jour des menus grains en proportion suffisante, et vont chercher le supplément de leur nourriture dans les ruisseaux voisins des fabriques, autour des fosses à fumier et pillent les rations des gros animaux. Parvenus à un état d'engraissement convenable, ils ornent agréablement la table du maître et des inspecteurs.

Nous donnons pour clôre ce chapitre la valeur totale des

---

1. Les canards dominent.

animaux, du capital mort et des provisions en magasin, à l'inventaire du 30 juin 1882.

Animaux de l'exploitation	580,477^{f},50
Inventaire mort.	162,465 , »
Provisions en magasin	26,773 ,75
Total.	769,716^{f},25

Ce chiffre est, comme nous l'avons dit plus haut, excessivement faible; d'après les indications et tous les renseignements recueillis, nous sommes certain de ne pas exagérer en portant à 1,250,000 fr. le total de ces estimations.

CHAPITRE IX

Instruments agricoles.

Pour appliquer à la grande culture de Salzmünde les procédés nouveaux employés en agriculture, il fallut transformer les outils en machines, les fermes en usines, rendre la tâche de l'ouvrier moins rude, et augmenter la production de la terre, ce que démontre suffisamment l'inventaire du 30 juin 1882.

L'effectif de toutes les machines en usage sur l'exploitation consistait à cette époque en :

1° 1 charrue à vapeur, système Fowler, à deux machines, comprenant avec la charrue à trois socs, un scarificateur et deux grosses herses ;

2° 100 charrues Wansleben ;
140 charrues, dites défonceuses, du même système, mais plus fortes que les précédentes ;

3° 360 herses en bois et en fer, ces dernières articulées ;

4° 50 rouleaux triples en bois ;
20 rouleaux en fer à deux cylindres ;

5° 15 distributeurs d'engrais ;

6° 20 houes sarcleuses et bineuses ;

7° 33 coupe-racines et hache-paille ;

8° 10 faucheuses ;

9° 8 moissonneuses ;

10° 15 râteaux à cheval ;

11° 10 machines à battre ;

12° 2 locomobiles pour battage dans les champs ;

13° 1 grosse locomobile pour machine à battre plus forte que les précédentes ;

14° 10 broyeurs de tourteaux ;

15° 190 camions et chariots pour transporter une charge de 3,500 kilogr. de betteraves ;

16° 40 chariots spéciaux pour résidus de distillerie ;

17° 5 voitures pour transport de bétail.

Le tout s'élevant, avec quelques accessoires, à une estimation approximative de 162,465 fr.

Tous les instruments, machines à labourer, faucheuses, moissonneuses, râteaux à cheval, etc, ayant une valeur importante, sont remisés, leur service terminé, à Salzmünde et confiés à la garde d'un inspecteur responsable.

Les nouvelles arracheuses de pommes de terre, de presque tous les systèmes connus en Allemagne, ont été expérimentées cette année ; elles n'ont pas donné de très bons résultats, par suite de l'humidité persistante du sol.

CHARRUES.

Nous n'insisterons pas sur la charrue à vapeur, système Fowler, aujourd'hui connue du monde entier, et dont la description aussi fidèle que remarquable a été faite par l'éminent M. Hervé-Mangon, dans son ouvrage sur le génie rural.

La charrue Wansleben a trouvé en France de nombreux détracteurs, probablement parce qu'on la connaissait mal ou pas du tout. (Nous avons photographié un de ces instruments; voir planche C*s*.) Lourde en apparence, cette machine, d'une très grande stabilité, a besoin d'être à peine maintenue par les mancherons et travaille avec une grande perfection. Elle est d'un usage général dans toute la Saxe et la Prusse proprement dite, où la charrue Brabant est peu employée, car beaucoup d'agriculteurs la croient moins résistante et trop difficile à manier, pour leurs garçons de ferme, dans les terrains humides.

HERSES.

Les herses ordinaires, construites comme nos instruments français, affectent la forme triangulaire ou parallélogrammique, avec dents en fer, encastrées dans des traverses de bois. Les herses articulées en fer sont de construction anglaise.

ROULEAUX.

Les rouleaux triples en bois avec armatures en fer, se composent d'un bâti, sur lequel sont montés 3 cylindres lisses de 0m,80 de long, cerclés de fer aux deux extrémités et complètement indépendants les uns autres. Le premier est fixé au-dessous de la flèche du palonnier qui tire l'appareil; les deux autres, immédiatement en arrière et de chaque côté, ne surmarchent pas le travail du premier. Cette disposition en forme de triangle est très avantageuse, car les rouleaux se prêtent ainsi à toutes les irrégularités du terrain, qu'ils pressent avec une force constante, et de plus, la construction est moins coûteuse. En effet, trois cylindres de 0m,80 de long sont plus faciles à trouver et à meilleur marché qu'une grande pièce d'un seul morceau. Tous les troncs d'arbres noueux et impropres au charronnage sont utilisés avec succès dans la fabrication de cet instrument.

On construit également des rouleaux triples en fonte pour les plombages plus énergiques.

Les rouleaux à cylindres doubles en fer, d'un modèle tout nouveau (fig. 1 et 2), répondent admirablement au double but de comprimer la surface du sol immédiatement après le labour et de casser les mottes en donnant au champ un aspect uni et régulier. Leur emploi général dans toute la Saxe a donné d'excellents résultats; comprimant la surface arable, ils l'empêchent d'être traversée et durcie aussi rapidement par les pluies abondantes, dont la plus grande partie s'écoule à la surface, sans entraîner dans les profondeurs du sol, l'engrais confié à la terre; cette machine laisse toujours au-dessous de la faible épaisseur qu'elle a durcie, une partie meuble, mise en parfait état par un léger coup de scarificateur.

On ne peut, bien entendu, faire usage de cet instrument que sur les terrains profondément labourés et ne renfermant pas une trop grande quantité d'humidité. De ces deux systèmes, l'un (fig. 1) est peu commode pour le transport aux champs, car ces cylindres se détériorent vite sur les routes pavées. L'autre (fig. 2), muni de roues à essieu coudé et d'une flèche, pour empêcher l'instrument de rouler sur les pieds des animaux qui le traînent, nous a paru préférable.

DISTRIBUTEURS.

Les distributeurs d'engrais, tous à chaînes, basés sur le système français, pouvant être traînés par un seul animal, mesurent 2^{m},275 de large et coûtent 112 fr. 50 c. Cet instrument, d'une grande simplicité, est le moins cher de son espèce.

L'engrais est poussé dans la boîte distributrice par 14 chaînes sans fin, d'une forme particulière, qui passent lentement par la grande boîte.

La quantité d'engrais à semer est réglée par des coulisses variables, dont le levier est fixé, par une vis mobile, dans la position voulue. Pour des quantités minimes, les coulisses sont presque fermées. Une barre placée à gauche de la boîte sert à arrêter, au bout du champ, le fonctionnement des chaînes. L'essieu des roues locomotrices traverse la caisse à engrais; muni de pointes, il s'oppose, par sa rotation, à l'adhésion de la matière fertilisante contre les parois et assure aussi la régularité de la distribution.

Un cadre mobile, agité de temps à autre par le conducteur, au moyen d'un levier, empêche également l'engrais de former voûte au-dessus des chaînes, qui sont tendues par des baguettes de fer animées d'un mouvement de rotation.

Il faut prendre la précaution de ne remplir d'engrais le distributeur à la volée qu'au moment de le faire fonctionner sur le champ. Pour le nettoyage, on ouvre le couvercle, la boîte est basculée en arrière et maintenue avec le manche du régulateur pendant le balayage intérieur.

Un système particulier permet à cette machine de conserver la position horizontale, même sur les terrains inclinés, et de résoudre en même temps le problème de répandre uniformément tous les engrais, secs ou humides.

HOUES, SARCLEUSES ET BINEUSES.

Un excellent instrument pour la culture des pommes de terre et de toutes les plantes sarclées qui ont besoin d'un léger binage, est la machine représentée (fig. 4), pouvant être conduite par une petite vache, ou par un chien. Entièrement en fer, elle coûte 50 fr.

La houe à cheval (fig. 5) se distingue par sa légèreté, la disposition très pratique des socs butteurs et des couteaux bineurs; elle fonctionne avec chaque semoir, répandant la graine en ligne, car on peut facilement faire varier la distance entre les socs et couteaux.

Lorsque cette machine doit fonctionner sur des blés ou colzas, on change l'armement, qui travaille alors sur des lignes de $0^{m},47$ d'écartement. Cette houe, très expéditive et très simple, est relativement bon marché; elle coûte 393 fr. 75 c.

L'appareil destiné à protéger les jeunes plantes contre l'encombrement d'un buttage trop énergique, ne doit jamais être négligé; les effets produits en sont remarquables (les fig. 5

et 5 *b* nous montrent la disposition de l'armement le plus généralement employé).

M. Zimmermann, de Halle, a dernièrement inventé une nouvelle houe à cheval, ne pesant que moitié de la machine anglaise la plus légère et coûtant 425 fr. seulement (fig. 6). Le bâton dirigeant la traverse de traction sert en même temps de palonnier, car les traits sont directement fixés aux extrémités. On fait descendre, à l'aide de poulies, les couteaux à une profondeur variable et les leviers d'arrière sont chargés de un ou deux poids. Aux mancherons sont fixées deux chaînes reliées à l'ensemble des socs butteurs, qu'on peut facilement monter ou descendre, même pendant la marche. Les couteaux doivent toujours être à $0^m,05$ de la ligne (la même machine garnie de socs butteurs est représentée fig. 7).

Lorsqu'on arrive au bout du champ, les leviers soulèvent tout le système, et on recommence en suivant une marche inverse, ayant soin toutefois de prendre pour guide le sillon marqué par le passage de la roue lors du premier voyage.

Le dessin 6 *a* nous montre un armement à quatre rangs de $0^m,048$ d'écartement avec disque préservateur pour sarcler les jeunes plantes, sur les terrains durcis à la surface. La figure 6 *b* est la disposition employée pour le colza, neuf rangs à $0^m,021$. Des couteaux à simples tranchants sont employés de préférence pour les blés. La figure 6 *c* est le système en usage pour nettoyer les terrains très empouillés, 6 *d* sert à butter les betteraves, et enfin 5 *b* est recommandé pour leur sarclage.

La houe Zimmermann travaille sans avant-train, avec limonières pour les larges rangs (betteraves), ou bien avec avant-train et gouvernail en avant, disposition indispensable pour le sarclage des blés ou colzas.

Avant de terminer la description des houes à cheval, nous signalerons une machine toute nouvelle (fig. 8), expérimentée à Salzmünde en 1881 pour la culture en billons. Ce système, dû à l'invention de M. Berkel, directeur des domaines de l'empereur d'Autriche en Bohême, a pour but de remédier à tous les désavantages subis jusqu'à présent dans l'exécution des travaux préparatoires, pendant les derniers mois d'automne, au besoin après les fumures ; et une fois la main-d'œuvre terminée, on peut, en se servant du buttoir polysoc (fig. 8), former des billons à haute crête, immédiatement avant l'entrée de l'hiver.

Solidement construit avec versoirs mobiles permettant, selon la nature du sol, de former des billons de hauteurs différentes, ce butteur est muni d'un avant-train semblable à celui des semoirs perfectionnés.

Dès que les autres travaux agricoles le permettent, on commence, en octobre ou novembre, à tracer les billons avec le buttoir multisoc, qui forme trois buttes à la fois et trace en outre, de chaque côté, une raie indiquant la direction rectiligne à suivre.

On attelle deux bœufs ou deux chevaux à cette machine, mais dans les terres fortes, récemment fumées, cet attelage ne peut former, du premier coup, les billons à la hauteur voulue, on repasse alors une seconde fois ; car plus les billons seront hauts, mieux la gelée fera son œuvre pendant la saison rigoureuse ; la condition capitale est de les tracer exactement parallèles, afin de faciliter l'action du semoir et du cultivateur.

En ayant soin de tracer ces lignes profondes, on mélange parfaitement la couche arable, et on économise un labour d'automne, ainsi que tous les travaux du printemps. La surface soumise à l'action du froid se trouve ainsi considérablement augmentée, les influences atmosphériques transforment plus rapidement les terres fortes, détruisent les mauvaises herbes et les insectes, mieux exposés aux intempéries, au sommet du billon élevé, où devra croître la plante de printemps, que sur les sillons ordinaires.

Ce mode de culture offre encore un avantage considérable en permettant à la neige de s'accumuler dans les profondes enrayures horizontales, d'où elle ne peut être balayée par le vent, comme sur les champs à labours plats ; au moment du dégel, les eaux de fonte sont entièrement absorbées par le sous-sol. De plus, les champs, destinés à la culture de la betterave, encore au printemps imprégnés d'humidité, ne sont plus exposés au piétinement des attelages ; avantage très appréciable, car on évite ainsi la formation des mottes

Le sol n'ayant plus besoin d'être travaillé, offre à la partie supérieure du billon une terre ameublie, émiettée par les agents atmosphériques et dans les conditions les plus favorables. La jeune plante, pendant toute la durée de sa végétation, n'est pas exposée à une trop grande humidité, et trouve une terre qui se maintient dans un état de légèreté et de porosité essentiel au développement de ses racines, si les nettoyages sont pratiqués avec soin.

Dans la machine combinée (fig. 9), le tube du semoir est placé de $0^{m},24$ à $0^{m},30$ en arrière du distributeur d'engrais, et la position verticale de chacun de ces tubes se trouvant réglée à volonté, on peut, selon les cas, laisser une couche de terre plus ou moins épaisse entre la graine et l'engrais, la déposer au-dessus ou à côté.

Dans les terres fortes et trop humides, on était obligé d'attacher au tube distributeur d'engrais un râteau ou quelques anneaux de chaîne qui, en recouvrant l'engrais, le séparaient de la graine.

Le perfectionnement apporté au semoir de M. Berkel consiste à utiliser le poids des rouleaux postérieurs et celui de la machine entière, non seulement pour enterrer les matières fertilisantes, mais encore pour recouvrir la semence et la comprimer fortement. En arrière des tubes semeurs, sont placés les rouleaux servant en même temps de roues ; reliés par un axe commun à l'appareil, ils en supportent tout le poids.

Par suite de cette disposition ingénieuse, ces rouleaux impriment aux billons, fumés et ensemencés, leur dernière forme, et tout le travail se trouve terminé en évitant les hersages et plombages ordinaires.

Avec cette nouvelle machine, on exécute à la fois cinq opérations différentes, qui devraient être successivement faites depuis le printemps jusqu'au moment du sarclage :

1° Former les billons ;
2° Briser les mottes ;
3° Émietter le sol ;
4° Répartir et enterrer les engrais } à profondeur voulue.
5° Semer et recouvrir la semence }

Le cultivateur (fig. 10) sert au nettoyage, sarclage et binage, ainsi qu'au relèvement des billons tracés en lignes régulières au moyen du buttoir multisoc, ensemencés et fumés avec le semoir combiné. Cet instrument opère sur deux lignes à la fois ; ses fonctions multiples en permettent l'usage depuis le premier nettoyage jusqu'au buttage.

D'une construction analogue à celle d'une charrue, il consiste en une flèche sur laquelle vient s'appuyer le bâti en fer de l'instrument manié à l'aide de mancherons. La traction se fait au moyen d'un avant-train sur lequel repose la flèche. La profondeur du travail se règle à volonté

Une solide traverse en fer forgé du châssis porte, immédiatement derrière l'avant-train, deux couteaux d'acier fortement assujettis par deux écrous, à quatre lames perpendiculaires, également en acier. Ces couteaux ont la forme légèrement convexe pour la culture sur billons, et plate pour les labours unis ; ainsi que les lames qui les supportent, ils sont installés de manière à pouvoir monter ou descendre à volonté et changer la disposition longitudinale, au moyen de boulons. Le but de ces tranchants est de couper les mauvaises herbes, sous les plates-bandes, entre deux rangées de betteraves, à profondeur voulue. Des fils de fer ronds, assez résistants, fixés aux couteaux, servent à relever les feuilles pour ne pas les endommager.

Faciles à démonter pour être remplacés ou aiguisés, ces couteaux sont suivis de rouleaux cylindriques pour cultures à plat, convexes pour billons, et composés de sept à huit disques en fonte fortement reliés par des écrous montés sur un axe. Chaque disque est armé d'une lame tranchante circulaire en acier. Ce cylindre se meut dans une sorte d'étrier sur le côté duquel est rivée une barre de fer permettant de fixer le rouleau au bâti. Il est généralement muni de racloirs qui le nettoient facilement lorsqu'il travaille dans des terres humides ou sur des sols humectés par de fortes rosées. De petits râteaux, mis en mouvement par un levier à portée de la main de l'ouvrier, sont adaptés aux rouleaux et servent à déraciner et ramener les mauvaises herbes lorsqu'elles sont abondantes.

L'appareil se termine enfin par des buttoirs formés de socs à versoirs mobiles en tôle; reliés au bâti par des barres de fer, leur déplacement vertical ou horizontal est très facile.

Cette machine est donc composée de couteaux, rouleaux, râteaux et buttoirs rattachés à des supports spéciaux et séparés par la flèche; elle peut cultiver plates-bandes ou billons, effectuer simultanément binages et buttages, suivant la disposition de son armature. Ses couteaux coupent et tranchent le sol verticalement sur les côtés, et horizontalement dans les couches inférieures. La terre, ainsi disloquée, est alors facilement émiettée et ensuite comprimée par le passage des rouleaux sur lesquels repose tout l'appareil, dont on pourra encore au besoin augmenter l'action quand il y a beaucoup de mottes, en ajoutant au poids de l'appareil celui du conducteur pesant sur les mancherons.

Les mauvaises herbes sont complètement détruites et les râteaux qui hersent la surface du sol, les ramassent et les réunissent en tas, pour en faciliter la décomposition.

Deux rangées de betteraves sont donc complètement nettoyées en même temps, et le sarclage à la main, admirablement imité, peut même être surpassé.

La solide construction de cet instrument et la mobilité de l'axe des rouleaux permettent, surtout pour la culture sur billons, d'accomplir le travail sans interruption, de fouiller la terre près des plants sans les endommager, en laissant seulement une petite bande à parfaire à la main.

Pour les premières façons, il faut faire pénétrer les couteaux à une profondeur de $0^{m},12$ à $0^{m},15$, afin d'obtenir une bande de terre bien défoncée entre les rangées de betteraves. Les nettoyages devront être réitérés de 2 à 5 fois, suivant les exigences de la culture. On doit veiller à ce que les socs du buttoir ne soient pas placés en contre-bas de la partie du sol tranchée par les couteaux et émiettée par les rouleaux. Au fur et à mesure de la pousse des plantes, on exhausse le bâti afin de ne pas attaquer les racines, surtout s'il s'agit du maïs.

La traction dynamométrique de cet instrument, avec avant-train comme une charrue, est de 50 à 80 kilogr.; il n'exige que la force d'un bœuf, dirigé par une femme ou un enfant et un homme pour tenir les mancherons. On peut, suivant la difficulté du terrain, nettoyer avec cette machine $1^{h},07$ à $2^{h},03$ par jour.

Tous les agronomes ont compris l'utilité de ces cultivateurs si précieux, qui permettent de multiplier les façons à peu de frais, en augmentant la fertilité du sol.

ARRACHEUR DE BETTERAVES.

Cette machine (fig. 11), inventée en 1873, déracine deux rangs à la fois et ameublit la terre de telle façon que des enfants peuvent ensuite retirer les betteraves sans risque d'en laisser en place ou de les casser; le reproche qu'on peut lui faire est d'être un peu massive et d'exiger de 2 à 4 chevaux pour sa traction. Un homme doit conduire son attelage et diriger le levier d'arrière; il peut, en moyenne, extirper par jour deux hectares de racines. M. Zimmermann a inventé cette année une arracheuse très légère, promettant d'excellents résultats, mais qui n'a pas encore fait ses preuves.

SEMOIRS.

Les semoirs (fig. 12, 12 *bis*) à doubles rangs, d'une solidité sans égale et à bâti presque toujours en fer forgé, sont généralement, comme nous avons pu nous en convaincre, de 100 kilogr. plus légers que les semoirs anglais, presque tous en fonte. Par suite d'une disposition particulière de l'avant-train, le conducteur peut, d'une main, gouverner l'appareil avec une chaîne, et, de l'autre, diriger facilement les bêtes de trait.

Les coutres des socs distributeurs, fixés par des boulons, se démontent facilement et peuvent être changés par des ouvriers même inexpérimentés, sans qu'il soit nécessaire de remplacer tout le soc (fig. 13).

Les anciens systèmes nécessitaient l'emploi de trémies, de tubes en caoutchouc ou télescopiques; une nouvelle invention a paré à tous ces inconvénients. Les semoirs allemands de M. Zimmermann sont montés avec des tubes hémisphériquement articulés, qui rendent les plus grands services (fig. 14).

Afin de déterminer la quantité de semence à employer, on se sert de pignons de dimensions variables ; le déplacement de la boîte à graines se fait à l'aide d'une vis verticale et non, comme primitivement, au moyen de coussinets faciles à égarer.

Les semoirs généralement en usage sont à 11 rangs avec écartement de 0m,17 et coûtent de 547 fr. 50 c. à 577 fr.

Ceux de 14 rangs, à 0m,131, se payent de 603 fr. 75 c. à 638 fr. 75 c. ; enfin à 16 rangs, avec 0m,118 d'écartement, ils valent de 641 fr. 25 c. à 681 fr. 25 c. Pour les plantes légumineuses à grosses graines, les fèves, par exemple, on se sert d'entonnoirs plus volumineux.

L'écartement des lignes dépend de la richesse du sol et augmente avec sa qualité ; j'ai vu employer des semoirs mesurant 3m,70 de largeur dont le système intérieur est le même que pour les précédents.

Les figures 16 *a*, 16 *b*, 16 *c*, nous montrent une autre disposition de semoirs à cuillères, dont le système intérieur, un peu différent, est représenté fig. 16^1, 16^2, à 11 et 14 rangs, d'une largeur de 1m,412 ; ces machines coûtent 453 fr. 75 c., 481 fr. 25 c., 506 fr. 25 c., 541 fr. 25 c. Celles de 16 rangs, ayant 1m,883 de large, valent de 588 fr. 75 c. à 628 fr. 75 c.

Cette disposition peut être remplacée par un mécanisme à roues puisantes, payées 2 fr. 50 c. de moins par rang. Elles sont en fer fondu, présentent à leur périphérie des cavités qui se remplissent de semence (fig. 16 *d*), et un simple conduit est substitué à l'entonnoir double. Le disque *a* est employé pour semer les grosses fèves, *b* pour les petites, *c* est spécialement destiné aux blés, *d* aux graines fines, enfin *e* sert à semer le colza en petits tas ou bouquets.

Pour cette dernière manière, l'emploi de la roue *e*, en appliquant au semoir un système particulier, donne un résultat surpassant toutes les autres méthodes par la régularité de son fonctionnement; la figure 16 *e* nous donne l'ensemble du système. Les distances des bouquets sont réglées par des disques différents. L'appareil est mis en marche ou arrêté, au moyen d'un mécanisme intercalant et isolant. Les pièces principales sont toujours en acier.

L'instrument représenté par les figures 15[1] et 15[2] est spécialement destiné à la semaille des betteraves, en bouquets, et très favorable à cette culture pratiquée sur une grande étendue; mesurant 1m,88 entre les roues, il n'exige, pour être mis en marche, qu'une bête de trait, tandis que la machine de 3m,75 de large a besoin de trois chevaux très vigoureux. La figure 16 *e* nous fait voir son mécanisme intérieur; à 4 rangs, cet instrument coûte de 556 fr. 25 c. à 575 fr.; le prix s'élève à 725 et 743 fr. 75 c. pour celui à 7 rangs, qui mesure alors 2m,82 de largeur.

Nous devons, pour terminer avec les semoirs, signaler celui de 3m,75 (fig. 17), disposé pour le transport en long. En raison de sa capacité beaucoup plus grande, cette machine exige une traction dynamométrique proportionnellement inférieure à celle des semoirs de 1m,88. On peut y adapter les roues puisantes pour semer en petits bouquets; cependant, le système à cuillère est préférable pour cette dimension.

Enfin, la figure 18 nous montre un semoir très apprécié et rendant de très grands services dans les terrains très humides; également à cuillère et à la volée, bien supérieur à tous ceux des systèmes à brosses ou à cuirs, il économise jusqu'à 30 p. 100 de la semence.

FAUCHEUSES ET MOISSONNEUSES.

La faucheuse employée à Salzmünde est la *Teutonia,* dont l'ensemble et toutes les pièces démontées sont représentés

fig. 19. Construite avec solidité, cette machine exécute son travail avec une perfection remarquable; elle coûte 562 fr. 50 c. avec double scie.

La moissonneuse (fig. 20), qui porte aussi le nom de *Teutonia,* est payée 862 fr. 50 c. avec tous ses accessoires; une scie en plus vaut 31 fr. 25 c. Les engrenages, bien compris, offrent une grande résistance et les pièces cassent très rarement.

Les deux tableaux suivants sont une preuve de la perfection avec laquelle le travail est exécuté:

Getreidearten.	Gemähte Fläche in Hectaren.	Erforderliche Arbeitszeit in Stunden.	Leistung pro Stunde in Hectaren.
Hafer	8,25	27,50	0,30
Spelz	10,60	30,25	0,35
Weizen	32,20	75,50	0,43

Getreide-art.	Wirkliche Schnitt-breite in Metern.	Arbeits-zug in Kilogr.	Arbeits-zug per Meter Schnitt-breite.	Leer-zug.	Trans-port-zug.	Bemerkungen.
Roggen	1,50	150	100	107	77	Maschine nicht eingefahren.
Hafer	1,53	127	83	»	»	Maschine eingefahren.
Luzerne	1,30	155	119	81,5	72,5	Maschine nicht eingefahren.
Weizen	1,47	108	73,5	78,5	67	Maschine eingefahren.
Weizen	1,47	100,5	68,7	60	44	Mit Pferdeschoner No. I.
Weizen	1,46	76,3	52,3	89	49,5	Mit Pferdeschoner No. II.

La figure 20 *bis* donne le détail de toutes les pièces, 20 *a* est une vue arrière de la machine, 20 *b* un dessin pris en avant. Des ressorts de traction fixés aux palonniers donnent un tirage régulier, mettent à l'abri des coups de collier et sont un des perfectionnements apportés à cette machine.

RATEAUX A CHEVAL.

Les râteaux en usage dans l'exploitation, représentés fig. 21 et 22, tous deux de construction allemande, sont empruntés au système américain; le râteau à cheval n° 21 coûte 225 fr.

avec levier à main placé à droite du conducteur; le n° 22 représente un système conduit par derrière et se vend :

187f,50	à 2m,51	de largeur.
163 »	à 2 ,82	—
180 »	à 3 ,14	—
225 »	à 3 ,76	—

La faneuse (fig. 23) est entièrement empruntée au système américain et revient à 375 fr. Ces instruments fonctionnent avec une grande régularité.

COUPE-RACINES.

La machine à couper les betteraves (fig. 24), à peu près analogue au modèle français, n'en diffère que par la forme des couteaux. Le système n° 25 est surtout réservé aux pommes de terre, 26 est employé pour toutes les racines en général, et même pour les foins en vert. Il se compose d'un cylindre garni de couteaux, venant frotter contre les substances alimentaires contenues dans une trémie ; cette machine très simple donne un travail plus rapide que celui des deux précédentes. Les matières hachées tombent à l'intérieur du cylindre et de là à terre par suite de l'inclinaison de l'axe. Ce système est une copie de la machine à cossettes des sucreries, avec cette différence qu'on a un cylindre monté sur un axe presque horizontal, au lieu d'un disque plat à axe vertical.

HACHE-PAILLE.

Le hache-paille (fig. 27) est d'une construction toute particulière, les couteaux ne sont pas montés sur des rayons aussi courbés que ceux du système français. C'est une faute à mon avis, car les couteaux ne pouvant aborder perpendiculairement la surface à trancher, refoulent la paille dans l'angle opposé et par suite la résistance à vaincre est plus grande dans le second mouvement. Les efforts à faire donnent des secousses à la machine, la fatiguent et l'ébranlent ; de plus, une bande de cuir et des leviers remplacent désavantageusement la chaîne sans fin destinée à faire avancer la matière à couper; le système régulateur ne le cède en rien au nôtre.

BROYEUSE DE TOURTEAUX.

Les tourteaux de colza entrant dans la composition des rations alimentaires sont toujours broyés à l'aide des cylindres doubles concasseurs de la machine (fig. 28). Distribuée par une trémie, à une paire de rouleaux armés de grosses pointes qui la déchirent, la matière nutritive tombe sur deux autres cylindres pour être broyée plus finement. Les parties pulvérisées passent à travers une grille inclinée et les morceaux plus gros glissent en avant de la machine, pour être repassés une seconde fois au besoin.

Un système analogue, mais à cylindres lisses, sert à laminer l'orge et l'avoine avant de les donner aux animaux.

TRIEURS.

Le dessin n° 29 représente une machine fort ingénieuse, connue sous le nom de *Sortirtrommel,* pour le classement des pommes de terre en trois lots de grosseurs différentes.

Les tubercules lavés, ou tout au moins débarrassés de leur terre, sont versés dans un cylindre incliné à claire-voie, à cercles de fil de fer. Composé de deux parties bien distinctes, une première, supérieure, à écartements moindres que ceux de la partie inférieure, il est mis en action par une manivelle, qui lui imprime un mouvement de rotation. Les tubercules sont déversés dans l'appareil au moyen de l'auge inclinée Z. En arrivant dans le cylindre, les petites pommes de terre le traversent immédiatement et tombent à gauche du bâti (1er lot); les grosses ne franchissent les mailles que dans la partie inférieure du cylindre, pour former à droite le 2e lot; enfin, les très grosses, après avoir parcouru tout le système, sans passer au travers, viennent se déverser en avant et constituent le 3e lot.

MANÈGES.

Nous avons cru utile de donner aussi le modèle d'un manège à quatre bœufs, offrant une très grande solidité, et qui vient, cette année (en 1882), d'être introduit dans quelques fermes de l'exploitation. La figure 30 explique, sans qu'on soit obligé d'en faire la description, le fonctionnement de cette machine possédant une grande vitesse de rotation.

MACHINES A BATTRE.

Nous représentons ensuite (fig. 31) la grande machine à battre et la locomobile qui la met en marche (fig. 31[1]). Compliquée en apparence et très lourde, elle a cependant toujours donné d'excellents résultats; le cylindre batteur est dessiné (fig. 31[2]) [1].

Nous n'insisterons pas sur la construction de ces instruments qui n'offrent rien de particulier et ne possèdent pas d'engreneuses. Passons également sous silence, car ils n'offrent aucun intérêt, les manèges à deux bœufs, les trieurs à grains, les bascules à voitures ou à bestiaux, ainsi que le marqueur à pommes de terre, les grandes herses en fer montées sur roues et destinées à tracer les lignes de plantation.

1. Les inspections qui ne possèdent pas le grand modèle sont toutes pourvues de petites machines fixes ou mobiles plus petites (fig. 32), toutes basées sur le même système.

Les machines et instruments agricoles que nous venons de décrire sont fournis par la fabrique de Halle-sur-Saale, la plus importante de la Saxe, dirigée par MM. Zimmermann et Cie, qui ont eu l'extrême obligeance de mettre à notre disposition tous les clichés des instruments en usage dans cette exploitation modèle. Si je ne parle pas des autres machines plus ou moins perfectionnées de ces constructeurs, c'est que dans cette monographie je dois m'occuper exclusivement de celles utilisées à Salzmünde.

LES TRANSPORTS.

Les six photographies annexées à ce travail représentent l'ensemble des voitures et chariots, avec leurs modes d'attelage, employés à Salzmünde.

Le tombereau (pl. I) servant aux transports des boues des rues, gadoues et détritus de toutes sortes, conduits sur le tas de compost, n'est remarquable que par l'attelage du bœuf qui le traîne. La tête de l'animal est garnie d'un morceau de bois curviligne, prenant exactement la forme des frontaux, et fixé par deux petites courroies de cuir bouclées sur les cornes. Un petit tampon de paille, intercalé entre la tête de l'animal et la plaque d'attache, préserve de toute blessure capable de se produire par le frottement ou la pression. Les deux extrémités de cette barre de traction sont reliées par des chaînes au palonnier fixé par un goujon à la traverse d'écartement des brancards. Une dossière et une sous-ventrière maintiennent les limons; ainsi attelé, le bœuf peut être dirigé de l'intérieur de la voiture au moyen de guides réunies à un bout de chaîne assez forte pesant sur les sus-naseaux de l'animal qu'elle guide.

Ce mode d'attelage, bien préférable à l'instrument de torture connu sous le nom de joug, permet d'utiliser un bœuf seul, sans le mettre au supplice, car il peut ainsi mouvoir facilement la tête ou le cou; de plus, ce harnais, plus économique que le collier, est aussi moins coûteux que le joug articulé, et comme les transports figurent pour une forte part dans les prix de revient des produits agricoles, l'économie qui en résulte n'est pas à dédaigner.

Le petit chariot léger à flèche, représenté pl. II, sert surtout à conduire les fourrages des granges ou fenils aux écuries; rarement on l'emploie aux transports des champs à la ferme. Le conducteur, monté sur sa voiture, dirige avec des guides l'animal attelé; nous avons supprimé le bœuf de droite, pour faire mieux voir la disposition des chaînes qui maintiennent l'animal à l'extrémité de la flèche et servent au besoin à faire reculer l'équipage. Ici la sous-ventrière est inutile, la dossière est une simple courroie posée sur le dos supportant les chaînes de traction pour les empêcher de traîner à terre dans les descentes et entraver la marche des animaux.

Le chariot de la planche III, spécialement destiné au transport des pulpes de sucrerie aux silos, est une simple caisse en bois montée sur quatre roues; cette voiture reçoit les pulpes pressées de betteraves, qu'on jette par les trous pratiqués au-dessous des presses Klussemann.

Les chevaux sont attelés à un palonnier simple au moyen de chaînes réunies au collier par une tige de fer et soutenues par la dossière et la sous-ventrière; le recul est rendu facile par les chaînes à anneaux fixées à l'extrémité de la flèche. Ici, les bêtes de trait ont la bouche garnie du mors, mais presque toujours, en Saxe, cet instrument barbare est remplacé, comme pour les bœufs, par une chaîne passant sur le nez. Les guides qui y sont attachées permettent de conduire d'une manière très sûre ces animaux calmes et vigoureux.

La planche IV nous donne le dessin de la voiture agricole par excellence : celle qui transporte les produits de l'exploitation, blés en gerbes ou en sacs, fourrages, pommes de terre, betteraves, etc.

Une série de 7 de ces véhicules alignés dans la cour de Teutschental sont encore chargés de pommes de terre (photographie de la cour intérieure).

On adapte facilement, à l'avant de ces chariots, une petite caisse en osier, dans laquelle s'installe le conducteur, assis sur un tampon de paille, les pieds pendants ou appuyés sur l'amorce de la flèche.

Le grand tonneau cylindrique allongé, fixé par des cercles en fer à des montants appuyés sur les essieux de deux paires de roues (pl. V), sert au charroi des purins et des pulpes de distillerie que chaque inspection envoie charger à Salzmünde.

Le trou supérieur servant à l'introduction des liquides est fermé, soit par un couvercle en fer-blanc, comme dans le cas actuel, soit par un tampon de paille, si la fermeture est égarée, ce qui arrive souvent. On vide ce long tonneau par un trou de $0^{m},06$ de diamètre, placé à la partie inférieure de l'arrière, et fermé par une cheville de bois.

L'attelage est le même que celui de la voiture précédente.

Enfin la planche VI représente le grand chariot, à toit voûté en zinc, destiné au transport des farines, ainsi préservées de toutes les intempéries. Une porte à deux battants s'ouvre sur le derrière de la voiture, dont l'intérieur est complètement garni de plaques métalliques, clouées et soudées. Le siège du conducteur est toujours fixé et maintenu par des chaînes et barettes de fer.

Le frein, par exemple, est assez mal compris et plus mal placé encore. Composé d'un gros madrier de bois soutenu par des chaînes, il est traversé, en son milieu, par une vis de traction qui vient le faire appuyer contre les roues de l'avant-train. Pour faire manœuvrer ce système se balançant désagréablement en temps ordinaire, le conducteur est obligé de venir se placer immédiatement devant la roue, qui souvent lui frotte le bras, et de serrer la vis en marchant; méthode aussi dangereuse que peu pratique.

Heureusement, toutes les voitures ne possèdent pas de freins aussi mal établis; dans nombre de cas, ce même système, quoique très mauvais, vient frotter contre les grandes roues et sa manivelle est fixée à l'arrière.

L'attelage est semblable à celui des chariots précédents.

Tel est l'ensemble des voitures employées à Salzmünde. Est-il préférable d'employer le chariot à 4 ou à 2 roues? Les mille et une théories agitées à ce sujet dans le monde agricole n'ont pas abouti. Les deux systèmes comptent de brillants défenseurs et de nombreux détracteurs. Chaque véhicule présente des avantages, selon l'état des routes à parcourir; et la question se réduit à une simple discussion sur les résistances à vaincre.

Il n'en est pas de même si l'on n'envisage que le mode de traction. Sans doute, il est plus économique d'avoir des chevaux de trait légers pouvant conduire rapidement une voiture, que d'entretenir un immense limonier, dont le seul rôle est de maintenir en équilibre, ou de retenir dans les descentes, la lourde charge que tirent ses compagnons; les efforts de traction de cet animal étant nuls, c'est une machine fort coûteuse, comme achat et entretien ; de plus, en cas d'accident, la perte d'un de ces sujets laisse dans une comptabilité agricole un vide très appréciable et souvent difficile à combler. Enfin les chevaux attelés en flèche ne développent jamais le maximum de travail dont ils sont capables; accouplés, ils produisent toujours un effet utile plus considérable.

CHAPITRE X

Constructions rurales.

ÉCURIE AUX BŒUFS. (Planche *Eb*.)

Nous avons levé le plan d'une écurie à bœufs, construite d'après les nouvelles données du génie rural allemand. Cette construction, d'un aspect agréable, est faite en pierre jaunâtre avec assises de porphyre alternées.

La disposition intérieure ne laisse rien à désirer; autour de l'écurie règne un couloir pavé avec soin en carreaux de grès. Trois passages transversaux réunissent les couloirs de côté et divisent l'écurie en quatre sections, dont les deux médianes sont elles-mêmes séparées au milieu par les mangeoires doubles en briques, revêtues d'un enduit de ciment de Portland. La place des animaux est pavée en briques ordinaires.

Cette disposition excellente permet au bouvier et aux filles de ferme, chargés de l'entretien, de parcourir la passerelle centrale pour distribuer la ration alimentaire.

Les pulpes de distillerie, amenées dans le chariot spécial (voir photographie) à midi et à 6 heures du soir en hiver, à midi et 7 heures du soir en été, sont placées dans des seaux soutenus par le porteur spécial, appuyé sur les épaules (voir photographie, pl. F), et versées dans les auges.

Les colonnes de fer qui supportent les voûtes supérieures offrent cependant un inconvénient qu'il eût été facile d'éviter, car fixées au milieu du passage, elles gênent beaucoup le service. A Pfutzenthal, la disposition, mieux comprise, est plus coûteuse, la charpente repose sur des poteaux encastrés dans des seuils formant le rebord extérieur des mangeoires et laisse libre le couloir auquel on arrive par de petits escaliers placés aux extrémités. Cet agencement sépare mieux les bœufs qui, souvent excités par la faim, peuvent se blesser à coups de cornes.

L'extrémité gauche du dernier couloir est, comme on le voit, occupée par un râtelier ordinaire. On a voulu économiser la place du passage d'alimentation et pouvoir loger encore dans ce coin, onze bêtes, disposition déparant un peu cette belle écurie, qui peut contenir à la rigueur 56 bœufs.

Trois portes et neuf fenêtres distribuent à profusion l'air et la lumière; la ventilation, bien entendue, se fait par des conduits percés en S dans la muraille au-dessous des voûtes, (voir la coupe fig. 4) de façon que l'air ne tombe pas directement sur les animaux; deux tuiles disposées en sens inverse en coupent encore le courant.

La litière est distribuée avec beaucoup de parcimonie et les urines coulent sur la sole de l'étable, dans des caniveaux à joints hydrauliques pour se rendre directement à la fosse à fumier placée en face de cette écurie.

A droite de ce bâtiment, un abattoir, très bien aménagé, est pourvu à sa partie inférieure d'une cave à glacière, près de laquelle se trouve le sous-sol aéré, destiné à la conservation des viandes.

A côté de la chambre du rez-de-chaussée, où la viande est primitivement déposée, se trouve l'escalier conduisant au grenier, qui règne au-dessus de toutes les écuries. Nous donnons la coupe de ce bâtiment, de sa charpente légère, solide et assez économique. La ferme en est représentée dans son ensemble à droite du plan.

Nous signalerons, en terminant, l'emplacement de l'aire à battre les grains, située à gauche, et le magasin qui suit à l'extrémité de cette construction.

ÉCURIE AUX VACHES.

Ces étables, de même construction pierre et granit, sont moins bien installées que les écuries à bœufs, nous donnons comme spécimen l'écurie à vaches de Lettin (pl. VI). L'intérieur, éclairé par six fenêtres, est divisé en trois sections inégales, dans lesquelles on pénètre par les trois portes percées vis-à-vis de chaque couloir, ou en passant par-dessus les mangeoires, également en briques enduites de ciment. Le passage médiant n'existe plus. Cette suppression est d'autant plus fâcheuse que les vaches restant à l'écurie toute l'année, la distribution de la nourriture est plus difficile que pour les bœufs, absents pour les besoins du travail la plus grande partie de la journée. Cette écurie contient 31 vaches hollandaises et 2 taureaux de même race.

Dans l'élévation et la coupe de cette étable (fig. 1 et 2), nous remarquons la solide charpente du grenier à paille; la droite de cette construction est occupée par une bergerie; la partie la plus élevée de gauche est réservée au magasin à fourrage des animaux; le surplus est utilisé comme grange.

Le propriétaire, comprenant l'insuffisance et la mauvaise disposition de ces écuries, a décidé de les transformer à bref délai suivant les plans et modèles de la fabrique de Halle, mis avec complaisance à ma disposition (fig. X) par les constructeurs, MM. Zimmermann et Cie. Il est question d'adopter comme mangeoire un modèle à cases séparées dont l'emploi tend à se généraliser en Allemagne. Cette disposition, parfaite en apparence, présente cependant des inconvénients; élégante, il est vrai, mais coûteuse, elle demande beaucoup plus de propreté que les grandes auges des écuries à bœufs, à passerelle centrale, pour le nettoyage desquelles quatre ou cinq seaux d'eau et un coup de balai suffisent ordinairement ; dans le nouveau modèle, il faut laver séparément chaque auge, et distribuer les rations à tous les animaux, ce qui augmente beaucoup la main-d'œuvre.

Un tel système, que nous critiquons dans une grande exploitation, où tous les travaux et manipulations doivent être simplifiés, est excellent pour une petite vacherie ; là, les soins à donner laissent beaucoup de temps au vacher, à ses aides, et, dans ce cas particulier, le propriétaire considère que son amour-propre et son amusement priment les bénéfices pécuniaires.

BERGERIES.

Les bergeries de Salzmünde n'ont de remarquable que leur aspect extérieur et la grande surface des fenils qui les surmontent (voir pl. Bs^1). En effet, la bergerie paraît n'être que l'accessoire, le grenier la partie principale. Celle de Schiepzig, par exemple, est d'une construction bizarre (pl. XIV) : le côté de la route n'est pas d'équerre sur les autres parties du bâtiment, et le jardin entouré de murs, qui est à côté, pouvait, avec raison, occuper cette position, où il aurait eu plus d'air et de lumière. La seule excuse à invoquer serait le désir d'avoir une cour intérieure fermée en plaçant sur le chemin une construction d'une grande élévation.

Sous ce rapport, toutes les inspections ne laissent rien à désirer ; la disposition des bâtiments permet d'avoir une ou plusieurs cours intérieures, dominées par les fenêtres de l'inspecteur, qui, de sa demeure, peut facilement surveiller le personnel et contrôler ce qui entre ou sort de la ferme.

L'installation des bergeries est défectueuse ; l'air et la lumière font généralement défaut et la ventilation n'existe pas ; aucun ordre ne règne dans ces grandes halles éclairées par trois fenêtres au plus et deux grandes portes. Les poteaux supportant les charpentes reposent sur des patins en granit, avec fondations en maçonnerie. Les râteliers, répartis sur cette grande surface, sont disposés sans ordre, au gré du berger ; mobiles, ils servent généralement à former les séparations des béliers en quarantaine, ou à protéger les jeunes agneaux contre le flot irrésistible des adultes qui entrent ou sortent. Aussi chacun doit attendre, pour manger à son tour, que les plus pressés soient repus ; les râteliers sont combles, mais la place manque aux convives affamés.

Nous ne pouvons faire l'éloge de ces râteliers mal disposés et souvent inférieurs à ceux de nos fermes les plus médiocres. Les trois quarts n'ont pas de couvercle ; souvent les jeunes en gaîté sautent dans la cavité réservée au fourrage, et n'en peuvent sortir sans se casser les pattes. Les portes ne sont jamais pourvues de rouleaux de friction, et manquent de plans inclinés à section plus large près de l'entrée ; les seuils sont presque toujours à pic. Toutes les fermes allemandes ne sont pas aussi mal organisées ; j'en ai vu qui étaient installées, au point de vue de la bergerie, avec ordre, intelligence et luxe.

ÉCURIE DES CHEVAUX.

Un grand bâtiment percé de trois portes d'entrée et de dix fenêtres, sert d'écurie aux chevaux. L'intérieur, traversé en son milieu par un long couloir, est, comme toutes les constructions de Salzmünde, éclairé au gaz. Les râteliers, en petit fer rond, fixés au mur, règnent sur toute la longueur. Les mangeoires, indépendantes, sont en fonte et à deux compartiments, encastrées dans un massif de maçonnerie; la plus petite capacité est alimentée par un robinet, qui distribue l'eau à la température ordinaire en été; au printemps et en hiver, le liquide tiède, additionné d'un peu de son ou de farine, est fourni par un réservoir placé à la partie supérieure de l'écurie; l'autre capacité, cinq fois plus grande, pouvant contenir 20 litres, est destinée à recevoir la nourriture.

Chaque cheval est attaché par deux chaînes doubles en fer devant sa mangeoire, sans aucune séparation. On n'en fait usage que pour les animaux rétifs dont le caractère est aigri; alors on a recours à des murs en planches qui forment des boxes, système préféré à tout autre.

Les harnais sont suspendus aux poteaux du milieu, derrière chaque individu.

Les écuries des chevaux de luxe sont commodes, mais établies sans élégance et n'offrent aucun intérêt particulier.

GRANGES ET HANGARS.

Tous les plans fournis ont donné une idée des constructions de cette grande exploitation. Cependant nous avons cru utile d'y joindre encore ceux d'une grange immense, édifiée dans le courant de l'été de 1882. (Voir pl. N*g*.)

Ce bâtiment, admirablement construit, mesure 70 mètres de long sur 29m,50 de large, avec son annexe en basse-goutte, sous laquelle les voitures chargées peuvent s'abriter pendant les orages. Deux grands passages le coupent dans toute sa largeur ; ils sont pavés en bitume strié et servent aux chariots qui sont, avec la plus grande facilité, chargés ou déchargés des produits qu'ils amènent et remportent.

La charpente, très légère, est supportée par des colonnes en sapin reposant sur des patins circulaires en porphyre, appuyés sur des massifs de maçonnerie et béton. On serait surpris de la légèreté de cette charpente, si l'on ne savait que la toiture est recouverte de carton goudronné et badigeonnée tous les deux ans, comme les couvertures analogues, avec les goudrons de l'usine à gaz.

Malgré tous ses inconvénients, cette toiture est très appréciée à cause de son bon marché.

Les ouvertures, fermées par des portes en tôle plissée et galvanisée, renforcées d'armatures en fer, sont garnies à leur partie supérieure de galets, qui leur permettent de glisser sur des tringles scellées dans les murs, système préférable à celui des galets roulant dans les rainures de rails posés à terre.

Nous avons cru devoir prendre aussi le modèle d'un genre de construction en fer, tendant à occuper une place importante dans les constructions rurales allemandes. Ce bâtiment, représenté planche H*t*, est un hangar adossé à une grange et destiné à abriter les instruments agricoles de Teutschenthal.

Les plans, coupes et élévation de cette petite construction s'expliquent assez d'eux-mêmes pour nous dispenser d'en faire la description. Adossée à la grange, elle communique avec cette dernière par une porte charretière. A gauche, se trouve la chambre de la machine à vapeur, qui joue un rôle important dans quatre inspections de Salzmünde, trop éloignées du centre de direction. Du même côté, est un passage bordé à gauche par l'écurie aux bœufs.

Nous terminons ce chapitre par une estimation, aussi

approximative que possible, d'après le relevé des registres de la comptabilité générale à l'inventaire de 1882 :

La sucrerie et l'usine à gaz sont estimées.	579,131 f 25 c
La distillerie	75,000 »
Matières premières en magasin	2,875 »
Le moulin (bâtiment et machines)	166,250 »
Voitures et produits en magasin.	177,105 30
La briqueterie (constructions).	168,750 »
Instruments et machines.	24,575 »
Marchandises cuites prêtes à livrer.	35,169 »
Produits manufacturés crus.	20,375 »
Matières premières.	13,750 »
La porcelainerie (constructions)	10,000 »
Instruments.	2,000 »
Produits purifiés.	7,500 »
Matières premières.	1,875 »
Les bâtiments de ferme de l'exploitation entière (granges, écuries, magasins, habitation, etc.) . .	200,993 75

Cet inventaire ne semble pas plus exact que toute la comptabilité en général ; et pour la raison que nous avons déjà donnée, on peut sans exagération décupler la somme, surtout pour les constructions rurales; l'estimation de la sucrerie paraît seule plus réelle.

La planche PS donne la situation de chaque bâtiment en particulier dans le plan général de Salzmünde ; les photographies jointes à cette étude permettent d'embrasser l'ensemble panoramique de ce village industriel par excellence.

CHAPITRE XI

Les engrais.

De tous les engrais qui ont amené l'exploitation de Salzmünde à son degré de fertilité, le fumier de ferme occupe la première place. Sa production considérable est cependant trop faible encore, car le rapport entre le nombre d'hectares et celui des gros animaux est de **1 : 2,7** seulement[1]. Sa qualité supérieure tient à l'abondance, à la composition des rations et surtout aux soins intelligents apportés à sa préparation.

Le fumier des écuries, des étables, est chaque jour transporté dans les différentes fosses étanches pour être remué et mélangé de terre glaise desséchée, étendue par couches. Quelques semaines avant d'être conduits à destination, ces engrais atteignent une épaisseur de $2^m,50$ à $3^m,25$. Toute l'urine des étables, réunie dans le trou à purin est versée, à l'aide de pompes sur le tas de fumier. Les liquides non absorbés retombent à la partie inférieure où, puisés à nouveau, ils sont refoulés dans les voitures spéciales, destinées à les conduire et répandre dans les champs ou sur les prairies voisines.

Le produit s'est élevé en 1881 à 1882, pour le fumier des fosses, à 17,000 chariots pesant 2,000 kilogr. en moyenne,

---

1. Il y a donc une tête de gros bétail pour $2^h,70$. Nous ne faisons pas entrer dans ce calcul les 300 porcs, les 5,000 moutons, les 1,400 volailles et les 1,200 paires de pigeons.

soit 3,400,000 kilogr. Un hectare recevant de 36,000 à 48,000 kilogr. de fumier, et la production annuelle étant de 12,000 kilogr. seulement par hectare, un tiers seulement de la totalité du terrain de l'exploitation peut être fumé chaque année à l'engrais de ferme. Nous devons tenir compte aussi du fumier de moutons, qui, suivant l'usage général, n'est extrait que 2 à 3 fois par an de la bergerie et dont la litière de paille est encore additionnée de terre sèche.

Le reste des terres à fumer reçoit un amendement dit compost, préparé en majeure partie à Salzmünde, par quantités énormes variant, chaque année, de 800,000 à 1,000,000 kilogr.

Les vases desséchées, les boues de rue[1], les résidus provenant des eaux fangeuses de la distillerie, sucrerie et autres usines de la propriété, entrent dans la composition de ce mélange, formé des éléments les plus hétérogènes. Il contient encore le produit des latrines, des canaux, égouts, et les eaux grasses des ménages. Cet amas, empilé en tas de 2 mètres à 2^{m},70 de haut, sur un espace de 25 ares de superficie, est régulièrement arrosé de purin. A la fin de l'été, on le transporte dans les champs, sur lesquels il est répandu au moment des semailles d'automne.

Les cendres de houille terreuse, qui seraient un bon amendement, sont employées seulement à la fabrication de pierres légères et poreuses, et ajoutées à l'argile, pour la confection de briques d'un caractère particulier, destinées aux cloisons intérieures et aux constructions dans lesquelles l'humidité n'est pas à redouter.

Comme engrais auxiliaire concentré, on emploie depuis longues années le guano du Pérou, ainsi que des os pulvé-

1. Amas considérable, à cause du transport des betteraves et des houilles terreuses.

risés et étuvés. Livrés par la maison O. Köbke, ces produits sont toujours soumis au contrôle de la station d'essais agronomo-chimiques de Halle [1].

Le guano du Pérou ne contient jamais moins de 15 p. 100 d'azote et les os pulvérisés ordinairement 21 à 22 d'acide phosphorique avec 3.8 p. 100 d'azote.

Les superphosphates employés renferment 12.5 à 13 p. 100 d'acide phosphorique soluble. Une autre qualité, connue sous le nom de Baker guano, dose de 18 à 19 p. 100 d'acide phosphorique soluble ; le prix de vente est réglé d'après le titre analytique [2].

Primitivement, l'extirpateur et la herse étaient chargés de mélanger à la terre le guano répandu à la surface des champs, mode opératoire faisant subir des pertes considérables, car près de la moitié de l'azote de cet engrais se transformait en sels ammoniacaux, qui en contact avec le sol, riche en chaux, se décomposaient, laissant échapper au moindre vent, pendant les grandes sécheresses, l'ammoniaque devenue libre. On a paré à ce grave inconvénient en se servant d'acide sulfurique. Dès l'année 1861, tout le guano destiné à la ferme de Salzmünde est additionné de 25 p. 100 d'acide sulfurique titrant 50° à 60° Beaumé.

L'addition de l'acide produit dans la masse une grande élévation de température, accompagnée d'un dégagement

---

1. L'idée de cette vérification a été donnée à l'Allemagne entière par la vieille station agronomique de Salzmünde.

La Saxe érigea ses 12 laboratoires de recherches agronomiques quelques années seulement après que Salzmünde eut donné l'exemple. Plus tard, cette mesure devint générale, et aujourd'hui le nombre de ces établissements va toujours croissant.

L'exploitation de Salzmünde a été privée de cette savante direction depuis qu'un décret royal a réuni sa station agronomique à celle de Halle.

2. Le plus grand éloge à faire du dépôt d'engrais de la maison Köbke est de noter la quantité qu'elle fournit annuellement, en gros, aux agriculteurs de Mansfeld, plus de quatre millions de kilogrammes, sans compter les phosphates et guano débités au détail.

abondant de vapeur d'eau et d'émanations pénétrantes rappelant l'odeur d'urine corrompue[1]. Le guano devient d'abord pâteux, puis, quelques jours écoulés, il cède toute sa chaleur et se trouve dans un état de dessiccation telle, qu'on pourrait le semer avec le distributeur d'engrais. Avant l'épandage sur les champs, il est ordinairement mélangé à une quantité égale d'os pulvérisés.

L'acide sulfurique s'allie d'une part à l'ammoniaque pour former du sulfate d'ammoniaque non volatil et, d'autre part, aux phosphates de chaux insolubles, pour donner de l'acide phosphorique soluble.

Le guano ordinaire renferme au maximum 2 à 3 p. 100 de PhO^5; après addition de SHO^4, cette quantité s'élève à 10 et 11 p. 100.

La dépense en acide sulfurique est doublement compensée par la production d'acide phosphorique soluble, et par la transformation de 2^k,500 à 3^k,500 d'ammoniaque à 1 fr. 75 c. le kilogramme. Les émanations causées par l'emploi de l'acide sulfurique, les longues et ennuyeuses opérations de mélange et de pulvérisation, ont déterminé beaucoup d'agriculteurs à s'adresser directement à Hambourg, où cette manipulation se fait au grand. Les produits qu'ils en tirent, n'en sont guère plus coûteux et l'état de pulvérisation et de dessiccation est parfait. Enfin, tous les petits cultivateurs n'ont pas à leur disposition le matériel nécessaire, moulins, tamis, qu'exige cette préparation, toujours préférée au guano naturel.

D'après les renseignements fournis par la maison Ohlendorff et Cie, qui a le monopole de ce commerce, il faut 58 ki-

1. Après avoir versé l'acide sulfurique sur le guano, deux ouvriers, armés de râteaux, remuent le mélange sur une aire spéciale.

Il serait préférable d'ajouter, par petites quantités, le guano à la quantité d'acide déterminée, contenue dans des cuves rondes, doublées en plomb.

logr. de guano brut pour produire 50 kilogr. de guano préparé, l'opération entraîne donc des pertes sensibles de matière première[1].

A Salzmünde, les os pulvérisés, mélangés au guano, soumis à une fermentation, malaxés avec 20 p. 100 de purin, sont tout humides mis en tas de 3^{m},50 de haut. La chaleur dégagée s'élève, la première semaine, à 62°,50, puis la température s'abaisse sensiblement et six semaines après, les os pulvérisés, complètement secs, peuvent être répandus sur les champs.

Pendant la fermentation, il faut avoir soin de ne pas laisser échapper l'ammoniaque, qui se dégage abondamment et pourrait se volatiliser. On obvie à cet inconvénient en recouvrant la meule d'une couche de superphosphates variant de 0^{m},15 à 0^{m},20 d'épaisseur. L'acide phosphorique soluble et le sulfate de chaux humide fixent les vapeurs ammoniacales; sans cette précaution, on s'expose à perdre 0^{k},500 à 1 kilogr. d'azote par 100 kilogr. d'os pulvérisés. Cette matière ne contient que de faibles quantités d'acide phosphorique, soluble dans l'eau, 0,1 à 0,2 p. 100, mais très riche en azote et phosphate de chaux, qui se diffusent rapidement dans le sol; elle agit avec une très grande énergie.

Pendant l'année 1882, on a employé :

Guano du Pérou	250,000 kilogr.
Os étuvés et pulvérisés.	250,000 —
Superphosphates préparés avec les déchets d'os de la sucrerie et additionnés de 75 p. 100 d'acide sulfurique	20,000 —

Cet engrais concentré est ainsi distribué :

588 kilogr.	par hectare	de betteraves.
392 —	—	de céréales d'hiver.
195 —	—	de céréales d'été.

---

1. Cette fabrique d'engrais a livré, en 1882, 1,500,000 kilogr. de guano ainsi préparé, aux propriétaires de la Saxe et du Brunswick.

La totalité de ce mélange est répartie entre 1,250 hectares de différentes semailles.

Les superphosphates sont en général épandus sur les prairies artificielles et produisent les meilleurs effets. Ces engrais sont très utiles, et il serait puéril d'en vouloir exposer les avantages, l'expérience parle seule. La direction est cependant d'avis que la quantité de 588 kilogr. par hectare coûtant 196 fr. est trop forte. On ferait une grande économie en attribuant à chaque hectare de betteraves 362 kilogr. seulement, et en comblant la différence par quelques centaines de kilogrammes d'un sel de potasse (carbonates et quelques sulfates) très bon marché dans ces derniers temps.

Les essais suivants faits sur neuf champs de l'exploitation, tous cultivés de la même façon, donnèrent les résultats suivants :

FUMURE par 125 mètres carrés.	RÉCOLTE EN		Contenance des betteraves en substances sèches p. 100.	Pour 100 parties en poids de suc de betteraves, il y a :				Sucre produit en plus par hectare, comparativement à un champ non fumé audit engrais.
	Betteraves.	Feuilles.		Substances sèches.	Sucre.	Parties non sucrées.	Sels.	
Non fumés	425k,500	201k,500	18.64	15.99	14.27	1.16	0.556	—
500k » de fumier de vaches.	478 ,500	222 ,500	18.53	15.97	14.18	1.18	0.613	588k
500 » de fumier de cheval.	590 ,500	260 ,500	18.56	16.20	14.50	1.21	0.588	1,792
11 » do guano.	600 »	295 ,500	18.53	16.01	14.24	1.16	0.609	1,782
50 » de poudrette	541 ,500	207 ,500	18.87	16.61	14.98	1.07	0.551	1,468
18 » de superphosphates.	503 »	201 »	18.88	16.40	14.85	0.98	0.571	1,008
20 » d'os pulvérisés . . .	500 ,500	256 »	18.57	16.24	14.45	1.22	0.564	834
5 » de potasse	418 ,500	204 ,500	18.50	16.33	14.43	1.31	0.585	»
7 ,500 d'ammoniaque . . .	468 ,500	346 »	17.53	14.19	12.64	1.64	0.709	23
50 » de chaux éteinte . .	369 »	204 ,500	17.90	15.82	13.98	1.22	0.617	»
6 » de salpêtre du Chili.	461 »	258 »	18.35	15.89	13.61	1.59	0.687	72

Nous voyons nettement l'avantage que ces engrais peuvent faire réaliser. Les plus grands rendements sont dus au fumier de cheval additionné de guano. L'engrais à base d'os pulvérisés donne aussi d'excellents résultats, l'excédent de 834 kilogr. de sucre produit vaut certainement plus du double des frais de fumure, évalués à 240 fr. par hectare. Il faut encore ajouter à cette plus-value, l'influence rétroactive des phosphates, qui se fait très visiblement sentir pendant quatre ou cinq ans.

Les effets peu satisfaisants produits par la potasse, dont les champs de Salzmünde sont déjà par eux-mêmes richement pourvus, doivent encore être attribués à la propriété que possède le carbonate de potasse de s'allier trop intimement à la couche supérieure du sol, sans pénétrer profondément dans la partie où plongent les racines. Tout autre sel de potasse renfermant, par exemple, un peu de magnésie et de chlorure de potassium, produirait un meilleur effet, en s'infiltrant facilement dans les terres arrosées par les pluies. Les champs exposés aux chaleurs et sécheresses d'un été brûlant, fumés avec des chlorures alcalins, ont toujours fourni des rendements supérieurs.

Nous devons encore parler du compost de hannetons, engrais peu connu, dont la préparation en grand a peut-être été essayée pour la première fois à Salzmünde.

On sait, en étudiant les métamorphoses de ce coléoptère, qu'il exerce, tous les deux ou trois ans, ses ravages dévastateurs, dévorant les feuilles des arbres et les jeunes plantations. Les larves enfouies dans le sol causent de plus grands dégâts encore aux racines de toutes les plantes en général, et des jeunes betteraves en particulier. Un calcul officiel a démontré que 5 p. 100 des 89,320 hectares cultivés par les 200 fabriques de sucre de la province de Saxe sont complètement détruits par ce fléau. Les pertes annuelles causées aux champs de trèfles et de colzas sont dans la même proportion.

Pénétrés de la nécessité de combattre une plaie si redoutable, les directeurs de sucrerie de la contrée ont tous été d'avis de faire ramasser les hannetons pendant la période de leur dernière métamorphose, à raison de 2 fr. 50 c. les 110 litres. Il s'agissait de trouver le meilleur procédé pour utiliser ces coléoptères, en faire un compost.

La solution intéressait la Saxe entière, Salzmünde acheta plusieurs milliers d'hectolitres de hannetons vivants et se mit à l'étude. Une tonne de 100 litres environ, munie d'un couvercle posé sur les insectes qui la remplissaient, fut à sa partie inférieure mise en communication avec un tuyau injectant la vapeur d'une chaudière voisine, à une tension d'une atmosphère, soit 120 degrés de chaleur au minimum. Trois à quatre minutes suffisent pour faire mourir tous ces insectes; la promptitude et la sûreté de ce mode opératoire le rendent supérieur à tout autre.

Dans le cas où l'on manquerait de vapeur, l'eau bouillante pourrait la remplacer, sans remplir toutefois le même but, au point de vue de la rapidité de l'exécution. De plus, l'eau d'échaudage entraîne avec elle beaucoup de principes fertilisants; on doit donc la recueillir pour la verser sur le tas de compost, manipulation qui complique le travail.

Au moment de l'extraction des hannetons échaudés, il s'échappe de l'appareil une odeur nauséabonde rappelant celle des eaux renfermant des substances phosphoriques, et si pénétrante que les ouvriers seuls, habitués à cette besogne, peuvent y résister. Aussi doit-on procéder à cette opération toujours en plein air et avoir soin de tenir les dépôts loin des habitations, car ces émanations putrides dépassent tout ce que l'imagination peut rêver. Les cadavres des hannetons sont saupoudrés de chaux en poudre et de sable fin, riche en argile, provenant de la fabrique de porcelaine.

On mélange 100 kilogr. de hannetons à 20 kilogr. de chaux caustique et 70 kilogr. de sable argileux ; le volume de l'engrais est doublé et sa puissance réduite de moitié. Les insectes ainsi préparés sont jetés dans de grandes fosses, pour y séjourner une année entière. Après deux mois de séjour, l'odeur devient moins pénétrante, la fermentation semble tirer à sa fin; cependant la tête, les élytres, toute la carapace dite chitineuse est encore intacte.

La chitine, matière organique ayant pour formule : $C^{17} H^{14}, {}^{11}$ NO contient 6.5 p. 100 d'azote, forme la carapace de tous les coléoptères et semble être la composition la plus stable de tout le règne animal; résistant plus énergiquement que les substances ligneuses à l'action des alcalis et des acides dilués, sa dissolution rapide et complète n'a lieu que dans l'acide sulfurique ou nitrique très concentré.

La moitié au moins des substances azotées mélolonthiques restant sous cette forme, la masse du compost en question n'avait pas encore atteint un degré suffisant de perfection. Le dépôt fut alors abandonné à lui-même jusqu'au printemps suivant; on espérait qu'à cette époque le tissu chitineux se serait transformé pour augmenter le tant pour 100 des matières azotées. L'analyse suivante indique à quel point cette présomption s'est réalisée.

Compost de hannetons.

	Après 2 mois de séjour.	Après 16 mois de séjour.
Eau	26.30 p. 100	22.50 p. 100
Chitine	17.20 —	3.70 —
Diverses substances organiques	5.30 —	11.40 —
Potasse	0.72 —	1.07 —
Soude	0.41 —	0.32 —
Acide sulfurique	0.57 —	0.50 —
Chaux, argile, sable	49.50 —	60.60 —
Ammoniaque	0.41 —	0.06 —
Totalité des substances azotées	1.53 —	0.89 —

La carapace chitineuse a pris une forme de décomposition différente de celle présumée; l'azote s'est transformé en ammoniaque, qui s'est nécessairement volatilisée. Il faut attribuer la majeure partie de cette perte à la trop grande addition de chaux. Un deuxième essai porta sur 165,000 litres de hannetons tués de la même manière. La masse fut partagée en plusieurs tas de 40,000 litres environ. Trois kilogr. de chaux éteinte par hectolitre de hannetons pesant en moyenne 10 kilogr., furent ajoutés à un premier amas, remué une fois par mois.

Une seconde meule reçut 3 kilogr. de chaux, 15 kilogr. d'humus par hectolitre et fut arrosée une fois par mois de jus de fumier. Une troisième, constituée par une couche de fumier frais alternant avec un lit de hannetons, a été recouverte de $0^{m},15$ de terre.

Enfin un quatrième tas fut humecté d'acide sulfurique, à raison de 25 kilogr. par 450 kilogr. d'insectes. Mais après ces essais peu satisfaisants, il fallut se décider à obtenir la décomposition totale des carapaces par la voïe chimico-agronomique, la plus simple de toutes.

Il serait préférable d'employer le compost fourni par ces coléoptères, au bout de trois à quatre mois, sans se préoccuper de l'état de décomposition plus ou moins avancée de la masse chitineuse. La transformation des élytres et de la tête, sous l'action des agents atmosphériques, ne manque pas de s'opérer lentement dans le sol.

On eut l'intention de donner les hannetons pilés, à l'état frais, en nourriture aux cochons; il est fort douteux que les porcs, à l'instar des oiseaux insectivores, puissent digérer les carapaces chitineuses.

La valeur alimentaire dépend des 4 p. 100 de matières solubles dans l'éther, que renferment ces coléoptères; il est donc plus avantageux de les employer comme engrais, car

100 kilogr. coûtant 6 fr. 24 c., la graisse serait payée beaucoup trop cher.

100 kil. de hannetons renferment	eau	66k, »	à »f »
	substances azotées	3 , »	à 1 25
	potasse	1 , »	à 0 50
	acide phosphorique	0 ,800	à 0 62

A moins de pertes ammoniacales dans la préparation du compost, ces 100 kilogr. vaudraient toujours 5 fr. Mais il faut moins songer à réaliser un bénéfice, en achetant ces insectes, qu'à se débarrasser de ces terribles destructeurs.

La meilleure préparation de cet engrais serait d'amonceler les hannetons échaudés en tas de 1m,30 environ de haut, les entourer d'une couche de terre de 0m,15 à 0m,20 d'épaisseur et les transporter au bout de trois mois dans les champs, à raison de 3,000 à 4,000 kilogr. par hectare ; on pourrait encore ajouter 20 à 40 p. 100 de kaïnite ou de déblais de salines, matériaux très abondants dans le pays. Ce corps contient en plus des 10 p. 100 de potasse, 15 à 20 p. 100 de chlorure de potassium, matières qui semblent beaucoup aider à la décomposition des hannetons et fixent l'ammoniaque dégagée pendant la fermentation. Pris à Stassfurt, lieu d'origine, les 100 kilogr. reviendraient de 1 fr. 35 c. à 2 fr.

Je crois avoir, par ce qui précède, donné un aperçu des différents fumiers et engrais employés à Salzmünde ; toutefois, je ne saurais clore ce chapitre, sans dire que la culture très intensive des plantes sarclées pourrait provoquer un épuisement véritable du sol, une diminution progressive dans le rendement des céréales, des betteraves ou des prairies artificielles. Par son habile direction, le propriétaire a su se mettre jusqu'ici à l'abri des déficits ; les produits des récoltes de toutes sortes, loin de décroître, augmentent chaque année. Un tel état de choses est-il durable ? Grand nombre de théoriciens le nieraient. L'expérience prouve chaque jour le contraire, et un amoindrissement dans les rendements est très problématique.

En présence d'une exploitation aussi bien dirigée, dans laquelle tous les grains, tous les déchets de fabrique, en un mot, la totalité des produits sont consommés sur place, et lorsque l'exportation consiste seulement en sucre, huile, alcool, animaux engraissés, la ruine du sol n'est pas à craindre.

La charrue et les engrais font éclore chaque année des trésors nouveaux; il n'en serait pas ainsi certainement, si la terre exportait de grandes quantités de produits de toutes sortes, grains, fourrages, racines, etc., sans recevoir, en échange de ce qu'elle a donné, les masses énormes de résidus, sous forme de fumiers de ferme ou d'amendements; dans le cas contraire, il faudrait compenser les pertes par l'importation de grandes quantités de matières fertilisantes, tirées du dehors et distribuées d'une façon rationnelle, car une bonne agriculture ne peut se conserver prospère qu'à la condition de pratiquer chaque jour le grand principe de la restitution.

CHAPITRE XII

Succession des cultures et prix de revient.

La composition physique et chimique des sols de Salzmünde, leur orientation très variée, ne permettent pas d'observer une grande uniformité et un ordre déterminé dans l'ensemencement des terres ; il est même difficile d'établir, pour chaque ferme, un assolement régulier. La direction communique tous les ans, à ses inspecteurs, les plans respectifs des travaux à exécuter, plans toujours dressés et élaborés au commencement de chaque saison avec le concours des directeurs de chaque exploitation. (Voir annexe n° 6.)

Les différents registres de chaque domaine pris séparément sont réunis en un livre général des travaux et récoltes, dans lequel, chaque produit, chaque pièce de terre, ont leur compte particulier.

On cultive environ :

25h,52 de colzas.
204 ,16 de blé.
408 ,32 de seigle.
242 ,44 d'orge.
306 ,24 d'avoine.
357 ,28 de pommes de terre.
51 ,04 de pommes de terre hâtives.
740 ,08 de betteraves.
336 ,86 de prairies artificielles (trèfles, luzernes et un peu de sainfoin).
33 ,17 de maïs.
20 ,41 de semences de betteraves.
38 ,71 de plantes diverses.
82 ,94 de prairies.

Plus des 25 p. 100 de la surface totale des terres labourables sont destinés aux betteraves ; 14 p. 100 se trouvent couverts de pommes de terre ; les plantes sarclées occupent 41.6 p. 100 des terrains de Salzmünde, proportion très forte nécessitée, il est vrai, par la fabrique de sucre et la distillerie. Cette situation serait dangereuse pour les approvisionnements de paille, si, en dressant les plans de culture, des dispositions n'étaient prises pour pallier cet inconvénient.

Les betteraves croissent admirablement dans les chaumes (bien pourvus d'engrais) des céréales d'hiver, ou sur les champs qui viennent de porter des pommes de terre.

Ces dernières, à peu d'exception près, donnent de bons rendements, lorsqu'elles succèdent aux céréales d'été qui ont reçu une grande quantité de fumier de ferme.

Il semble, au premier abord, qu'on commette une hérésie agricole en faisant suivre la culture des pommes de terre d'un ensemencement de betteraves ; ces deux plantes, recherchant les mêmes éléments potassiques, pourraient amoindrir la richesse du sol. Les excellents résultats obtenus depuis nombre d'années démentent cette crainte. Le fait peut être expliqué de la manière suivante : les racines de pommes de terre, rayonnant principalement dans la couche supérieure du sol, riche en humus et en azote, y puisent la quantité nécessaire de potasse ; les betteraves au contraire vont chercher à 1 mètre et 1^{m},50 de profondeur, dans la couche inférieure, les éléments nutritifs indispensables à leur végétation.

Le trèfle et la luzerne, exposés aux rigueurs de l'hiver, aux ravages des rongeurs, à l'infection de la cuscute, sont l'objet d'une attention spéciale dans la rédaction du plan de culture. On les laisse végéter tant que les rendements sont satisfaisants ; la durée de la récolte ne peut donc être exactement précisée.

Afin d'éviter que la culture de la betterave ne prenne une extension trop considérable, M. Zimmermann prend à ferme chaque année, à des propriétaires voisins, 127^{h},60 environ de chaumes de céréales d'hiver, à raison de 294 fr. l'hectare.

Pour tous les travaux de l'exploitation, on cherche, autant que possible, à remplacer le travail des ouvriers par celui des machines, qui font la besogne plus vite et surtout à meilleur marché.

La culture de la betterave et des pommes de terre a fait adopter avec succès depuis quelques années le labourage à vive jauge. Grâce à la charrue à vapeur Fowler[1] et à la charrue défonceuse, dite de Salzmünde[2] (voir pl. n° C[5]), le sol est remué à 0^{m},43 de profondeur en moyenne et quelquefois à 0^{m},63, puis, selon la récolte que le champ doit porter, on creuse des sillons de 0^{m},35 à 0^{m},40. La herse articulée, les cylindres doubles concasseurs, enfin le rouleau triple, achèvent le travail et donnent, à la surface ainsi préparée, l'aspect d'un sol propre à une bonne culture maraîchère[3].

Les semailles s'effectuent toujours avec les semoirs de M. Zimmermann, de Halle-sur-Saale. La grande humidité du sol a obligé, cette année, à ensemencer à la main une grande partie des terres.

Jusqu'à ce jour l'emploi des machines anglaises avait prévalu, les instruments allemands ne pouvaient soutenir la concurrence, mais les progrès réalisés dans ces derniers temps ont fait adopter les instruments des fabriques de

---

1. Système alternatif, avec deux machines.

2. Cet instrument n'est autre que la charrue Wanzleben construite dans des proportions plus considérables.

3. Le labourage à vive jauge est en général à Salzmünde bien plus efficace que celui souvent répété en creusant des sillons moins profonds.

Halle, aussi perfectionnés que ceux d'outre-Manche ou d'Amérique.

A l'action du semoir succède celle du rouleau, qui pressant la surface du sol, donne à chaque grain son lit germinatoire.

Les cultures étaient sarclées au printemps à l'aide des houes Smith, Taylor et Hornsby, remplacées depuis peu par celle de M. Zimmermann. La végétation trop avancée des seigles s'oppose à cette pratique. Aux lames tranchantes de ces mêmes machines, peut être substitué un armement spécial servant au buttage des pommes de terre et des betteraves; mais les escouades de femmes et d'enfants rivalisent presque de vitesse avec ces instruments, dont le travail, en beaucoup de cas, n'est pas aussi parfait.

Les engrais chimiques sont toujours répandus à l'aide des répartiteurs à chaînes.

Le prix de revient d'un attelage de deux chevaux est de 7 fr. 50 c. par jour et de 5 fr. par paire de bœufs.

On laboure, avec deux paires de bœufs qui alternent, $0^h,38^a,28$ à $0^h,44^a,66$ par jour suivant la saison ou l'éloignement du champ.

Les travaux du cylindre double, herse, rouleau, scarificateur, etc., dépendent tellement des exigences du sol, qu'il est difficile de les évaluer exactement en chiffres. Il est possible, avec deux chevaux ou quatre bœufs, d'ensemencer $6^h,37^a,60$ par jour. Le même attelage peut répartir l'engrais sur une surface de $8^h,42^a,16$; enfin, deux bœufs ou un cheval vigoureux sarclent, binent ou buttent $6^h,37^a,60$ par jour.

Un simple binage, fait à la machine, revient à 1 fr. 50 c. ; exécuté à bras, il coût 7 fr. 48 c.

En raison de l'extrême porosité du sol, beaucoup de plantes ne peuvent résister aux rigueurs de l'hiver et souvent des étendues admirablement cultivées, offrant en automne un aspect magnifique, ne présentent au printemps que quelques plans clairsemés et maladifs.

Le colza succède régulièrement au trèfle. Après la première récolte, les champs désignés pour cette culture sont livrés en pâturage aux moutons, puis fumés à raison de 40,000 kilogr. par hectare avec des engrais de ferme.

On donne un premier labour, suivi d'un épandage de compost au fumier de moutons, puis trois à quatre autres labours suivant les circonstances. Du 20 au 30 août, les graines sont semées en lignes espacées de $0^m,27$ à $0^m,37$ (huit à dix litres par hectare). La semaille a lieu quelquefois un peu plus tard, quand la température est douce et la saison humide, car la végétation souvent trop luxuriante rendrait l'hivernage difficile. Dans d'autres cas, si le mois d'août était trop sec, les plants seraient exposés à la dent des rongeurs.

Les blés d'hiver succèdent aux colzas, trèfles et céréales d'été. La semaille commence le 20 septembre pour se prolonger jusqu'au milieu d'octobre.

Le seigle est semé du 10 au 30 septembre.

Dans la moitié des fermes, la culture du blé de mars est remplacée par celle des froments d'hiver, dont les rendements sont plus abondants et plus sûrs.

Le blé succède alors aux pommes de terre et n'exige qu'un seul labour, tandis qu'il en faut régulièrement trois après le colza ou le trèfle.

On a pour principe de fumer tous les champs de céréales. Les blés d'hiver reçoivent le compost des fabriques et une dose de 50 à 100 kilogr. de guano mélangés d'os pulvérisés. Ces engrais produisent les effets les plus efficaces lorsqu'ils sont profondément enfouis, aussi s'attache-t-on à les couvrir par un labour avant la semaille, pour que le compost soit enterré par un second sillon.

Les semences de blé sont déposées à 0m,16 de profondeur sur les hauteurs et à 0m,22 dans les terrains plus riches, en lignes espacées de 0m,18.

Un sarclage, soit à la machine, soit à la main, est toujours donné au printemps.

On cultive à Salzmünde le blé brun du pays, dit blé de Mansfeld, et le blé blanc de Pologne. Les essais de froment anglais ont porté sur le Hopetown, le Spalding et le Kessingland, mais ces variétés ne sont pas encore suffisamment acclimatées pour résister aux froids des hivers rigoureux. Les blés indigènes ne le cèdent en rien aux blés anglais; leurs rendements plus certains donnent des farines de très belle qualité.

Au début de la semaille, la quantité de semence est de 165l,12 à l'hectare, augmentée de 14 litres par chaque semaine de retard.

Le seigle se sème en lignes de 0m,12 à 0m,18 d'écartement et n'est point sarclé. Dans les terrains à végétation hâtive, ces faibles distances ont toujours produit les meilleurs résultats.

Les seigles du pays sont cultivés de préférence aux autres. Les espèces en renom, le Probsteier par exemple, n'ont pas donné de plus beaux rendements. On n'a jamais dépassé 2,640 à 3,520 litres par hectare.

Les semailles des céréales d'hiver sont terminées en général vers le milieu d'octobre; cette époque passée, la germination est nulle ou se fait très mal.

Les céréales d'été succèdent presque toujours aux betteraves dont les champs, labourés aussitôt après la récolte, sont immédiatement fumés; un léger coup de scarificateur au printemps met en état la terre, qui a été exposée aux gelées de l'hiver. La distance entre les lignes est de 0m,12 à 0m,18 pour les champs qui n'ont pas besoin de sarclage et de 0m,18 pour ceux qui exigent les nettoyages du printemps ; on sème alors 182 à 196 litres par hectare.

Il serait toujours avantageux de biner les céréales d'été, malheureusement le faible écartement des lignes impose l'obligation d'exécuter ces travaux à la main, ce qui n'est pas toujours possible.

Les espèces d'orges étrangères introduites cédèrent bientôt la place aux variétés à gros grains du pays.

L'avoine, qu'on sème au printemps, est toujours la céréale allemande (blanche ou noire).

La moisson des blés commence dès que les épis jaunissent ; on évite ainsi l'inconvénient de laisser mûrir trop longtemps sur pied, et de récolter des grains perdant en poids et en valeur. Aucun perfectionnement n'a été apporté à ce travail. Dès que la faux ou la moissonneuse ont abattu les tiges, on engerbe à la vieille méthode ; les tas (très défectueux) restent sur place jusqu'à l'entière maturation des blés. Les céréales d'été, ramassées et mises en gerbes, sont chargées et transportées à la grange[1].

La moissonneuse, conduite par deux chevaux et deux ouvriers, abat par jour de $7^h,84^a$ à $9^h,80^a$ à 4 fr. 35 c. Malgré les granges nombreuses dont s'enrichit chaque année l'exploitation (voir plans des nouvelles constructions de 1882), une grande partie des récoltes ne trouvent pas d'abri. 360,000 gerbes environ sont mises en meules et battues le plus rapidement possible sur place à la machine ; le transport et l'utilisation des pailles s'effectuent suivant les besoins.

Les batteuses à vapeur se transportent d'une ferme à l'autre et livrent environ 23,760 litres, soit 18,360 kilogr. de blé et 34,320 litres ou 15,500 kilogr. d'avoine par jour.

1. Tous les râteaux et fourches sont de provenance américaine.

Salzmünde possède un battage fixe actionné par la machine à vapeur de la scierie. Chaque ferme possède aussi une batteuse mise en mouvement par un manège conduit par les bœufs inactifs en hiver.

L'orge et une petite quantité de seigle tombent sous le fléau, car les grains d'orge détériorés par la machine à battre perdraient en qualité marchande; le seigle et quelques autres céréales sont égrénés à bras, dans le but seul de conserver les pailles intactes et dans toute leur rigidité.

Les chaumes des céréales d'été, labourés l'automne précédent à $0^m,38$ de profondeur et fumés à raison de 40,000 kilogr. l'hectare, sont plantés en pommes de terre, à la bêche, aussitôt que possible, au printemps.

Pour faciliter les travaux des ateliers ou escouades d'ouvriers, l'emplacement des plants est indiqué à l'aide du marqueur rayonneur promené de long en large à la surface du champ, où il trace avec ses pointes des carrés réguliers[1].

Les tubercules entiers, parfaitement formés, sont plantés à une distance de $0^m,41$ à $0^m,62$; aussitôt germés, ils sont sarclés et hersés. Exécutée en temps opportun, cette pratique est excellente; l'intervention prodigue de la pioche et de la houe ne permettent pas aux mauvaises herbes de se développer dans les cultures sarclées; un second binage est rarement nécessaire; pour les pommes de terre, on se contente de faire passer de temps à autre une houe à cheval, armée de socs spéciaux, en évitant de produire un buttage à pente trop raide. Cette précaution préserve les plants de la trop grande sécheresse et conserve à la terre sa fraîcheur naturelle; mais ce travail à la machine loin d'être satis-

---

1. La machine à planter la pomme de terre ainsi que l'arracheuse ont été pour la première fois essayées cette année.

faisant, doit toujours être complété par un buttage à la main[1].

Des expériences nombreuses ont fait prévaloir, sur toutes les autres variétés, la pomme de terre bulbeuse de Saxe, dont la semence est renouvelée après chaque période triennale.

La Heiligenstäder occupe le second rang; la récolte de cette espèce tardive cause souvent de grands embarras, car son extraction doit se faire en même temps que celle des betteraves, et ces arrachages simultanés se nuisent réciproquement. Cette seule considération l'a fait classer en deuxième ligne, car les rendements de ce tubercule ne le cèdent en rien à ceux de sa rivale saxonne. $51^{h},14$ sont couverts de pommes de terre blanches hâtives, destinées à la distillerie.

La houe et la bêche travaillent de concert à l'extraction, revenant à 0 fr. 25 c. les 100 kilogr. ou 110 litres. Un ouvrier habile peut gagner facilement 3 fr. 12 c. dans sa journée.

Les tubercules destinés à la distillerie, mis en tas de 20 mètres de long sur $1^{m},30$ de large sont recouverts d'une couche de paille de $0^{m},06$ d'épaisseur sur laquelle on applique une couverture en terre de $0^{m},33$. La crête de ces silos reste pendant quelque temps à découvert pour ne pas entraver l'évaporation et surtout la fermentation assez active due à la chaleur et à l'humidité.

A la première gelée blanche, on opère la fermeture complète, en ayant soin de laisser, à chaque extrémité, deux cheminées, garnies de paille en bout, puis la surface de ces buttes est encore protégée par une nouvelle couche de terre de

1. Les frais de culture de la pomme de terre coûtent, de la plantation à la récolte, non compris les labours primitifs, suivant les années, de 13 fr. 28 c. à 16 fr. l'hectare. (Voir annexe n° 7.)

$0^m,33$ d'épaisseur. Cette enveloppe, portée à un mètre au moment des grands froids, garantit les pommes de terre contre la gelée et les chaudes effluves du printemps, et permet aux distilleries de les conserver jusqu'au mois de juin. La basse température, maintenue à une époque aussi brûlante de l'année, évite toute perte de fécule, en les mettant à l'abri d'une germination toujours très préjudiciable.

BETTERAVES.

Les betteraves, trouvant place après les céréales d'hiver et les pommes de terre, reçoivent par hectare une forte fumure d'engrais de ferme et 600 kilogr. de guano mélangé d'os pulvérisés.

Tous les champs destinés à la culture de la betterave sont labourés à l'automne et à l'entrée de l'hiver à $0^m,40$ et $0^m,45$ de profondeur en moyenne; on leur donne, lorsque la saison avancée le permet, un second labour offrant à l'engrais concentré la facilité de bien pénétrer la couche arable. La charrue ayant terminé son œuvre, la terre se repose jusqu'au printemps, les scarificateurs, herses et rouleaux viennent alors aplanir la surface du sol tout en lui donnant une consistance ferme et élastique; enfin le semoir confie la graine à la couche arable ainsi préparée. Le rouleau triple termine cette série d'opérations en venant exercer son action sur le sol pour assurer une bonne germination.

L'ensemencement à la main et au marqueur est complètement abandonné. Les dernières semailles ont été opérées à l'aide des nouveaux semoirs à bouquets. Les socs distributeurs des semoirs enterrent 20 à 22 kilogr. de graines à l'hectare, en lignes de $0^m,50$ d'écartement. La dernière quinzaine d'avril (du 12 au 30) est l'époque la plus favorable pour cette opération.

Dès qu'on parvient à distinguer les rangées des jeunes plants, on commence le premier binage à l'aide de la machine, auquel succède le travail de la houe à main pour former les touffes espacées de $0^m,33$ à $0^m,38$ sur le rang, selon la qualité du terrain. Quelques jours plus tard, on procède au démariage.

Le sarclage à la machine n'est pas très en honneur à Salzmünde, on lui reproche, non sans raison, de blesser trop souvent les jeunes racines; de plus, il reste encore beaucoup à faire à la main, et la rapidité du travail n'est guère plus grande.

On donne trois à quatre binages, et quand la betterave est suffisamment résistante, on fait passer une fois ou deux seulement une houe garnie de buttoirs spéciaux pour rejeter la terre contre les plants.

Les frais de culture, depuis l'ensemencement jusqu'à la récolte, ont coûté, par hectare, pendant les années :

	1880.	1881.
Ensemencement.	1 f 10 c	1 f 35 c
Travaux à la houe. . . .	6 20	5 20
Binages et buttages . . .	28 20	22 30
Total.	35 f 50 c	28 f 85 c

Ces chiffres sont le résultat de la dépense moyenne calculée pour 740 hectares. (Voir annexe n° 8.)

Les travaux de récolte se font seulement à forfait et ont été payés cette année 45 fr l'hectare.

Les ouvriers sont tenus d'arracher les betteraves à la bêche et d'en former de grands tas trapézoïdaux recouverts de $0^m,33$ de terre. Les betteraves étant toujours décolletées avant cette opération, on veille à ce que la décapitation soit aussi faible que possible, précaution qui amène une meilleure conservation. Chaque tas, enfoncé à $0^m,33$ en terre, mesure $1^m,30$ de large, atteint $0^m,60$ sur une longueur de 13 mètres et contient environ 7,000 kilogr.

Les silos[1] à enlever au 15 décembre sont recouverts de $0^m,33$ terre, ceux qui doivent rester dans les champs jusqu'au 15 janvier ont une enveloppe de $0^m,66$, et tous, à partir de cette époque reçoivent une couche de 1 mètre d'épaisseur.

Les différents systèmes d'arracheuses de betteraves, essayés à Salzmünde, n'ont pas donné de très bons résultats. Le travail, quoique plus rapide et un tiers moins coûteux, n'a pas été satisfaisant ; beaucoup de racines restaient encore en terre, ou se trouvaient cassées.

La variété cultivée de préférence est la Blanche de Magdebourg[2]. On apporte la plus grande attention à conserver la graine dans toute sa pureté. Quelques semences étrangères provenant de sucreries en renom et la betterave Vilmorin sont employées en mélange sur certains champs dans le but, suivant l'expression du pays, *de rafraîchir un peu le sang des betteraves et les empêcher de dégénérer.*

TRÈFLES ET LUZERNES.

Les trèfles et luzernes, semés sur des terrains riches, capables d'amener une récolte abondante, sont toujours cultivés de concert avec les céréales d'été, qui les protègent pendant leur jeune âge. Les prairies artificielles cultivées seules réussissent rarement à Salzmünde.

L'esparcette, le trèfle et la luzerne mélangés[3] donnent

1. L'ensilage a pour effet de diminuer le renouvellement de l'air autour des racines, de les mettre à l'abri d'une évaporation trop forte et de rendre aussi faible que possible l'activité vitale, sans cependant la détourner de sa voie normale au point de leur faire accomplir les phénomènes de la fermentation.

2. La Blanche de Magdebourg n'est autre que la betterave de Silésie légèrement améliorée.

3. Cette récolte prend le nom général de trèfles.

des rendements supérieurs et durent au minimum trois ans; semées séparément, ces plantes conduisent à de moins bons résultats, aussi les réunit-on dans les proportions suivantes :

Pour les terrains des hauteurs.

Esparcette	66 kilogr. par hectare.	
Trèfle	8	—
Luzerne	8	—

Régions moyennes.

Luzerne	20 kilogr. par hectare.	
Trèfle	8	—

Terres fertiles de la plaine.

Esparcette	51 kil. par hectare.	
Trèfle.	8	—
Luzerne.	12	—

L'esparcette[1] est semée la première le plus profondément de toutes, en lignes distantes de $0^m,18$; les céréales d'été le sont perpendiculairement à ces lignes; puis enfin l'ensemencement de la luzerne et du trèfle proprement dit se fait au moyen du semoir à larges bandes, après lequel on fait passer le rouleau triple. On laisse subsister le plus longtemps possible les prairies artificielles destinées à la confection du foin, elles sont hersées chaque printemps.

Ce mélange d'esparcette, trèfle et luzerne peut durer quatre ans; la dernière année on se contente de récolter la première coupe, la suivante est pâturée par les moutons, avant le défrichement.

Le trèfle et la luzerne en mélange résistent 5 à 6 ans; dès la seconde année, la luzerne prend le dessus et le trèfle disparaît.

---

1. L'esparcette peut être semée immédiatement après les céréales, perpendiculairement à leurs lignes, sans causer aucun dommage.

Les opérations de la fenaison, qui autrefois exigeaient beaucoup de temps, de bras et d'argent, s'exécutent aujourd'hui de la manière suivante. Coupés à la faux ou à la faucheuse, les trèfles restent dans le champ en endains qu'on retourne au bout de trois jours; 48 heures après, les feuilles sont desséchées ; on met en tas le matin pour transporter la récolte à midi dans les granges, en ajoutant 6 à 9 kilogr. de sel par chariot; la surface est piétinée avec soin de façon à ne laisser aucun interstice surtout contre les murailles et les poutres du bâtiment. La partie supérieure est recouverte de paille[1], constituant la matière absorbante de l'évaporation due à la fermentation de la masse ainsi pressée, car les tiges sont encore très humides au moment de l'emmagasinage.

Après 10 ou 12 jours, une chaleur assez forte se dégage, puis le refroidissement se produit peu à peu, livrant ainsi un fourrage exhalant une odeur délicieuse et procurant une nourriture des plus succulentes, à l'abri de toute détérioration. Cette méthode exige des granges spéciales, dont les parois intérieures des murs doivent être bien perpendiculaires. Il faut se garder de mettre le fourrage encore humide dans le fenil proprement dit, sous la toiture, où il ne pourrait être tassé convenablement.

Grâce à ce procédé, le trèfle conservant toutes ses feuilles, ses fleurs, n'éprouve aucune perte pendant le séchage; la qualité du fourrage est excellente et enfin le prix de revient moins élevé qu'en employant les autres méthodes de dessiccation.

Les prairies, qui occupent pour la plupart les bords de la Saale, sont fumées très abondamment tous les trois ans avec

---

1. Cette paille est ensuite, lorsque le temps le permet, exposée au soleil, dans les cours et, suivant son degré de dessiccation, donnée en litière aux animaux, ou emmagasinée à nouveau pour être consommée pendant l'hiver. Quand il y a disette et qu'on ne veut rien perdre, cet élément nutritif est haché immédiatement et distribué au bétail.

des composts et reçoivent encore, partout où le besoin s'en fait sentir, une addition de superphosphates et de purin. L'amélioration de ces prés, d'après le système Petersen et Vincent, a été essayée ces dernières années, sur quelques hectares.

VERGERS.

Les vergers couvrent 25h,42 environ de pentes abruptes, en utilisant les terrains où la charrue ne peut pénétrer. Le sol qui leur est affecté donne encore aux moutons une nourriture des plus saines, à l'époque où leur présence dans les champs ne peut être tolérée. Les fruits vendus chaque année, par adjudication, rapportent de 7,500 à 10,000 fr. Les acquéreurs les revendent en partie sur pied ou les font sécher sur place dans des fourneaux spéciaux, pour les transporter ensuite à la ville.

Suivant les localités, la qualité du terrain et son exposition, ces plantations sont formées de pommiers, poiriers, pruniers ou cerisiers. On greffe les espèces les meilleures et les plus productives.

Toutes les chaussées de l'exploitation sont bordées d'arbres à cidre ou à couteau, et des pépinières ont été créées dans quelques inspections pour subvenir au remplacement des sujets morts ou malades.

Nous terminerons cet exposé par un tableau général de la récolte dans toutes les exploitations.

Extraits des livres des inspecteurs astreints à fournir les détails les plus minutieux, ces chiffres n'ont pas subi l'altération imposée au comptoir général, d'après le système que nous avons mentionné.

La moyenne représente, par hectare, le chiffre des revenus de tous les champs cultivés pris ensemble.

Les résultats fournis par l'année 1881 sont les plus mauvais des quarante années précédentes.

Produits par hectare des diverses inspections pendant les années 1879, 1880 et 1881.

COLZA.											
1879.				1880.				1881.			
	Gerbes.	Hectolitres.	Kilogrammes.		Gerbes.	Hectolitres.	Kilogrammes.		Gerbes.	Hectolitres.	Kilogrammes.
Asendorf	1488	28.82	2096	Räther	1096	25.08	1824	Schochwitz	1112	21.78	1584
Morl	1476	26.18	1904	Lettin	1440	23.98	1744	Räther	960	15.62	1136
Schiepzig	1200	21.34	1552	Schochwitz	752	22.56	1648				
Teutschenthal	1268	20.90	1520	Morl	1140	18.26	1328				
Lettin	1308	20.68	1504	Schiepzig	880	16.06	1168				
Benkendorf	1232	20.46	1488	Teutschenthal	924	15.62	1136				
Schochwitz	1336	13.42	976	Benkendorf	872	15.40	1120				
Moyenne	1224	21.56	1568	Moyenne	936	20,02	1456	Moyenne	1036	18.70	1390

BLÉ.											
1879.				1880.				1881.			
	GERBES.	HECTOLITRES.	KILOGRAMMES.		GERBES.	HECTOLITRES.	KILOGRAMMES.		GERBES.	HECTOLITRES.	KILOGRAMMES.
Zaschwitz	1216	39.38	3043	Döblitz	1644	40.26	3111	Räther	704	25.38	2023
Schiepzig	1264	31.24	2414	Benkendorf	1364	40.26	3111	Asendorf	720	25.52	1972
Döblitz	1112	31.24	2414	Lettin	1236	37.18	2873	Schochwitz	724	25.08	1938
Benkendorf	1128	30.80	2320	Schochwitz	1076	36.08	2788	Benkendorf	648	24.86	1920
Morl	1200	29.70	2295	Schiepzig	832	35.42	2737	Morl	652	23.76	1836
Letting	996	23.76	1876	Morl	1024	32.22	2567	Salzmünde	676	23.32	1802
Teutschenthal	952	23.32	1842	Räther	968	32.34	2499	Teutschenthal	672	23.32	1802
Schochwitz	1136	22.88	1768	Zaschwitz	932	28.82	2227	Zaschwitz	524	18.48	1428
Salzmünde	992	22.22	1717	Teutschenthal	972	27.50	2125	Döblitz	552	18.26	1411
Räther	1012	19.25	1496	Salzmünde	740	23.51	1819	Lettin	500	15.18	1173
Asendorf	984	15.40	1190	Asendorf	876	23.98	1853	Schiepzig	356	13.42	1037
MOYENNE	1076	25.30	1955	MOYENNE	1016	32.12	2482	MOYENNE	624	22.22	1717

SEIGLE.											
1879.				1880.				1881.			
	GERBES.	HEC-TOLITRES.	KILO-GRAMMES.		GERBES.	HEC-TOLITRES.	KILO-GRAMMES.		GERBES.	HEC-TOLITRES.	KILO-GRAMMES.
Asendorf	1032	41.58	3024	Benkendorf	1088	38.28	2804	Asendorf.	756	23.51	1712
Teutschenthal . . .	1368	38.06	2768	Schiepzig.	1044	34.49	2544	Räther.	900	24.53	1784
Salzmünde.	1284	37.40	2720	Räther	1024	33.88	2464	Teutschenthal . . .	652	22.12	1536
Schochwitz	1124	37.18	2704	Salzmünde.	984	33.66	2448	Benkendorf. . . .	716	22.12	1536
Räther	1268	36.52	2656	Zaschwitz.	872	33.22	2416	Schiepzig.	840	20.24	1472
Benkendorf	1312	34.98	2544	Asendorf	804	31.46	2288	Salzmünde	740	19.36	1408
Zaschwitz.	976	32.34	2352	Lettin	1132	29.48	2144	Schochwitz. . . .	800	17.16	1248
Schiepzig	1084	32.12	2336	Schochwitz	952	28.38	2064	Lettin.	768	15.62	1136
Lettin	1494	31.14	2288	Morl.	752	26.62	1936	Morl.	512	15.18	1104
Morl.	1132	30.36	2208	Teutschenthal . . .	820	25.96	1888	Zaschwitz.	388	11.66	848
Döblitz.	864	24.42	1776	Döblitz	972	25.96	1888	Döblitz.	396	9.46	688
MOYENNE. . .	868	38.72	2464	MOYENNE. . .	752	35.97	2229	MOYENNE. . .	592	23.76	1512

ORGE.

1879.				1880.				1881.			
	GERBES.	HEC-TOLITRES.	KILO-GRAMMES.		GERBES.	HEC-TOLITRES.	KILO-GRAMMES.		GERBES.	HEC-TOLITRES.	KILO-GRAMMES.
Schiepzig	1048	45.98	2926	Salzmünde.	796	42.46	2720	Zaschwitz.	732	31.24	1988
Salzmünde.	880	42.46	2720	Schiepzig	776	40.26	2562	Morl.	588	29.26	1862
Benkendorf	736	40.70	2590	Zaschwitz.	828	36.36	2352	Teutschenthal. . .	736	28.82	1834
Morl.	780	39.82	2534	Morl.	700	35.20	2240	Benkendorf	628	27.28	1736
Räther	908	38.06	2422	Schochwitz	698	34.76	2212	Salzmünde	580	24.42	1554
Schochwitz	772	37.40	2380	Teutschenthal . . .	824	33.22	2114	Räther.	648	23.32	1484
Lettin	828	35.64	2262	Räther	720	31.68	2016	Döblitz.	496	22.66	1442
Teutschenthal . . .	840	33.66	2202	Benkendorf	836	30.58	1946	Schiepzig.	480	20.63	1316
Zaschwitz.	812	29.92	1904					Lettin	496	18.70	1190
								Schochwitz	480	16.06	1092
Moyenne. . .	868	38.72	2444	Moyenne. . .	752	35.97	2229	Moyenne. . .	592	23.76	1512

AVOINE.

1879.	Gerbes.	Hectolitres.	Kilogrammes.	1880.	Gerbes.	Hectolitres.	Kilogrammes.	1881.	Gerbes.	Hectolitres.	Kilogrammes.
Salzmünde	1000	66.64	3020	Zaschwitz	1108	65.12	3106	Asendorf	660	46.20	2100
Teutschenthal	1072	57.42	2610	Salzmünde	896	63.80	2900	Teutschenthal	676	41.80	1900
Benkendorf	824	56.98	2590	Morl	984	55.22	2510	Schochwitz	652	41.58	1890
Schochwitz	856	55.66	2530	Teutschenthal	768	50.38	2290	Zaschwitz	628	39.38	1790
Morl	1016	55.54	2520	Benkendorf	712	45.76	2020	Salzmünde	616	37.18	1690
Döblitz	888	54.12	2460	Schochwitz	724	45.76	2020	Benkendorf	488	33.88	1540
Räther	920	52.80	2400	Schiepzig	636	43.01	1959	Räther	628	32.56	1490
Asendorf	800	48.62	2210	Döblitz	720	42.90	1950	Lettin	672	31.90	1450
Schiepzig	760	46.64	2120	Lettin	688	41.80	1900	Döblitz	540	31.46	1430
Zaschwitz	728	45.98	2090	Räther	736	40.26	1830	Schiepzig	412	31.24	1420
Lettin	832	42.46	1929	Asendorf	596	36.08	1635	Morl	432	27.06	1230
MOYENNE	908	54.78	2490	MOYENNE	776	47.12	2160	MOYENNE	596	36.74	1620

POMMES DE TERRE.

1879.			1880.			1881.		
	HECTOLITRES.	KILOGRAMMES.		HECTOLITRES.	KILOGRAMMES.		HECTOLITRES.	KILOGRAMMES.
Salzmünde	217.80	19800	Döblitz	222.20	20200	Teutschenthal	171.60	15600
Lettin	200.20	18200	Salzmünde	195.80	17860	Asendorf	169.40	15400
Schochwitz	195 »	17800	Zaschwitz	176 »	16000	Zaschwitz	158.40	15200
Teutschenthal	191.40	17400	Schiepzig	163.80	15800	Salzmünde	149.60	13600
Benkendorf	187 »	17000	Morl	169.40	15400	Benkendorf	149.60	13600
Räther	171.60	15600	Lettin	158.40	14400	Schochwitz	134.20	12200
Döblitz	171.60	15600	Benkendorf	154 »	14000	Morl	132 »	12000
Asendorf	171.60	15600	Teutschenthal	151.80	13800	Döblitz	127.60	11600
Morl	161.80	14800	Schochwitz	147.40	13400	Räther	125.40	11400
Schiepzig	151.80	13800	Asendorf	147.40	13400	Lettin	103.40	9400
Zaschwitz	125.40	11400	Räther	137.50	12500	Schiepzig	96.80	8800
MOYENNE	174.80	16800	MOYENNE	167.20	15200	MOYENNE	139.70	12700

BETTERAVES (Poids du fisc).					
1879.		1880.		1881.	
	KILOGRAMMES.		KILOGRAMMES.		KILOGRAMMES.
Salzmünde	30600	Salzmünde	37000	Benkendorf	21800
Zaschwitz	28800	Benkendorf	29200	Schochwitz	21800
Räther	28600	Morl	28800	Asendorf	20800
Asendorf	28000	Döblitz	26200	Döblitz	20600
Schochwitz	27400	Teutschenthal	25600	Teutschenthal	19200
Benkendorf	26200	Asendorf	24800	Salzmünde	18400
Teutschenthal	25600	Schochwitz	24600	Räther	17800
Morl	23800	Schiepzig	24200	Schiepzig	15200
Schiepzig	23000	Räther	23400	Zaschwitz	14400
Lettin	19600	Zaschwitz	22600	Lettin	14000
Döblitz	16600	Lettin	22400	Morl	13900
MOYENNE	26600	MOYENNE	27400	MOYENNE	18800

Pour expliquer comment, avec les mêmes engrais, la même culture, les résultats des différentes inspections varient dans de telles proportions, il faut faire entrer en ligne de compte les nombreux achats de parcelles incorporées pendant ces dernières années au domaine primitif. Moins fertiles que celles appartenant de longue date à l'exploitation, ces surfaces, sur lesquelles l'influence des engrais et amendements ne s'est pas encore fait sentir, viennent, par l'appoint de leurs faibles contingents peser, en l'abaissant, sur le rendement final.

Les labourages profonds, les fortes fumures, amèneront dans l'avenir ces brillantes récoltes que, dès aujourd'hui, l'on est en droit d'espérer.

TROISIÈME PARTIE

CHAPITRE XIII

Les fabriques.

SUCRERIE.

Érigée en 1847, la fabrique de sucre compte parmi les plus anciennes du Zollverein ; malgré ses 35 campagnes, elle était encore l'année dernière dans un état très satisfaisant. Bien que d'une architecture et d'une élégance discutables, son agencement intérieur ne le cédait en rien aux sucreries nouvelles construites d'après l'ancien système des râpes et presses hydrauliques.

Afin de rester fidèle aux principes fondamentaux de l'industrie agricole de Salzmünde, qui consiste à ne produire que la matière brute, cette fabrique commença par extraire des sirops de mélasse, puis arriva au sucre brut, d'une vente plus facile.

La première installation comprenait trois grandes chaudières à vapeur, une machine de 20 chevaux, quatre presses hydrauliques, deux râpes et tout le matériel nécessaire. Trois ans après, on introduisit quelques légères modifications, mais ce fut en 1863 qu'eurent lieu les plus grands changements.

A cette époque, la fabrique occupait deux grands bâtiments surmontés de hautes cheminées, l'une de 50 mètres, l'autre de 60.

Ces constructions abritaient :

13 chaudières doubles de constructions diverses;

2 chaudières plus grandes dont le tuyau de chauffe mesurait 9 mètres de long[1];

9 machines à vapeur d'une force totale de 86 chevaux;

5 pompes hydrauliques de $0^{m},2088$ de diamètre sur $0^{m},627$ de haut, distribuant la quantité d'eau nécessaire ($2^{mc},962$) puisée à la Salzbach qui coule près de là;

3 appareils à faire le vide;

2 appareils vaporisateurs de $2^{m},512$ de diamètre, système Rillieux pour la cuisson des jus provenant de 110,000 kilogr. de betteraves journellement soumis à l'action des râpes;

2 râpes;

18 presses hydrauliques ($42^{mc},208$ de superficie et $1^{m},256$ de hauteur maximum).

Tel était l'ensemble des appareils constituant l'ancienne fabrique, complètement métamorphosée en 1881, et qui a, pour la première fois cette année, expérimenté un système particulier de diffusion.

Les indications sur les anciens procédés de fabrication sont de simples renseignements recueillis pour la plupart lors de ma première visite à Salzmünde, pouvant servir de termes de comparaison et montrer aussi avec quelle ardeur le propriétaire allemand met en pratique les découvertes scientifiques les plus récentes. Les cultivateurs d'outre-Rhin n'hésitent pas à sacrifier en améliorations les béné-

1. Les deux dernières, destinées à l'alimentation de la distillerie voisine, avaient leurs fourneaux garnis de grilles à échelons en forme d'escalier, disposition particulière très utile pour l'emploi des pierres de charbon brun dont nous avons parlé. La consommation de cette houille terreuse s'élevait à 150,000 tonnes (22,500,000 kil.) extraites du puits *Eintracht* (*Concordia*), près Benstedt.

fices d'une année entière, pour recueillir ensuite la juste récompense des privations momentanées qu'ils ont su s'imposer.

On ne comptait en Saxe que deux usines égales en importance à celle de Salzmünde[1], rien n'était donc négligé pour le traitement rapide des jus; l'ancienne installation permettait d'extraire, en moins de 15 heures, le premier sucre de la betterave.

Les résidus pressés, avant de servir à l'alimentation des animaux, étaient additionnés de 30 p. 100 d'eau, mélange opéré par la machine Schlickeisen.

Cet appareil ingénieux convertissait les tourteaux, assez consistants, en une bouillie légère facile à presser et l'eau extraite était renvoyée sur les râpes à betteraves. Grâce à ce procédé, les pulpes seulement conservaient 2.5 p. 100 de sucre au lieu de 5 p. 100 comme autrefois; 250 kilogr. de betteraves donnant 50 kilogr. de résidus, on gagnait par cette amélioration 0^k,500 de sucre par 50 kilogr. de betteraves.

Les pulpes pressées de 5,000 kilogr. de betteraves valaient, après l'ancien pressurage simple, 24 fr., après la double action de la presse avec addition d'eau, 19 fr. 37 c., et la diffusion actuelle a fait baisser la valeur de ce produit de 11 fr. 25 c. à 9 fr. 62 c. Au point de vue des substances alimentaires, cette première amélioration fait perdre à l'usine 18,750 fr., mais lui fait gagner, d'autre part, 200,000 kilogr. de sucre.

La richesse saccharine d'une betterave varie, suivant les années, de 12 à 16 p. 100. En 1882, malgré les mauvaises conditions dans lesquelles se sont opérées les semailles, la végétation et la récolte, les résultats analytiques obtenus, jusqu'au 3 novembre dernier, sont loin d'être défectueux, comme on peut le voir en consultant le tableau des analyses joint à cette étude.

1. Du 15 septembre au 15 avril, cette usine employait 20,000,000 kilogr. de betteraves et payait un impôt de 400,000 fr.

Analyse de betteraves.

CAMPAGNE DE 1882-1883.

MOIS.	DATES.	PROVENANCE.	NOM DES PLANTS.	N.	P.	M.	S.	Q.	O.
Août.	14	Pfützenthal.	Gödewitzer Fusssteg.	4	775	13,5	10,58	78,4	
	»	»	Eberhardt u. Klapperberg.	6.	466	15,2	12,57	82,7	
	15	Döblitz.	Aue-Plan 6.	4	425	15,6	12,55	80,4	
	»	»	Scharertzer Plan 5-6.	4	350	15,0	11,89	79,2	
	»	Salzmünde.	Laritschke Plan.	4	450	13,3	10,98	82,6	
	»	»	Mittelfeld.	4	520	13,8	11,61	84,1	
	16	Schochwitz.	Thalweg.	4	725	13,4	11,19	83,5	
	»	Boltzenhöhe.	Teichfeld L von Otto.	4	525	12,8	10,13	79,1	
	»	»	Am Boltzenhöhe L von Otto.	4	470	11,3	8,24	72,9	
	»	»	Am laugen Stein L von Otto.	4	550	12,0	9,20	76,7	
	»	Lettin.	Pfaffenthal 4h 50.	4	700	13,8	10,22	74,1	
	»	»	Kunzes Hufen.	4	620	13,3	10,92	82,1	
	26	Teutschenthal.	Oberplan 1.	4	550	15,2	12,84	84,5	
	»	Bennstedt.	Schauke.	4	400	14,7	11,79	80,2	
	»	Teutschenthal.	Gottschalk-Plan.	2	800	13,8	11,48	83,2	
Septembre.	9	Salzmünde.	Neuer Plan.	4	275	16,7	13,87	83,1	
	»	Boltzenhöhe.	»	4	720	15,5	12,83	82,8	
	12	»	Otto-Plan.	5	700	13,8	11,19	81,1	
	»	Teutschenthal.	Gottschalk Plan.	5	780	15,5	13,29	85,7	
	13	Pfützenthal.	Klapperberg.	4	720	16,5	13,58	82,3	
	»	Boltzenhöhe.	Otto-Plan.	3	960	13,4	10,24	76,4	
	14	»	Ochsenborn.	5	600	16,4	13,84	84,4	
	15	Salzmünde.	Quillschiner Weg.	4	1220	13,2	10,61	80,4	
	»	Quillschina.	Am Kirchhof.	4	800	14,0	11,37	81,2	
	16	Salzmünde.	Quillschiner Weg.	4	850	13,7	11,35	82,9	
	18	Pfützenthal.	Klapperberg.	4	750	16,2	13,58	83,8	
	»	Teutschenthal.	Gottschalk-Plan.	4	900	15,2	12,80	84,2	
	19	Salzmünde.	Brotschrank.	4	720	15,3	12,95	84,6	
	»	Schochwitz.	Thalweg.	4	850	15,0	12,52	83,5	
	20	Benkendorf.	Schaucke.	4	820	15,0	12,80	85,3	
	21	Salzmünde.	Mittelfeld.	4	850	13,8	11,63	84,3	
	22	Benkendorf.	Schaucke.	4	620	15,0	12,16	81,0	
	25	Schochwitz.	Stangenbreite.	4	680	14,0	11,63	83,1	
	26	Salzmünde.	Gödewitzer Weg.	4	820	14,3	12,11	84,7	
	»	Teutschenthal.	Ziegeleiboden.	5	640	15,5	13,32	85,9	
	27	Boltzenhöhe.	Teichfeld.	4	1050	14,0	10,87	77,6	
	28	Salzmünde.	Langer Stein.	5	700	15,3	13,19	86,2	
	»	Schochwitz.	Stangenbreite.	5	720	14,3	12,03	84,1	
	29	Benkendorf.	Am neuen Schacht.	4	930	14,2	11,70	82,4	
	»	Teutschenthal.	Ziegeleiberg.	4	920	15,0	12,58	84,0	
	30	Salzmünde.	Mittelfeld.	4	900	15,7	13,06	83,2	
Octobre.	2	Benkendorf.	Kreuzer Plan.	5	900	15,3	13,09	85,5	
	8	»	Nicolaus-Plan.	4	1020	14,2	11,81	83,2	

MOIS.	DATES.	PROVENANCE.	NOM DES PLANTS.	N.	P.	M.	S.	Q.	O.
	9	Teutschenthal.	Ziegeleiberg.	4	900	15,0	12,83	85,5	
	»	Müllerdorf.	Ulrich.	4	825	15,2	12,90	84,9	
	10	Bennstedt.	Friedmann.	5	660	13,6	11,24	82,6	
	»	Salzmünde.	Brotschrank.	4	800	15,0	12,19	81,3	
	11	»	Häringsrücken.	4	770	15,2	13,09	86,1	
	»	W. Schmidt.	Schiepzig.	4	1100	14,3	12,03	86,9	
	12	Schober.	Döblitz.	4	920	14,3	11,91	83,3	
	»	Kahleis.	Döblitz.	4	850	14,7	12,06	82,0	
	»	Salzmünde.	Laneke.	4	1010	14,9	12,55	84,2	
	13	Tannroth.	Zappendorf.	5	800	15,5	12,80	82,6	
	»	Wenzel.	Brachwitz.	5	840	12,8	10,29	80,4	
	14	»	Aue.	5	880	14,8	11,89	80,3	
	»	»	»	5	760	13,9	11,24	80,9	
	»	Pfützenthal.	Aue Oebstrbude.	4	750	14,4	12,06	83,7	
	15	Teutschenthal.	Oberplan 7.	4	870	16,5	14,14	85,9	
	16	Hartmann.	Müllerdorf.	5	760	14,7	11,92	81,1	
	17	Bitschke.	»	5	680	14,7	12,06	82,0	
	18	Teutschenthal.	Mullers Plan.	4	670	15,2	12,60	82,9	
	»	»	Gottschalk Plan.	4	700	15,4	12,88	83,6	
Octobre.	»	»	Plan 12.	4	775	15,6	13,61	87,2	
(*Suite.*)	»	»	Plan 4.	4	710	16,2	13,42	82,8	
	»	»	Plan 8.	4	575	17,2	14,96	87,0	
	19	»	Oberplan 7.	4	900	16,5	14,14	85,7	
	»	»	Oberplan 12.	4	850	16,6	14,29	86,1	
	24	»	Bahnhof.	4	450	Non fait	12,24	Non fait	
	»	Meier.	Salzmünde.	4	910	15,2	12,80	84,2	
	25	Ferd. Boltze.	Döblitz.	5	720	14,6	11,99	82,1	
	»	Wenzel.	Brachwitz.	5	800	14,0	11,55	82,5	
	»	»	»	5	760	14,2	11,37	80,1	
	26	Gottb Hinrik.	Cöllme.	5	740	15,0	11,79	78,6	
	»	Pfützenthal.	Aue.	4	820	12,9	10,32	80,0	
	27	Schochwitz.	Flecken.	6	500	14,4	11,74	81,5	
	»	Wenzel.	Brachwitz.	5	745	13,9	11,61	83,5	
	28	»	»	6	480	13,8	11,66	84,5	
	»	Emil Boltze.	Fienstedt.	5	740	12,4	9,58	77,2	
	30	»	»	4	650	12,5	9,07	72,6	
	»	»	»	6	530	13,6	10,98	80,7	
	»	Wenzel.	Brachwitz.	5	690	13,9	11,66	83,9	
	31	»	»	4	870	13,8	11,09	80,4	
	»	Mennike.	Müllerdorf.	6	600	15,5	13,19	85,1	
	1	Teutschenthal.	Oberplan.	4	650	16,0	13,92	87,0	
	»	»	Müllerplan.	4	850	15,4	13,06	84,8	
	2	Wenzel.	Brachwitz.	5	800	13,4	11,04	82,4	
Novembre.	»	Refert.	Schochwitz.	6	630	13,3	10,82	81,3	
	3	»	»	5	720	13,0	10,82	83,2	
	»	Ehlers.	Schiepzig.	4	820	13,9	11,35	82,4	
	»	Kersten.	Döblitz.	3	640	14,8	12,47	84,2	

N. — Nombre de betteraves sur lesquelles a porté l'analyse.

P. — Poids moyen de chaque betterave.

M. — Matières fixes (substances sèches).

S. — Sucre p. 100.

Q. — Quantité de sucre p. 100 de matières sèches.

O. — Observations.

Mais à partir du 15 novembre, l'état des betteraves, jusqu'alors très satisfaisant et qui s'était montré à Salzmünde supérieur à celui des autres propriétés saxonnes, ne tarda pas à s'aggraver et vers le 15 décembre on put constater dans certains silos jusqu'à 1.50 p. 100 de perte en sucre. Les exploitations voisines avaient déjà leurs provisions détériorées par l'humidité et la pousse des betteraves, sans compter la perte totale des racines, que les intempéries avaient obligé à laisser sur place. Les pluies continuelles, après avoir gêné l'arrachage, furent suivies de gelées hâtives qui causèrent des dégâts considérables; la saison douce et humide, survenue ensuite, accrut encore les pertes.

L'opinion générale à Salzmünde est que la température dominante de l'année est le facteur influant le plus sur la qualité et la quantité de la récolte betteravière; le sol ne vient qu'en seconde ligne et agit par lui-même avec une plus grande énergie que les engrais. Il est donc difficile pour ne pas dire impossible de prédire le rapport d'une sucrerie pour l'année suivante.

Avec 14.50 p. 100 de sucre on arrive à gagner 262,500 fr. de plus qu'avec une récolte dosant, par exemple, 12.5 p. 100.

On doit aussi faire intervenir dans ces questions le prix du sucre brut, dont 50 kilogr peuvent valoir de 33 fr. 75 c. à 46 fr. 87 c. (27 à 37,5 marks).

Une différence de 10 à 12 fr. par 50 kilogr. conduit à un chiffre énorme, en présence des 2,000,000 kilogr. de sucre brut que livre annuellement Salzmünde.

Sur 50 kilogr. de matières sucrées contenues dans les betteraves, l'ancien procédé permettait d'extraire 32[k],500 à 40 kilogr. de sucre brut polarisant 92 à 93 p. 100, suivant le degré de perfection de la fabrication.

La méthode primitive a été remplacée par la diffusion; la

sucrerie, bouleversée de fond en comble, a conservé ses anciennes machines utilisées le mieux possible, mais l'achat des nouveaux instruments n'en a pas moins coûté 212,500 fr..

L'usine travaille aujourd'hui d'une manière irréprochable, grâce à sa nouvelle installation, faite par les soins des ingénieurs de la Halle'sche Maschinenfabrik de Halle-sur-Saale. Nous en donnons le plan exact. Au lieu de traiter 110,000 kilogrammes de betteraves par jour, on opère sur 170,000 en moyenne ; la quantité de sucre extrait est notablement augmentée et la campagne rapidement achevée, car l'opération est conduite avec beaucoup de précision et de propreté. Ces avantages ont permis à M. Zimmermann de solder en une campagne les dépenses d'une aussi grande amélioration.

Les betteraves, sortant du laveur, sont pesées par un employé de la douane, qui perçoit 1 fr. 25 c. par fraction de 50 kilogr.

Lorsqu'une sucrerie par action achète à des particuliers, elle est obligée de payer l'impôt, toujours le même, bien que la richesse saccharine soit très variable.

Ce mode d'accise est excessivement rationnel. La taxe qui, au premier abord, paraît un peu élevée, permet cependant aux fabricants allemands de réaliser de gros bénéfices ; elle oblige le cultivateur à produire de la betterave riche, et le directeur d'usine à employer les procédés d'extraction les plus perfectionnés. Il serait désirable de voir l'agriculture française profiter davantage des exemples que lui prodiguent les peuples voisins. Notre agriculture périclite, notre industrie sucrière se meurt, ceux qui devraient les soutenir restent apathiques, préférant se plaindre et gémir en implorant les secours de l'État, plutôt que de contribuer, dans la plus large part, par leur énergie et leurs efforts, à réparer le mal causé par leur incurie.

Appliqué au début d'une campagne, l'impôt sur la matière première causerait peut-être quelques ruines, car les sucreries montées par actions achetant la betterave à des particuliers, seraient obligées de payer l'impôt, toujours le même, bien que la richesse saccharine soit très variable.

Avec une usine comme celle de Salzmünde produisant les neuf dixièmes de ses racines sucrières et n'achetant que le complément aux cultivateurs voisins, les inconvénients sont moins grands, car on essaie d'obtenir la plus grande richesse possible, mais il faut encore compter avec les difficultés du lavage; lorsqu'une betterave est extraite par un temps humide, la terre adhère fortement à ses parois et il n'est pas facile de l'en débarrasser complètement; l'impôt est donc perçu, dans ce cas, sur les particules de terre encore adhérentes et l'eau sale ne contenant pas trace de sucre. Aussi pour amoindrir cette perte, a-t-on placé, à la sortie du laveur, un secoueur spécial à claire-voie, sur lequel les betteraves sont agitées afin de les alléger d'une certaine quantité de terre et d'eau avant de les laisser tomber dans l'élévateur conduisant à la chambre des employés de la douane.

On pourrait avantageusement aussi, pendant l'élévation de ces racines, les soumettre à l'action d'une ventilation énergique d'air chaud, facile à produire dans une usine à vapeur de cette importance. Toute l'humidité adhérente serait enlevée et la betterave pourrait se débarrasser, grâce à cette simple manipulation, d'une quantité fort appréciable d'eau contenue dans les cellules végétales périphériques.

Il est indispensable de faire connaître succinctement le nouveau procédé de diffusion, qui tend à prendre chaque jour en France une extension plus considérable.

Prenons, par exemple, un récipient contenant 1,000 kilogrammes de betteraves coupées en morceaux, renfermant 800 litres d'eau, 100 kilogr. de matières cellulosiques et

100 kilogr. de sucre; si nous arrosons cette quantité de racines avec 800 litres d'eau et que nous laissions macérer, pendant quelques heures, le jus sucré, en vertu de la loi d'endosmose et d'exosmose, va passer à travers les tissus, afin d'établir l'équilibre, entre l'eau pure et les liquides contenus dans la betterave. Par suite de cette première macération, 50 kilogr. de sucre seront passés dans les 800 litres d'eau; si, après avoir décanté cette quantité de liquide, nous la remplaçons par 800 autres litres d'eau pure, le même phénomène se produira, et sur les 50 kilogr. de sucre restant dans la betterave, 25 kilogr. passeront dans la seconde addition d'eau. Par une troisième opération nous arrivons à laisser 12^{k},500 de sucre seulement dans notre plante saccharifère trois fois lessivée. En répétant 5 ou 6 fois cette macération successive, il ne restera plus que des quantités de sucre inappréciables, mais les 4,000 litres d'eau employée contiendront 96.37 p. 100 du sucre renfermé primitivement dans les 1,000 kilogr. de betteraves.

Dans la pratique, en opérant de la sorte, on serait en présence d'une quantité de liquide trop considérable et les frais d'évaporation enlèveraient tout bénéfice; aussi a-t-on pensé à concentrer ces 800 litres, cinq fois renouvelés, en les faisant arroser des pulpes de betteraves plus riches en sucre que le liquide qui les baignait. L'équilibre s'établit toujours entre la betterave et l'eau s'enrichissant chaque fois d'une plus grande quantité de sucre.

Telle était la première idée; l'expérience du laboratoire s'est trouvée perfectionnée dans la pratique; en coupant les betteraves en rubans, on a facilité le contact des cellules végétales avec le liquide enveloppant et augmenté ainsi la rapidité de l'endosmose et de l'exosmose.

Le lessivage ne s'opère plus à froid, mais à 70°. On envoie sur une première cuve le liquide à 90°; arrivé au bas du diffuseur, l'équilibre de température et de densité s'est établi, mais si l'on vient à réchauffer ce liquide et à le ramener à sa température primitive, on a diminué sa densité ; alors injecté sur un deuxième diffuseur, il enlève encore une certaine quantité de sucre aux betteraves avec lesquelles on l'a mis en contact.

Tel est en quelques mots le principe du nouveau procédé si répandu en Allemagne et en Autriche. En France, il prend une grande extension ; aussi ne voulons-nous pas insister davantage sur les appareils employés pour cette nouvelle méthode.

Une longue description ne ferait pas mieux comprendre le jeu et la disposition de tous ces appareils qu'un simple coup d'œil jeté sur les dessins levés sur place, donnant les plans, coupes et élévation de cette nouvelle fabrique.

La planche D nous montre la batterie de diffuseurs, qui n'est plus disposée sur deux rangs, comme dans les anciens systèmes, mais occupe un emplacement circulaire. Plus tard, nous aurons à revenir sur les avantages qui résultent de cet aménagement. Le dessin fait voir le fonctionnement de la nouvelle invention de la fabrique des machines de Halle.

En regardant la planche S_1, nous voyons l'amorce d'un bâtiment, sans importance du reste et servant de magasin à betteraves directement déchargées des chariots dans des baies latérales pratiquées dans les murs. Une chaîne sans fin, *Ch,* traverse cette construction dans toute sa longueur et conduit les racines au double laveur.

Les betteraves, débarrassées de la terre, sont versées sur une table agitatrice à claire-voie, de chaque côté de laquelle quatre ouvrières armées de longs couteaux, la poitrine protégée par une planchette de bois, coupent les têtes de betteraves mal décolletées.

Les racines, glissant alors sur le plan incliné de la table

de l'agitateur (pl. S_2), sont entraînées par un élévateur et arrivent à la partie supérieure du bâtiment pour tomber dans deux wagonnets placés sur une plaque tournante, au-dessous des crochets de la balance, que manient les employés de douane chargés du prélèvement des impôts[1].

L'alimentation du disque à cossettes se fait d'une façon régulière, car chaque wagon pesé est aussitôt basculé dans la trémie conduisant aux 16 couteaux horizontaux chargés de découper la betterave en petites lanières affectant la forme d'un V. Ces rubans sont distribués par une auge qui tourne autour de la machine à cossettes, prise comme axe, dans chacune des onze cuves du diffuseur, disposées en cercle.

Dès qu'une capacité est remplie, la gouttière articulée se trouve fermée par une genouillère empêchant de tomber à terre les cossettes produites sans interruption.

Les pulpes épuisées sont déversées à l'intérieur de la couronne des diffuseurs, s'ouvrant tous à la partie inférieure au moyen d'une porte latérale fermée par une vis de pression. Au centre de ce cercle, se trouve une ouverture dans laquelle deux ouvriers, armés de fourches américaines, précipitent les résidus.

Une vis d'Archimède horizontale, installée dans une gouttière, entraîne ces pulpes vers un autre propulseur du même genre, dont le mouvement ascensionnel les conduit à l'étage supérieur pour être versées dans deux presses Klusemann perfectionnées, qui les compriment et les laissent ensuite tomber sur un plancher d'où elles sont projetées dans les voitures, pour le transport aux silos.

Les liquides chargés de sucre, dirigés dans une grande

1. Un second wagonnet se remplit de betteraves pendant la pesée du premier, le travail ne subit donc aucun temps d'arrêt.

cuve R, s'écoulent ensuite vers les chaudières de défécation double. A partir de ce moment, la marche de la sucrerie ne diffère en rien de celle que nous connaissons, les jus filtrés au noir sont soumis à l'action de l'appareil à double effet allemand, qui remplace le triple effet français.

La cuite en grains s'effectue dans l'ancienne chaudière avec le courant de vapeur directe passant dans un serpentin; la masse cuite s'écoule par la partie inférieure et vient tomber dans des caisses prismatiques en tôle, où elle séjourne trois à quatre jours.

A partir de ce moment, ces gâteaux sont malaxés avec des sirops, puis turbinés et le premier sucre brut se trouve extrait; les seconds et troisièmes sucres sont obtenus suivant la méthode ordinaire.

La planche D nous donne le plan et l'élévation de la batterie circulaire de onze diffuseurs, en indiquant la marche de la vapeur, de l'eau, des jus et de la gouttière à genouillère accrochée sous la machine à cossettes, ainsi que le cercle en maçonnerie pour l'écoulement des eaux des pulpes diffusées. La planche S_1 présente les plans, coupes et élévation de l'amorce du transporteur de betteraves, du double laveur, du secoueur et le plan de l'élévateur, ainsi que les presses Klusemann avec les cinq rangs de filtres-presses. La coupe du laveur, du secoueur, de l'ascenseur et des diffuseurs, d'après la section EF, est indiquée planche S_3. A droite, l'élévation CD montre surtout l'ascension des pulpes aux presses; enfin un plan de la batterie de diffuseurs, de la plaque tournante, des wagonnets de la machine à cossettes, etc., est consigné planche S_4.

L'ensemble de la fabrication, plans, coupes, élévations des ascenseurs, de la machine à cossettes, des diffuseurs, du tuyau d'écoulement, des eaux de pulpes, des filtres, etc., est réuni en S_2. La planche S_7 donne le détail d'un nouvel aménagement de fours destinés à la régénération et surtout à la cuisson du noir animal déjà épuisé.

Dans ce système très économique, huit colonnes en fonte forment le premier rang de la batterie, dont la hauteur maxima atteint 3^{m},70. Quatre séries sont ainsi disposées les unes devant les autres, mais leur longueur va toujours en diminuant, afin de pouvoir facilement faire écouler le noir régénéré à la partie inférieure, sans gêner le jeu des ouvertures. Nous avons aussi donné l'élévation des portes d'entrée du fourneau qui sert au chauffage de cette série de tuyaux, connue en Allemagne sous le nom de tuyaux d'orgues à noir.

Insister davantage sur la description de ces plans me semble inutile, les cotes, relevées sur place aussi scrupuleusement que possible, doivent en rendre la lecture facile.

Les planches S_5 et S_6 nous montrent un four à chaux d'un système particulier.

Ce n'est plus cette immense construction en briques qui finit toujours par se fendre et s'écraser. Entièrement en fonte d'une grande épaisseur, reposant sur un massif de maçonnerie, ce four est muni de 12 carneaux; comme les autres machines, il a été construit par la fabrique de Halle. Toutes les transmissions se font au moyen de câbles et poulies métalliques, actionnés par les machines de la sucrerie.

Dans ce bâtiment trouve également place un malaxeur pour la formation du lait de chaux, envoyé directement par des pompes à la fabrique de sucre, qui reçoit aussi, aspiré par des machines spéciales, l'acide carbonique passant par les conduites réservées à sa distribution.

Une des plus importantes de Salzmünde, cette usine, dont je viens de faire une description très succincte, ne laisse rien à désirer en tant que fabrique agricole, mais si nous l'envisageons au point de vue purement industriel, elle est déplorablement organisée.

Il semble qu'on ait cherché à multiplier à plaisir les chances d'accidents, en accumulant dans cet espace un si grand nombre de chaudières et de machines à vapeur exigeant une surveillance de tous les instants, et dont quelques-unes datent de 1847. Toutes les transmissions sont, pour la plupart, mal installées; perdant beaucoup de la force produite à transporter par la distance, leur organisation défectueuse ne pourra jamais être assez surveillée, malgré la vigilance du directeur, qui doit encore vérifier la marche de l'usine à gaz et la chaudronnerie. Cette sucrerie parviendra néanmoins, dans un avenir assez rapproché, à occuper le premier rang dans la Saxe entière. Déjà ses produits l'emportent sur ceux de ses rivales, et bientôt l'aménagement intérieur, dont on se préoccupe à juste titre, fera place à une disposition irréprochable.

Il ne faut pas oublier qu'une entreprise agricole n'est pas une affaire montée par actions, et qu'une dépense, faite il y a dix ans, n'est pas toujours amortie au moment où nous parlons. On doit essayer de rentrer dans ses déboursés; c'est la seule excuse, et elle est valable pour un Allemand pratique.

Quant à l'amélioration apportée par l'introduction de la batterie de diffuseurs, on doit reconnaître qu'elle n'est pas seulement bonne, mais parfaite. Par cette disposition on réalise une grande économie de temps et d'argent; deux ouvriers suffisent pour peser les betteraves, chargées dans les wagonnets et les distribuer à la machine à cossettes [1].

Un ouvrier et un enfant alimentent avec la gouttière mo-

---

1. Les douaniers chargés de vérifier le poids des betteraves sont au nombre de trois et font le service de la manière suivante : le premier s'enferme dans sa cabine de 6 heures du matin à midi, le second de midi à 6 heures du soir, le troisième de 6 heures du soir à 6 heures du matin. La tâche de ce dernier est la plus dure, mais ces employés savent se répartir mathématiquement la besogne et chaque douanier fournit en somme la même quantité de travail.

bile tous les diffuseurs disposés en couronne ; ils en lavent, à la lance, l'intérieur aussitôt vidé, avant d'y introduire de nouvelles pulpes.

Les cossettes épuisées ne tombent plus sur le plancher par l'ouverture inférieure, comme dans le système à deux rangs, mais passent par des portes latérales ouvertes par deux autres ouvriers, chaussés de grandes bottes et armés de fourches. Les pulpes arrivent sur une grande plaque de fonte intérieure à orifice circulaire central, par lequel ils les poussent, pour être entraînées par la vis d'Archimède aux presses Klusemann dont nous avons parlé.

Avec cette diffusion, qui donne environ 2 $^1/_2$ à 3 $^1/_2$ p. 100 de sucre en plus, travaille avec une rapidité $^1/_3$ plus grande que celle de l'ancien système et présente une propreté indiscutable, nous sommes en présence de pulpes très inférieures en qualité. Au lieu de 72 à 83 p. 100 d'eau obtenus au maximum par les presses continues, nous arrivons à 85 et 90 p. 100. Cette perte, au point de vue alimentaire, se trouve largement compensée par la qualité et la quantité de sucre[1] fabriqué alors avec une plus grande célérité.

Il y a donc économie de main-d'œuvre puisqu'il faut moins d'ouvriers, propreté incontestable, toujours appréciée dans une usine, une quantité de sucre plus considérable, et enfin les produits bruts ne polarisent plus seulement 92 à 93 p. 100, mais n'accusent jamais moins de 97.8 à 99 et quelquefois 99.1 p. 100, comme on peut s'en convaincre en faisant l'analyse des échantillons que nous avons rapportés et déposés au laboratoire de l'Institut agronomique.

Malheureusement, au moment où nous avons prélevé ces

---

1. Les sucres bruts sont presque tous vendus à Magdebourg, une faible partie est livrée à deux grandes raffineries de Halle, montées par une société d'actionnaires qui compte M. Zimmermann parmi ses membres.

produits, nous nous trouvions dans une des plus tristes périodes qu'aura traversées l'industrie sucrière.

Malgré tous ses efforts, Salzmünde a deux fois suspendu ses travaux et c'est à la reprise, lorsque les betteraves chargées de boue étaient transportées avec mille difficultés, que nous avons été obligé de prélever nos échantillons, quand, fatalement la fabrication subissait le contre-coup de ces conditions défavorables. Il nous a été impossible de donner une preuve aussi bonne de la perfection du travail de cette usine agricole ; néanmoins ses sucres bruts, ses sirops, sont encore les plus beaux de toutes les sucreries de la contrée.

La fabrique de sucre et la distillerie, dont nous allons parler, occupent pendant la campagne 500 ouvriers des deux sexes et absorbent à elles seules le travail de tous les attelages de l'exploitation pendant la saison d'hiver.

Les chariots vont chercher à une distance de 12 kilomètres, au plus, les betteraves et pommes de terre ensilées dans les champs ; ils transportent en outre 120,000 kilogr. de houille terreuse, font les charrois de betteraves, légumes, paille, houille, pulpes, chaux, composts, argiles, sables, etc., nécessaires aux diverses fermes ; ces voitures se suivent, se croisent et donnent à Salzmünde une animation extraordinaire, un va-et-vient bruyant qui rend encore plus vivant ce village si animé par ses industries diverses.

DISTILLERIE.

La distillerie, modèle d'organisation et d'élégance, construite en 1855, a atteint le but proposé : mener de front l'extraction de l'alcool de pommes de terre et l'extraction de celui des mélasses.

Cette usine possède 18 grandes cuves d'une contenance

moyenne de 3,687 litres. Tous les jours, cinq d'entre elles sont remplies du mélange distillatoire, pendant que cinq autres fermentent, opération qui dure en moyenne 72 heures. Il reste donc trois cuves alternativement libres pour faciliter le nettoyage à fond. (Pendant deux mois de l'été, on se contente de travailler 6,250 kilogr. de mélasse par jour.)

En temps ordinaire, on remplit trois cuves de pommes de terre et deux de mélasses. Les résidus s'écoulent dans une citerne commune, d'une contenance de 22,000 litres [1].

La campagne commence ordinairement au 15 août, époque à laquelle la pomme de terre blanche atteint un degré de maturité suffisant.

L'installation de cette distillerie offre le grand avantage d'avoir à proximité une cave à pommes de terre pouvant contenir en réserve une provision de 250 à 280 hectolitres, qu'on est heureux de trouver, en temps de pluie ou de fortes gelées, au moment des arrivages difficiles. Grâce à cette précaution, il est possible de travailler pendant une vingtaine de jours sans interruption, en attendant la fin des intempéries.

Cette cave se compose de douze voûtes entre-croisées, au centre desquelles est pratiquée une ouverture de $0^{m},66$, destinée au passage des pommes de terre directement déchargées dans le sous-sol. Un escalier tournant la fait communiquer avec le premier étage de la distillerie, où s'opère, à l'eau chaude, le lavage des pommes de terre.

Le laveur est un grand tambour, qui rejette directement les tubercules dans deux chaudières à vapeur d'une capacité de 3,867 litres chacune ; envoyés ensuite à la presse puis au malaxeur, ils tombent enfin dans une cuve jaugeant 4,920 li-

1. L'emploi de ces résidus distillatoires a été traité dans le chapitre concernant les rations alimentaires.

tres. Toutes ces manipulations, effectuées à l'aide de machines, suppléent très avantageusement au travail à bras des ouvriers [1].

L'addition de malt vert faite pendant la trempe est de 3^k,500 par fraction de 50 kilogr. de pommes de terre, et nulle pour les mélasses. La transformation en sucre interverti s'opère par la cuisson, en ajoutant un peu d'acide sulfurique ou chlorhydrique ; 0^k,500 d'acide sulfurique à 50° B. ou 1 kilogr. d'acide chlorhydrique pour 50 kilogr. de sirop. L'emploi de ce dernier acide est fort rare ; on le préfère cependant à l'acide sulfurique quand la fermentation des mélasses devient difficile.

La masse trempée et chaude est refroidie dans un grand appareil réfrigérant, cylindre mesurant 10 mètres de diamètre et jaugeant 16,000 litres. Cet appareil, autrefois formé de plaques de fer forgé, est aujourd'hui construit en plaques de fonte de 1^{mq},33, boulonnées sur joints de caoutchouc, disposition offrant une plus grande résistance. Des manivelles armées de fourchettes servent à remuer et ventiler la masse en accélérant le refroidissement, pour lequel on a recours, en été, à la glace conservée à cet effet dans cinq grandes glacières [2].

La trempe des pommes de terre a lieu par 16° à 17° C., celle des mélasses par 25° C. La même levure, connue sous le nom de *Goumbinner,* employée pour ces deux opérations dans la proportion de 2 p. 100 du poids, est préparée par le directeur de la distillerie, avec des dragées de malt torréfié bien pur.

1. La machine à vapeur de cet établissement, placée près des appareils distillatoires, possède une force de 16 chevaux.

2. La provision de glace est faite avec tant de soin, qu'on peut en conserver d'une année à l'autre. Considérée à Salzmünde comme indispensable, elle rend d'immenses services à la laiterie et aux ménages.

Nous signalerons en passant les belles caves affectées à la germination de l'orge, qu'on pousse un peu trop loin à mon avis, car on laisse trop se développer la gemmule ou plumulle, suivant l'expression des gens du métier.

La distillation s'effectue au moyen de deux grands appareils construits à Fallström et à Nimburg-sur-Saale, d'après le système perfectionné de Pistorius. Ils jaugent 3,500 litres et sont analogues aux colonnes Savalle, mais un peu inférieurs comme travail.

L'alcool coule à la partie inférieure par deux ouvertures, dans un tonneau, d'une capacité de 4,000 litres, placé en dehors de la distillerie.

C'est là qu'on le débite au poids en prenant pour base la table de Fischer, le titre moyen est de 84°.

D'après les renseignements relevés sur les registres des trois dernières années, chaque cuve de trempe jaugeant 3,687 litres a fourni 417 litres d'alcool de pommes de terre, environ 9 p. 100 en moyenne, et 395 litres d'alcool de mélasse à 84°. Les frais généraux, y compris l'amortissement, s'élèvent exactement à 0 fr. 0125 par litre de trempe.

La dernière campagne a utilisé 5,150,000 kilogr. de pommes de terre, 350,000 kilogr. d'orge et 475,000 kilogr. de mélasses. Les contributions fiscales se sont élevées à 375 fr. par jour.

Sans être montée d'une façon remarquable, cette usine travaille bien et, si elle n'est pas à la hauteur des progrès réalisés par l'introduction des appareils nouveaux, ses produits sont de première qualité et recherchés par les distillateurs de Nordhausen, qui, après une addition de moitié d'eau et d'une teinture au caramel, les vendent comme le schnapps le plus parfait de l'Allemagne.

Nous n'insisterons pas sur la fabrication de l'alcool à Salzmünde, le fonctionnement des appareils employés n'offre rien de particulier, et nous n'avons aucune machine nouvelle à signaler.

Les planches DS_1, DS_2, DS_3 nous donnent tous les renseignements désirables sur l'heureuse disposition de cette fabrique, l'emplacement de ses machines et l'élégance même de la construction en général.

MOULIN.

Un moulin à eau, construit d'après l'ancien système, se composant de deux paires de meules pour la mouture des grains, d'une meule à huile et d'une transmission pour la scierie mécanique, formait en 1862 tout l'ensemble de cette usine mise en mouvement par l'eau de la Salze, petite rivière qui se jette dans la Saale à 300 ou 400 mètres de l'usine.

L'idée première d'introduire dans cette construction toutes les améliorations nouvelles fut, après réflexion, complètement abandonnée, et le moulin que nous admirons aujourd'hui a été édifié sur un autre emplacement, par les soins de M. Kühl, ingénieur à Halle. La nouvelle construction devait servir à la mouture du blé, à la préparation de l'orge mondé et à la fabrication de l'huile.

Les turbines, en cas de manque d'eau, devaient être soutenues par une machine à vapeur, afin de suppléer à toutes les brusques variations du courant; la construction comportait en plus des ateliers proprement dits, des greniers spacieux, il fallait donc un bâtiment à charpente solide, capable de résister à de fortes charges.

Satisfaire à toutes ces obligations, en agissant avec économie, et ayant à lutter avec les eaux de la Salze, au débit si variable de $0^{mc},274$ à $3^{mc},375$ par seconde, n'était pas chose facile.

La baisse, suivant la moyenne des saisons, varie de $3^{m},454$ à $2^{m},669$ en 6/10 de temps, de $2^{m},669$ à $1^{m},570$ en 3/10 et de $1^{m},570$ à 0^{m} en 1/10 de temps. Souvent même pendant les plus fortes crues, les eaux de la Saale s'élèvent à $0^{m},942$ au-dessus du niveau ordinaire de la Salze, très souvent presqu'à sec quand la Saale commence à rentrer dans son lit.

Il fallait donc chercher un système de transmission à la fois léger et simple, afin de ne pas absorber par les frottements une grande partie de la force hydraulique quand les eaux viendraient à baisser ou manquer.

Le plan de l'ingénieur Kühl répondit à toutes ces exigences; aux deux turbines et à la machine de 30 chevaux, il ajouta une roue à aubes pour parer à toute surprise. La construction, commencée en 1861, fut achevée en 1862 et en octobre de la même année les moulins à huile et à farine étaient en marche. Le moulin à monder l'orge et la scierie furent installés dans le courant de 1863, ainsi que la machine à vapeur dont le tirage des foyers est activé par une belle cheminée de $18^{m},84$ d'élévation. Elle est munie de deux grands générateurs produisant une quantité de vapeur suffisante pour alimenter le moulin à os, la scierie mécanique, et servir encore au chauffage de la maison d'habitation du propriétaire.

Dans les greniers sont installés deux réservoirs approvisionnés par une pompe puisant, dans un puits creusé pour ce service particulier, l'eau distribuée non seulement dans toutes les parties du moulin, mais encore aux étables, laiteries, cuisines, jardins, fontaines et jets d'eau de Salzmünde.

Ce n'est pas là, il faut bien le reconnaître, une méthode économique; mais par combien d'agréments utilitaires cette dépense n'est-elle pas compensée!

La force maximum des turbines est de 12 et 20 chevaux, total 32 chevaux-vapeur. Si la chute d'eau de $3^m,454$ s'abaisse à $1^m,627$, les turbines produisent seulement une force effective de 12 chevaux. D'après les diverses variations du cours de la Salze, on ne pouvait établir que des turbines à réaction ; mais, d'un autre côté, une machine de ce genre ne produit son effet utile qu'en agissant avec toute sa force, aussi en cas de baisse ne laisse-t-on fonctionner qu'une seule turbine ; le surplus de la force hydraulique disponible est dirigé sur la roue à aubes mobiles.

Le problème est ainsi résolu par la mise à profit de la moindre parcelle de force motrice et la protection contre les crues rapides de la rivière, assurée au moyen de la roue à aubes.

Les bâtiments du moulin, non compris la scierie, couvrent une superficie de $1,981^m,65$; le corps principal renferme cinq étages et deux greniers superposés. Le plancher du rez-de-chaussée est élevé de $0^m,366$ au-dessus du niveau des plus hautes eaux [1]. A l'entrée du moulin et au milieu du palier, où sont déchargés et chargés tous les produits, se trouve installé un ascenseur, qui évite des pertes de temps considérables dans la manipulation des marchandises.

Les deux turbines suffisent amplement, en temps ordinaire, à mettre en mouvement les moulins à farine, orge mondé et huile. Quatre paires de meules et quatre cylindres à farine, une machine à concasser, monder et nettoyer les grains, constituent le moulin proprement dit, avec deux paires de meules spéciales au triple bluteau, deux ventilateurs et une vis d'Archimède pour diriger les grains vers les différentes machines. Nous remarquons ensuite un cylindre à trier le gruau, un élévateur à hélice, pour les blés égrugés ou glacés au cylindre, enfin un autre petit ascenseur.

1. Les frais de construction et de terrassement ont coûté 157,500 fr.

Ainsi monté, ce moulin peut en 24 heures convertir 4 muids de grains en farine, soit 3,620 kilogr., le muid étant de 905 kilogr.

Il est entré en 1881 :

381,910k	de froment produisant en farine	274,248k	et en son	96,595k	
714,950	de seigle — —	472,680	—	224,452	,8
167,425	d'orge — —	141,804	d'orge égrugée.		

La vente eut lieu dans les proportions suivantes :

	FARINE de froment.	FARINE de seigle.	SON et farine d'orge mondé pour fourrage.	ORGE mondé.
Vente en gros	165,812k,400	198,198k	56,160k	3,744k
Vente au détail.	94,395 ,600	191,946	58,500	39,780
Consommation faite par l'exploitation	14,040 ,000	82,536	232,008	98,280
Total	274,248k,000	472,680k	346,668	141,804k

Le moulin ne moud pas pour le public, mais vend en détail aux familles d'ouvriers, aux boulangers et même à certains propriétaires voisins, heureux d'y venir faire leurs approvisionnements. Non loin de l'usine s'élève un bâtiment spécial, destiné à cette vente au détail ; on y trouve toutes les qualités de farines, classées par numéros, vendues au poids et à des prix fixés chaque semaine par la direction, sur la base des mercuriales des marchés de Halle et de Magdebourg.

La qualité des produits a beaucoup contribué à la renommée du moulin de Salzmünde. L'employé chargé de la vente reçoit la farine de l'inspecteur, qui ne peut livrer qu'au comptant ; il est donc responsable de tout crédit accordé, et de plus chargé du débit des légumes et pommes de terre au détail. L'échange est encore en usage dans cette maison de vente, qui livre volontiers de la farine contre des céréales ou des légumineuses ; les prix sont indiqués sur des tableaux affichés en évidence.

La vente de farines au détail a produit la première année 101,250 fr. et 143,750 fr. au dernier inventaire.

Le moulin à huile comprend deux meules, un cylindre, deux chauffe-semences et une presse quadruple en fer, à moules ronds pour la compression des tourteaux sous toile; le démoulage s'obtient mécaniquement par un système spécial.

Quatre ouvriers peuvent en 24 heures convertir 2,700 kilogr. de semences en tourteaux et produire 900 à 975 kilogr. d'huile et 1,500 à 1,600 kilogr. de pain d'huile.

Le moulin à orge travaille avec deux paires de meules disposant d'un mécanisme indépendant (*self-active* et *self-service*). Trois machines servent au triage et sortissage; enfin deux élévateurs, une machine à chiqueter et un ventilateur complètent cette organisation qui permet de transformer, par 24 heures, 1,800 kilogr. d'orge en orge mondé mi-fin ou 1,350 kilogr. en fin.

Les produits en orge mondé se sont élevés, en 1881, à 105,000 kilogr. dont la plus grande partie était le n° 0 (fin), 46,500 kilogr. de farine et 165,000 de son, employé comme fourrage. Quoique Salzmünde fabrique tous les numéros connus, la qualité 0 (fin) est la plus demandée; la vente est ainsi répartie:

3,012	consommation des ménages de l'exploitation.
4,680	vente en détail.
90,558	vente en gros.
98,280	d'orge mondé en totalité.

La consommation de la farine d'orge s'élève :

Pour les ménages de l'exploitation à	25,740	kilogr.
Vente en détail	4,680	—
Vente en gros.	13,104	—
Total	43,524	kilogr.

Dans le courant de l'année 1881 à 1882, le moulin primitif fut augmenté d'une aile, dont nous représentons les plans, coupes, élévations avec les dispositions intérieures (planche M_4). Cette construction nouvelle destinée à l'emmagasinage des grains, farines et de toutes les semences et graines de l'exploitation, verra son aménagement intérieur achevé au printemps prochain.

Une photographie, Pl_1, donne la vue d'ensemble de tout l'édifice et les plans joints à cette étude en font connaître les parties les plus importantes. La planche M_1 présente deux coupes transversales et une coupe longitudinale, ainsi que l'emplacement des machines, complètement modifié en 1882. Dans les planches M_2 et M_3, nous voyons, à une plus petite échelle, l'ensemble de la fabrique, les parties capitales du moulin à huile, ainsi que le moulin à orge aux troisième et quatrième étages.

Nous croyons pouvoir donner une idée exacte de la façon dont le travail est exécuté, et de toutes les phases transitoires par lesquelles doit passer le grain avant d'arriver à l'état de farine, par la collection d'échantillons des diverses séries que nous avons déposées à l'Institut agronomique.

Les produits ne paraissent pas aussi beaux que certains types de l'industrie française, mais il faut penser que nous nous trouvons en présence d'une usine dont la plupart des machines ont été construites en 1862, et que la mouture basse a seule été en honneur jusqu'ici.

Au printemps prochain les meules anglaises à mouture haute doivent être substituées aux anciennes, les vieux cylindres feront place aux nouvelles machines autrichiennes, et M. le directeur Lœffla, que nous sommes heureux de pouvoir remercier de son extrême obligeance, a bien voulu nous promettre des échantillons de la nouvelle fabrication.

TUILERIE.

Fondée en 1850, cette usine ne tarda pas à jouir, grâce à la supériorité de ses produits, d'une faveur méritée, son agrandissement s'accrut de jour en jour, grâce au perfectionnement continuel de sa fabrication. Vers 1860, les procédés en usage furent complètement modifiés par l'introduction des machines à vapeur pour le moulage des briques, des frères Sachsenberg, de Rosslau-sur-Elbe. En même temps que la main-d'œuvre était considérablement réduite, la production augmentait dans une proportion inverse; on arriva à fabriquer en moyenne 7,000,000 et même 8,500,000 briques, quand la saison était favorable.

Cette usine produit trois sortes de briques réfractaires aussi parfaites que celles d'Angleterre, les n°s 1 et 2 coûtent de 93 fr. 75 c. à 112 fr. 50 c. le mille, et sont achetées par les forges, fonderies, hauts-fourneaux du voisinage. La troisième qualité, du prix de 56 fr. 25 c., est très suffisante pour les voûtes de foyers de machine à vapeur et les fours ordinaires.

La matière première servant à la fabrication des tuiles, briques, tuyaux de drainage, carreaux, etc., est l'argile produite par la désagrégation d'un grès attaqué par les agents atmosphériques, dont on utilise journellement 200,000 kilogr. Cette terre sert à faire aussi des pierres poreuses pesant seulement 1^{k},500 au maximum, des tuyaux de drainage mesurant de 0^{m},026 à 0^{m},235 d'ouverture, des carreaux de 0^{m},10 à 0^{m},15 de côté, des corniches, des objets d'ornements artistiques, des garnitures de plates-bandes, de murs de clôture, des mitres, vases, etc., en un mot, toutes les poteries qui, en Allemagne, jouent un grand rôle dans la construction des bâtiments. Avec l'argile commune sont fabriquées les briques et tuiles rouges plates ou à recouvrement.

La préparation de la terre est assez difficile, il faut l'utiliser aussitôt extraite du terrier, l'hivernage étant presque impossible étant données les quantités considérables qu'on emploie. On la fait alors séjourner 24 heures dans des cuves remplies d'eau, pour la rendre plus malléable ; après malaxage, elle est envoyée au coupeur, qui l'additionne de sable, de houille terreuse, de cendres provenant de la combustion de la houille et de petits cailloux de porphyre.

La fabrication exige par jour deux coupeurs d'argile pour la brique, deux pour la terre à tuiles et deux autres pour préparation de l'argile proprement dite destinée aux pièces plus fines. Les tuyaux de drainage et les briques mécaniques demandent deux coupeurs pour les masses ordinaires et trois pour les masses poreuses.

On produit journellement :

A l'aide de quatre machines.	52,000	briques moulées.
Pour utiliser l'argile fine	7,000	tuyaux de drainage ou briques creuses.
	7,000	pièces avec 5 moules.
	6,000	tuiles avec 5 moules.
Pour cheminées et angles de mur . .	25,000	briques de formes diverses (avec 2 moules).
Avec une presse à main	500	carreaux.
Total	75,000	pièces par jour.

L'argile est extraite du terrier de Dölau, situé à environ 4 kilomètres de la tuilerie; arrivée à destination après avoir séjourné dans les cuves, elle passe entre deux cylindres broyeurs et tombe dans des boîtes cylindriques verticales, munies d'un axe central à bras horizontaux en hélice, qui la malaxent, et l'obligent à s'échapper par la partie inférieure de l'appareil (disposition analogue à celle des presses Klusemann). Ainsi traitée, l'argile est portée en masses de 40 à 50 kilogr. au mouleur, qui lui fait subir le mélange signalé précédemment, et l'utilise soit à la main, soit à l'aide des machines. La presse continue servant à mouler la brique, présente un très grand avantage sur le système français : au lieu de couper les briques en bout, à l'aide de fils de fer, on les tranche sur le plat; de cette façon, les quatre côtés extérieurs sont toujours lisses, à arêtes vives et bien moulées ; les parties plates, qui doivent être en contact avec le mortier, sont plus rugueuses, par suite plus adhérentes, et concourent ainsi tout à la fois à la solidité et à l'élégance de la construction.

Les briques poreuses sont très légères et plus solides que les briques creuses ordinaires ; le charbon brun mélangé à la terre, brûle pendant la cuisson, qu'il active encore et laisse de nombreux vides à l'intérieur de ces matériaux plus résistants à l'écrasement que les produits percés de trois ou de six trous.

Le moulage des tuyaux de drainage s'effectue presque toujours à l'aide d'une machine à bras composée d'une caisse en fer que l'on ferme par un couvercle après l'avoir remplie de terre. Deux manivelles actionnent un fond mobile, vertical qui, chassant devant lui l'argile, vient la comprimer fortement contre la plaque percée de trous circulaires, munis d'un disque central, et la force à sortir en tuyaux. Les trous varient suivant les grosseurs à obtenir.

Toutes les briques réfractaires défectueuses sont mises de côté et broyées pour servir à la confection d'un ciment particulier. Le broyage a lieu dans une auge en fonte à claire-voie, au moyen de pilons en bois armés d'une tête en fer et mis en mouvement par un axe garni de bras hélicoïdaux, qui les soulèvent pour les laisser retomber ensuite sur la masse à réduire en poudre. Ce produit tamisé (les trop gros morceaux sont passés de nouveaux au broyeur) est employé pour la confection du mortier destiné à la construction des fours.

La surface de cette usine étant de 4 hectares, on a jugé utile d'y construire un chemin de fer pour faciliter le transport des terres préparées et des marchandises.

Les briques sont séchées en plein air par piles de 2 mètres de hauteur et de largeur variable, protégées de la pluie par de petites toitures mobiles.

Trois machines à vapeur de 70 chevaux donnent le mouvement à cette usine, comprenant 27 fours de construction diverse suivant la marchandise à cuire, chauffés à la houille, et disséminés çà et là sur la superficie de la tuilerie.

En 1871 fut construit, à l'extrémité du terrain occupé par la tuilerie, un grand four circulaire à feu continu, système très répandu en France et qu'il est inutile de décrire ici.

La consommation annuelle de la houille terreuse s'élève à 4,000,000 de kilogrammes pour le chauffage des fours et chaudières à vapeur.

La quantité d'argile moulée s'élève à 25,000,000 de kilogrammes dans cette fabrique, qui, en pleine activité, occupe 300 ouvriers, hommes et enfants travaillant tous à la tâche.

Un homme peut gagner, par jour, 2 fr. 50 c. à 3 fr. 12 c., un enfant 0 fr. 70 c. à 1 fr. 50 c.

Les produits fabriqués sont transportés à Halle et surtout à Magdebourg par les bateaux du propriétaire, qui jaugent de 1,600 à 3,000 tonnes.

Pris à Salzmünde, les produits coûtent le mille :

Briques fines (*Klinkersteine*)[1]	41f 25
Tuyaux de drainage (grosseur moyenne) . .	41 25
Briques rouges pour murailles	41 25
Briques poreuses.	33 75
Tuiles plates	33 75

Cette usine tend à perdre de son importance par suite de

1. Les briques fines (*Klinkersteine*) pèsent 4,000 kilogr. le mille et mesurent 0m,26 sur 0m,12 avec une épaisseur de 0m,065.

la concurrence des briqueteries voisines échelonnées sur le cours de la Saale; les terriers éloignés rendent les transports de terre trop coûteux; ne pouvant plus lutter avec avantage, elle néglige les perfectionnements nouveaux et ne tente plus rien pour se tenir à la hauteur de sa réputation première. Cette année elle n'a pas travaillé trois mois; puis, il faut bien le dire, les ouvriers font défaut.

La sucrerie, la distillerie et autres fabriques augmentent sans cesse d'importance et absorbent tous les bras. Aussi, lorsque les travaux de l'été deviennent trop pressants, on n'hésite pas à retirer à la tuilerie ses moyens d'existence, pendant la saison même où elle peut produire le plus. On sait qu'elle ne donnera plus de très beaux bénéfices; elle a fait son temps, on la sacrifie. L'esprit pratique des Allemands se retrouve toujours en pareille circonstance.

Nous avons fait une photographie panoramique qui donne une idée de l'importance de cette fabrique formant, à elle seule, un petit village situé à l'entrée de Salzmünde. (Voir planches 1, 2, 3.)

Dans la dernière de ces trois photographies, au milieu et presque sur la hauteur, on remarque un grand bâtiment plus élevé que les autres, c'est là que s'exécutent les différentes manipulations et purifications de la terre à porcelaine. Cette usine est la seule en activité toute l'année. Nous examinerons dans un chapitre particulier, la marche des diverses opérations qu'elle exécute.

EXTRACTION ET VENTE DE L'ARGILE.

Le sol de Salzmünde renferme, comme on sait, de grands trésors; les pierres à bâtir, porphyre et grès, abondent dans la contrée, à côté de la houille terreuse, du sable blanc, pur de toutes traces de fer, de la pierre à chaux et surtout des différentes espèces d'argiles. Nous donnons des échantillons de tous ces produits.

On distingue trois sortes principales d'argile :

1° L'argile réfractaire de Bennstedt;

2° L'argile à kaolin de Lettin, Morl et Sennewitz;

3° L'argile proprement dite de Dölau.

Depuis longtemps, la proximité de la Saale a permis d'exploiter cette source de richesse, et au commencement du siècle un des propriétaires, M. Boltze, eut l'idée de faire le commerce de l'argile, qui a pris depuis une extension considérable. La terre réfractaire de Bennstedt est expédiée dans presque toute l'Allemagne du Nord, en Danemark et même jusqu'en Russie.

Très recherchée pour la fabrication des moules ou capsules de porcelaine réfractaire, elle est employée de préférence à toute autre dans les fabriques royales de Berlin, dont la réputation est universelle. L'exportation annuelle de ce produit s'élève à 150,000,000 de kilogr. ; le transport a lieu par eau sur la Saale, dans des bateaux spéciaux construits pour cet usage.

Le prix de cette argile est de 0 fr. 375 à 0 fr. 625 les 50 kilogr., suivant son degré de pureté et son triage.

Pour 100 parties d'argile anhydre, un échantillon moyen contient pour cent :

Oxyde de fer	0.71
Chaux	0.10
Potasse et soude	0.54
Terre argileuse pure soluble dans l'acide chlorhydrique	13.65
Argile mélangée à des traces d'acide scilicique et quartz	85. »
Total	100. »

La faible proportion des matières fusibles (oxyde de fer, chaux et potasse) explique son inaltérabilité, qui lui a vite conquis une grande renommée.

Employée comme argile à capsules, elle sert aussi dans les fabriques de faïence, les fonderies, et rend de grands services aux sculpteurs et fabricants de cadres ayant besoin d'une argile des plus pures.

La terre kaolinifère de Lettin, contenant environ 25 p. 100 de kaolin d'une blancheur et d'une pureté remarquables, s'expédie chaque année par quantités de 3,000,000 à 4,000,000 de kilogrammes, au prix de 0 fr. 375 à 0 fr. 50 c. les 50 kilogr. Pour éviter des frais de transport considérables, la plus grande partie de ce produit est traitée dans l'usine destinée au lavage des terres à porcelaine, dont on retire la matière précieuse, le kaolin.

L'extraction de la matière première rencontrée parfois à fleur de terre, et plus souvent entre 7 et 13 mètres de profondeur, a lieu, comme pour la houille terreuse, au moyen de puits et de galeries. 30 à 40 ouvriers, dirigés par un chef mineur, sont occupés à ce travail. L'argile proprement dite est exploitée à ciel ouvert dans les environs de Dölau, sur des terrains de la propriété, et achetée aussi en grande partie à des agriculteurs de Bennstedt et Cölme avec lesquels des contrats spéciaux ont été passés.

Le sable blanc quartzeux, qu'on rencontre en masses considérables, et quelquefois par gisements isolés, donne lieu à un grand commerce avec les fabriques de porcelaine et les verreries ; mais cette industrie est loin d'égaler en importance celle des argiles.

Lavage des terres à porcelaine. — L'établissement destiné au lavage de la terre à porcelaine fait partie de la tuilerie. La terre brute, provenant de la décomposition du porphyre par les agents atmosphériques, est délayée dans une certaine quantité d'eau (2 mètres cubes environ par 50 kilogr. de terre) et agitée par un laveur analogue à celui des betteraves de la sucrerie. La bouillie claire ainsi formée s'écoule dans des rigoles conductrices et des cuves, où se déposent d'abord les corpuscules les plus pesants, pour se rendre dans huit grands bassins en briques recouvertes d'un enduit de ciment.

Le kaolin, pur de tout mélange, est abandonné sous forme de précipité blanc épais; l'eau clarifiée s'écoule par un robinet, dont l'ouverture est placée un peu au-dessus du dépôt. Afin de ne pas agiter la surface du précipité et d'en entraîner une certaine quantité avec les eaux de lavage, les robinets sont munis de bagues mobiles, qui ne laissent filer qu'une couche d'eau de $0^m,02$ à $0^m,03$ d'épaisseur à la fois.

Ces eaux ont peu de valeur comme engrais, car elles renferment seulement par mètre cube:

$0^k,460$ de substances solides;
0 ,0051 d'acide phosphorique;
0 ,0064 de chlorure de calcium;
0 ,0922 de chlorure de sodium.

Ces chiffres prouvent que les sels solubles ont été lavés pendant le travail de formation, et chacun des huit grands bassins ne laisse perdre avec les 50 mètres cubes d'eau qu'ils contiennent que $0^k,250$ d'acide phosphorique et $0^k,300$ de chlorure de calcium.

Les précipités déposés par couche de $0^m,30$ d'épaisseur sont essorés sur de grandes aires en briques, de 2 mètres carrés, chauffées en dessous par des fourneaux à galeries communiquant toutes avec une cheminée centrale[1]. La masse remuée toutes les demi-heures avec des râteaux et raclettes de bois, acquiert après 6 heures de manipulation assez de consistance pour être moulée en plaquettes de $0^m,50$ de côté sur $0^m,02$ d'épaisseur; repliée en trois, cette briquette est montée au grenier pour le séchage.

---

1. Les aires sont au nombre de 6, dont trois en travail pendant qu'on vide et nettoie les autres. En cas de réparation, les fourneaux peuvent être rendus indépendants.

On emploie encore un autre moyen pour sécher les précipités. La masse déposée dans les cuves est agitée avec l'eau restant après le décantage et forme une bouillie injectée sous pression dans des filtres-presses analogues aux filtres à écumes des sucreries. La terre à porcelaine reste dans les cadres garnis de toile, tandis que l'eau s'écoule par la partie inférieure, comme les jus filtrés; puis, la vis de pression desserrée, les cadres écartés donnent des plaquettes de kaolin prêtes à porter au séchoir.

Ce second procédé a l'avantage de donner moins de déchet, en évitant de brûler le kaolin, qui s'attache à la sole trop chaude, si l'ouvrier pousse trop les feux ou remue inégalement la masse à sécher.

On peut ainsi préparer par jour 3,500 kilogr. de kaolin, expédiés aux fabriques les plus éloignées de Russie, Pologne et Suède, ainsi qu'aux autres usines allemandes, papeteries et fabriques de bleu d'outremer.

La quantité de kaolin lavé vendue en 1881 s'est élevée à 1,300,000 kilogr., au prix de 1 fr. 375 les 50 kilogr., soit 48,750 fr.

USINE A GAZ.

Construite en 1862, cette usine employait neuf cornues en terre réfractaire à armature de fonte, et un gazomètre de 10 mètres de diamètre sur 10 de hauteur. La disposition, vers 1870, a été modifiée; les cornues sont disposées en trois batteries de trois cornues chacune placées en triangle, deux à la base et une supérieure. Cette usine doit alimenter en hiver 800 becs à gaz, quand la sucrerie fonctionne; en été, le nombre est réduit de moitié. Les rues, les étables, les fabriques, et quelques maisons d'habitation sont éclairées au gaz, dont la production a exigé, en 1881, 2,900 tonnes de houille anglaise (connue sous le nom de Pelton-Main); on distille rarement le charbon de Zwickau, coûtant moins cher, mais donnant des produits inférieurs. Le coke est utilisé comme chauffage dans les usines de l'exploitation.

Les procédés de fabrication n'offrent aucun intérêt particulier, nous n'insisterons donc pas davantage; disons seulement que l'installation est bonne; deux ouvriers placés sous la surveillance du directeur de la sucrerie suffisent au travail journalier.

Les eaux ammoniacales sont mélangées aux fumiers, le goudron de gaz sert à enduire les toits couverts en carton de quelques bâtiments et dans certains cas les sabots des chevaux.

SCIERIE MÉCANIQUE.

La scierie placée auprès du chantier de bois, est pourvue depuis l'année dernière d'une petite machine à vapeur supplémentaire qui doit actionner en même temps le moulin à os et la grande machine à battre. Elle possède une scie verticale pouvant débiter en planches des arbres de 17 mètres de long; le mouvement lui est communiqué au moyen d'une bielle actionnée à la partie supérieure du bâti.

En 1875, cette usine avait reçu deux scies circulaires, une scie à ruban et une machine à forer; bien organisée, elle travaille avec rapidité et ses ouvriers sont habiles. Les besoins de l'exploitation l'obligent à pourvoir toute l'année les menuisiers, charpentiers, charrons et constructeurs de bateaux.

Les débris servent au chauffage des machines à vapeur.

MOULIN A OS.

Ce nom à effet ne désigne qu'une petite fabrique destinée à convertir en poudre fine les os achetés à peu de frais dans le voisinage et pouvant produire par jour 2,500 kilogr. de matière fertilisante. Comme dans les grandes usines, les os sont d'abord étuvés à la vapeur, à la pression de deux atmosphères, dans un grand cylindre en fer de 1m,50 de diamètre et 2m,35 de haut, puis séchés à la température de 50° ; ils sont écrasés ensuite sous des meules verticales et passent entre des presses circulaires mesurant 0m,50 de large sur 1m,30 de haut, qui les réduisent en poudre fine passée au tamis. Les parties restées sur la toile métallique sont rejetées sous la meule et broyées à nouveau.

150 kilogr. de matière brute produisent 100 kilogr. de farine au prix de 20 fr.

Les graisses extraites sont utilisées pour la soupe des chiens et dans quelques cas particuliers mélangées aux rations des porcs, mais le plus souvent saponifiées, elles sont converties en un savon vert, très apprécié des ménagères salzmündoises lorsqu'il est bien sec.

FABRIQUE D'ENGRAIS.

Situé près du moulin à os, un autre bâtiment destiné aux diverses préparations des engrais, renferme un mélangeur, un broyeur de guano, quelques aires pour les manipulations dont nous avons parlé dans le chapitre traitant spécialement des engrais ; enfin deux petites cuves en bois enfoncées en terre, pour la préparation des superphosphates essayée cette année. Cette construction sert également de magasin aux matières fertilisantes, jusqu'au moment de leur utilisation.

NAVIGATION FLUVIALE.

L'importance croissante du commerce des grains fit naître dans l'esprit du propriétaire l'idée d'avoir ses bateaux en propre, pour diminuer le prix du transport des matières encombrantes, telles que grains, terres argileuses et produits fabriqués.

La navigation prit bientôt une grande extension et Salzmünde se trouva un jour à la tête de 45 transports, sillonnant les eaux du nord de l'Allemagne; mais le commerce des grains tourna à l'agiotage et fit renoncer à ce genre de trafic. Aujourd'hui la petite flotte est réduite à 30 bateaux.

La station de Teutschenthal[1], située sur le domaine de M. Zimmermann, a considérablement favorisé l'écoulement des produits les moins encombrants, dont le surplus est confié à la Saale.

Les chemins de fer et la grande concurrence contribuèrent encore, avec l'augmentation des frais d'équipement des bateliers et de l'armement des bateaux, à amener cette réduction.

Les voiles et cordages, les planches ont presque doublé de prix. Une grande voile coûte 600 fr., un mât 525 fr., et un bateau prêt à lancer sur la Saale vaut de 11,250 fr. à 15,000 fr. suivant sa grandeur.

On distingue trois modèles de bateaux, les porteurs de l'Elbe, ceux de la Saale et les remorqueurs. Les premiers sont les plus grands, mesurent 43 mètres de long sur $5^{m},33$ de large et jaugent 175,000 kilogr., leur tirant d'eau en charge est de $1^{m},55$. Or, la Saale ne présentant pendant une grande partie de l'année qu'un mètre de profondeur, on construisit les bateaux dits de la Saale qui ne portent pas plus de 100,000 kilogr.

Les remorqueurs ne sont pas pontés.

Ces transports sont chargés de sucre brut, d'argile, de terre à porcelaine naturelle et lavée, de tuiles, tuyaux de drainage, etc. Ils reçoivent aussi du sel des salines de Schönelleck

1. Cette station est plus rapprochée que la gare de Halle (voir la carte du pays).

et Stassfurt, dont M. Zimmermann est propriétaire sous la raison sociale Boltze et Cie, marque de l'exploitation.

Une convention passée avec la Compagnie de navigation de la Saale permet aux bateaux de transporter sans transbordement leur chargement jusqu'à Berlin[1], Stettin, Francfort-sur-l'Oder et Hambourg.

Un pilote et trois bateliers forment l'équipage des gros transports; trois matelots suffisent pour les autres; ces hommes sont payés par voyage et par tête, à un prix fixé d'avance suivant la destination.

Souvent le retour se fait à charge; l'équipage reçoit alors de 25 à 50 p. 100 sur les frais de transport économisés.

Les bateliers de l'Oder, de la Netze et autres fleuves, ont l'habitude d'engager leurs hommes à l'année, paye et entretien compris. Il n'en est pas de même ici où les mariniers ne sont engagés que par voyage projeté, sans engagement ultérieur; malgré cette habitude, les changements sont rares et les matelots restent souvent plusieurs années sous le même pilote, bien que le salaire de ces gens soit très incertain; ils gagnent beaucoup ou sont plongés dans la misère. Cette année a été désastreuse pour eux; les crues continuelles de la rivière ont complètement entravé la navigation. Les années de sécheresse ne leur sont pas plus favorables à cause de la baisse des eaux, il leur faut ajourner d'une semaine à l'autre le moment du départ, et pendant cette morte-saison, ne gagnant rien, ils épuisent leurs économies.

---

1. Pour Berlin, le prix est de 75 à 112 fr. 50 c., pour Magdebourg, chaque batelier reçoit de 45 à 67 fr. 50 c. et le pilote un tiers en plus. Le retour à vide est compris dans ces prix; les frais de douane et d'éclusage, très élevés, se paient à part.

QUATRIÈME PARTIE

CHAPITRE XIV

Ateliers.

Le propriétaire de Salzmünde, afin de n'être pas obligé d'avoir recours, chaque jour, à des ouvriers étrangers pour les réparations urgentes et les travaux de peu d'importance, a su créer des ateliers répondant à toutes les exigences de l'économie rurale et des fabriques d'une grande entreprise agricole.

Le personnel se compose de :

5 serruriers-mécaniciens;
2 chaudronniers;
10 forgerons;
5 charrons;
3 tonneliers;
3 menuisiers;
1 sellier;
1 vitrier;
10 constructeurs de bateaux;
3 boulangers;
1 boucher;
70 charpentiers } pour les constructions
90 maçons et tailleurs de pierre } en été,

En tout, 204 personnes sans compter les apprentis.

Chaque métier possède son atelier particulier dirigé par un contre-maître, qui engage ses ouvriers à la journée ou à forfait ; le salaire est proportionné à l'habileté de chacun, suivant sa profession.

Un bon travailleur gagne facilement 1 fr. 90 c. par jour. Les apprentis, suivant les ordres de la direction, sont recrutés seulement parmi les jeunes gens sortant de l'établissement des garçons (voir les statuts joints à cette étude).

L'atelier de serrurerie et de réparation des machines possède un moteur à vapeur mettant en marche le tour, l'établi des marteaux, la machine à forer et les soufflets de forge ; il est pourvu de tous les outils et instruments nécessaires aux réparations ou changements à faire aux machines.

Les ouvrages en cuivre sont exécutés dans l'atelier de chaudronnerie, monté également de façon à pouvoir répondre à toutes les exigences.

Un vaste local a été réservé pour la forge, créée en 1862 ; bien qu'elle desserve les deux grands fourneaux de forge qui s'y trouvent, l'espace est assez vaste pour travailler à l'aise, faire entrer une voiture et ferrer plusieurs chevaux à la fois. Un tirage parfait des fourneaux de forge, ingénieusement organisés, est assuré par une cheminée de 33 mètres de haut ; le vent du soufflet traverse un récipient d'eau, qui empêche le tuyau de forge de brûler et s'oppose à tout dépôt de crasse ou de scories. On y voit aussi une machine à courber à froid des bandages de roues et une presse spéciale pour redresser ou former les versoirs de charrue. Une magnifique collection de fers pour chevaux vient compléter l'attirail de cette forge, dans laquelle travaillent, sur quatre fourneaux, 4 ouvriers et 5 apprentis occupés de 6 heures du matin à 6 heures du soir.

Dans les moments de presse (assez fréquents), la journée est prolongée de 4 heures, payées en plus et à forfait.

Ces ouvriers fabriquent avec une grande perfection les chariots et charrues.

Le maître de forge, dans son atelier séparé, est spécialement chargé du ferrage des chevaux de luxe. Les autres ouvriers exécutent à tour de rôle tous les travaux qu'ils doivent connaître ; le ferrage des chevaux est toujours contrôlé et souvent dirigé par le vétérinaire en chef, M. le docteur Beicher.

Ces trois ateliers consomment par an 67,500 fr. de fer et de cuivre. Le charronnage, la menuiserie, tonnellerie, vitrerie et l'atelier des charpentiers sont installés dans un bâtiment construit vers 1860, comprenant une cour intérieure pour le chantier de bois. A côté, la scierie mécanique prête son concours efficace à ces divers ateliers, bien montés et surtout habilement dirigés.

Depuis quelques années les roues des lourds chariots sont pourvues de moyeux en fonte, sortis de la fabrique Hertel à Nienbourg. Sans être plus lourds que ceux en bois, ils ont sur ces derniers l'avantage d'être plus résistants, de posséder une boîte à graisse, avec rebord intérieur de $0^m,015$, pour parer à toute déperdition ; si le prix de revient est le même, le volume est moins considérable, les rais ne remuent jamais dans leurs alvéoles. Les jantes ne sont pas sciées dans l'épaisseur, mais suivant le fil du bois ; soumises à une cuisson, on les fait pénétrer de force, à l'aide d'un cric, dans une matrice, où elles restent encastrées jusqu'à parfaite dessiccation en affermissant leur forme curviligne. Ainsi préparées, ces jantes n'éprouvent ni dilatation ni rétrécissement et rendent impossible tout déplacement des rais ou bandages de roues.

L'abattoir, très bien organisé, livre par an à la consommation :

120 têtes de bœufs et vaches ;
30 veaux ;

100 porcs ;
350 moutons;

de plus, une boucherie au détail tue et vend:

50 bœufs ou vaches ;
120 porcs;
100 moutons;
30 veaux.

Il existe trois boulangeries, dont deux louées à ferme (nous avons donné le plan de l'une d'elles, voir pl. n° B_5) ; la troisième fournit, à ses risques et périls, toute la colonie.

Les fours sont construits pour être chauffés à la houille[1] et fournissent chaque jour du pain de seigle et de froment de toute qualité.

Le corps des ouvriers constructeurs de bateaux est dirigé par un maître-batelier; les chantiers en plein air sont établis sur les bords de la Saale; on y exécute des réparations et constructions neuves ; chaque année, deux grands bateaux de l'Elbe, complètement frétés, témoignent de l'habileté de cette petite corporation.

Le chiffre que nous avons indiqué pour le nombre de maçons et charpentiers est la moyenne des ouvriers ordinairement employés. Les constructions sont si nombreuses en été, qu'elles absorbent le travail de plus de 200 hommes

1. La houille, qui est le seul combustible employé dans les habitations et cuisines de Salzmünde, subit, en ce cas, une certaine préparation. Après avoir mis de côté les gros morceaux destinés à l'entretien des poêles, on écrase le menu à la dame en y ajoutant de l'eau pour former une pâte épaisse, pétrie et coulée ensuite dans des formes à briques. Le séchage a lieu en plein air, aussi cette opération ne se fait qu'en été. Les formes en usage mesurent $0^m,30$ sur $0^m,15$ de large et $0^m,065$ d'épaisseur. 50 de ces briques exigent une tonne de charbon.

Salzmünde consomme 1,200,000 de ces briques. Dans ces dernières années, une presse continue à vapeur, analogue à celle de la briqueterie, a été établie dans le but de faire le mélange avec plus de rapidité et de comprimer le charbon. Un hangar de 50 mètres de long sur 16 de large fut construit pour abriter spécialement les produits fabriqués.

placés sous la direction d'un certain nombre d'ouvriers-chefs, maçons ou charpentiers, contrôlés par un entrepreneur au service de l'exploitation. Les plans sont fournis par un architecte de Halle, chargé de la surveillance.

Les établissements variés et pittoresques qui embellissent, depuis vingt ans, le village de Salzmünde, témoignent de l'activité extraordinaire qui règne dans cette ruche laborieuse, toujours à la hauteur des nouvelles découvertes que la science met continuellement à la disposition de l'agriculture industrielle, en lui assurant un débouché sur tous les marchés.

CINQUIÈME PARTIE

CHAPITRE XV

Institutions.

ÉCOLE ET ÉGLISE.

Le village de Salzmünde, qui possédait 30 habitants il y a 70 ans, en compte aujourd'hui près de 1,200. Il n'existait ni église, ni école; M. Zimmermann fit, en 1858, une donation pour créer une école primaire, un asile des invalides et une église. En faisant ce sacrifice, il avait compris la nécessité de conserver les bonnes traditions, en s'assurant le respect des ouvriers, par des institutions d'une utilité évidente.

Le bâtiment, achevé au commencement de 1861, fut inauguré le 9 septembre de la même année.

Le rez-de-chaussée est destiné aux salles d'étude et au logement de l'instituteur[1]. L'oratoire, richement décoré, occupe le premier étage; les exercices religieux y sont régulièrement suivis.

L'école, fréquentée par 120 enfants, est confiée à l'habile direction de M. Wagner, vénérable vieillard, très considéré

---

1. Nous avons donné les plans et l'organisation des écoles allemandes en prenant, comme modèle, l'école primaire de Teutschenthal, dont l'aménagement est plus vaste, mais semblable en tout à celui de Salzmünde.

pour la scrupuleuse exactitude qu'il apporte dans l'accomplissement de ses fonctions, et dont l'enseignement et la méthode excitent l'émulation de la jeunesse, en maintenant parmi elle une bonne harmonie.

Le programme de ces écoles de villages allemands est très complet et approprié aux besoins des élèves. Les notions d'agriculture et d'histoire naturelle trouvent une large place à côté des autres branches scientifiques et littéraires.

HÔPITAL, ASILE DES INVALIDES.

Près de l'école, un autre bâtiment sert d'hôpital et d'asile pour les ouvriers invalides et, au besoin, pour les enfants abandonnés[1]. Une partie, utilisée comme hôpital, renferme quatorze lits, répartis dans deux salles suffisantes pour les besoins de cette œuvre de bienfaisance, car on ne voit jamais plus de six malades à la fois. En cas d'épidémie, 40 lits, mis en réserve, peuvent être installés dans l'établissement dont nous donnons les plans, coupes et élévation. (Voir planche II*s*.)

L'autre partie est réservée à l'habitation de l'officier de santé, chirurgien de première classe, remplissant en même temps les fonctions d'administrateur. Le médecin, M. Kaltschmidt, est rétribué par la caisse de secours et logé gratuitement ; il doit visiter les familles d'ouvriers demeurant dans les localités voisines de Salzmünde.

Par sa lettre de dotation, le propriétaire a non seulement fait don des bâtiments et du terrain affecté aux jardins, à l'emplacement des cours de récréation, de gymnastique et au cimetière, mais encore largement pourvu l'établissement des fonds nécessaires à son entretien.

---

1. Il n'y a en ce moment ni invalide, ni enfant abandonné.

On ne saurait trop faire l'éloge, au point de vue social, d'une telle philanthropie, qui développe l'esprit de fraternité au sein de cette population agricole; aussi, il est touchant de voir avec quelle reconnaissance ces marques de dévouement ont été accueillies par les ouvriers qui bénissent leur bienfaiteur, et d'entendre les vieillards dire, avec attendrissement : « Les bénédictions du ciel peuvent seules récompenser de tels bienfaits. »

FAMILLE D'OUVRIERS, CASERNES ET MAISONS D'HABITATION, CITÉS OUVRIÈRES.

« L'habitation influe sur nos habitudes et notre juge-
« ment; elle traduit le degré d'avancement social des peu-
« ples, elle est un lieu de repos et de délassement », a dit M. Godin dans un récent ouvrage.

L'agrandissement de Salzmünde allant chaque jour croissant avec le développement des fabriques, il fallut attirer des manœuvres étrangers. Le problème était difficile, car on devait augmenter le nombre des travailleurs, leur donner un peu de bien-être et, par une installation qui ne sentît ni la dépendance ni le joug, les engager à exécuter consciencieusement leur travail quotidien.

Les ouvriers du pays étaient, de beaucoup, plus habiles, plus fidèles et reconnaissants, que ceux venus du dehors; ce qui s'explique par ce fait, que les bons sujets, sûrs de trouver chez eux travail et aisance, se gardent d'aller les chercher au loin.

Le vagabondage est souvent la conséquence de l'éloignement forcé, de l'exil, que sont obligés de s'imposer les incapables et les fainéants tombés dans la misère et la dépravation.

A part quelques exceptions, un bon esprit règne dans la classe ouvrière de Salzmünde ; ces hommes dociles et adroits, durs à la fatigue, s'efforcent de suivre la voie du progrès ; ils envoient leurs enfants à l'école du village, font des économies, et les versements à la caisse d'épargne témoignent en leur faveur.

Raisonnables sans être raisonneurs, ils attendent plus de profit de l'instruction, de leurs sociétés de prévoyance, que des phrases creuses de ceux qui cherchent à édifier leur fortune politique sur la crédulité des classes laborieuses.

Vers 1850, l'industrie sucrière commença à se développer dans la contrée. Sur le cours de la Saale, de Magdebourg à Halberstadt, les bras firent alors défaut et l'on vit arriver du pays d'Eschfeld et de la partie la plus pauvre de Thuringe des hommes misérables, manquant de force et de volonté. Ces Eschfeldois, suivis de leurs femmes et d'une multitude d'enfants, semblaient encore préférer la liberté de leur triste existence au bien-être des travailleurs. De ces êtres dégradés au physique et au moral, il fallait faire des hommes robustes et intelligents, tâche que s'imposa l'administration de Salzmünde ; elle réussit dans son entreprise et vit ses efforts couronnés de succès.

On s'occupa avant tout de la vie matérielle ; une nourriture saine et abondante devait amener le relèvement physique ; plus tard, le travail et la sécurité du lendemain aideraient nécessairement à la réorganisation morale de l'individu. Pour développer l'amour de la propriété, on favorisa par tous les moyens la construction de maisons d'ouvriers qui pourraient leur appartenir et qu'ils partageraient avec des locataires à leur choix. Les plus actifs et les plus reconnaissants reçurent même à titre gratuit le terrain pour édifier leur maison avec une avance de 2,350 à 5,625 fr. au taux de 4 1/6 p. 100. De plus, une pièce de terre leur était louée par bail annuel, pour pouvoir, eux et leurs locataires, cultiver et récolter des légumes, comme les indigènes, qui de tout temps avaient eu la jouissance d'une parcelle de terre attenante à leur habitation.

Cette mesure, dictée par la meilleure intention, n'a pas encore donné tout le résultat espéré. Au début, un certain sentiment de gratitude guida ces esprits sauvages, mais peu à peu, les bonnes dispositions s'évanouirent et aujourd'hui ces sujets nomades (il y a heureusement des exceptions) sont la plus triste des recrues, pour qui le meilleur de la vie est encore le verre de schnapps, au fond duquel ils croient trouver la consolation et l'oubli ; aussi en abusent-ils souvent, n'ayant pas à cœur de vivre en honnêtes et braves gens, élevant leurs enfants pour en faire des hommes. Les femmes, hélas ! ont horreur du travail, surtout si le mari touche un salaire un peu élevé ; elles préfèrent passer la journée dans l'inaction et envoyer leurs enfants chercher du fourrage pour leurs chèvres et cochons, alors que chercher est synonyme de voler.

Pendant plusieurs années, le casernement, ce procédé très simple, mais nuisible aux bons sujets, fut essayé. Ce vivre et dormir en commun, petits et grands, pêle-mêle, dans de grandes salles, n'engendrant trop souvent que le désordre, fit abandonner ce système et l'on fut obligé de construire des maisons de famille, répondant parfaitement au but proposé.

Les avantages hygiéniques et économiques de ces cités ouvrières sont connus de tous ceux qui habitent ou connaissent les localités agricoles et industrielles. Rien n'est préférable à une petite maison occupée par la même famillle, et le mot, chacun chez soi, à sa place ici, y est bien compris.

Nous donnons (planche L S O) les plans, coupes et élévation d'une des casernes, construite dans ces dernières années.

La planche L*lo* indique les logements d'ouvriers construits en 1880, à Lieskau. Enfin, en 1882, de nombreuses habitations furent bâties dans toutes les fermes de l'exploitation. On doit encore, au printemps prochain (en 1883), édifier une nouvelle cité ouvrière dont les plans sont préparés.

Les bâtiments mesureront 200 mètres de long, 13 de large sur 16^{m},50 de hauteur maxima au sommet. Le rez-de-chaussée et le premier auront 3^{m},35 de hauteur chacun, le second 3^{m},20. Toutes les chambres seront semblables et cuberont 660 mètres environ.

La loi prescrit 110 mètres cubes par tête d'ouvriers, chaque pièce peut donc en contenir six et l'habitation entière 330.

Les cuisines, voûtées en vieux rails de chemin de fer, placées sur les paliers, contiennent les fourneaux pour quatre chambres. Les habitants de ces maisons, consultés sur la façon dont ils désireraient être logés, paraissent très satisfaits de ce nouvel agencement, approuvé par l'architecte qui n'y a rien ajouté ni changé, sauf quelques points décoratifs.

Si une chambre est insuffisante pour une famille, elle peut en louer une seconde à côté, au même prix que la première (22 fr. 50 c. par an et par pièce).

Les frais de chauffage à la houille terreuse s'élèvent à 15 fr.

Les célibataires ont à leur disposition, et au même prix, des chambres garnies de lits de fer et simplement meublées. Chaque sexe, dans ce cas, a son local spécial.

La buanderie et le calendrage sont placés derrière la construction principale, ainsi qu'un dépôt de combustible, nécessaire à la consommation des locataires. Le concierge veille à l'exécution du règlement intérieur, affiché partout très ostensiblement, car tous les ménages sont tenus à en observer strictement les clauses.

La propreté des escaliers, l'esprit d'ordre qui règne partout, les fenêtres garnies de rideaux et de fleurs, les estampes ornant les chambres et les trophées de produits agricoles accrochés çà et là indiquent l'amour-propre des familles à rendre leur intérieur aussi agréable que possible. Beaucoup d'entre elles, qui dans leur pays ne connaissaient que les branches de sapins pour matelas, ont aujourd'hui de bons lits de plume.

La préparation culinaire a lieu dans les différentes cuisines mises à la disposition des ménages ou de chaque groupe de célibataires, mais chacun est libre de tirer sa nourriture du grand fourneau alimentaire installé dans la maison même. Les prix sont modiques et les vivres si appétissants, que beaucoup de locataires, même mariés, préfèrent s'y pourvoir plutôt que d'apprêter leurs aliments, ils savent en effet ce qu'il coûte de temps pour cette préparation et n'ignorent pas qu'un ménage occupé aux champs ou dans les ateliers gagne alors journée entière, sans avoir le souci de confectionner en rentrant, à midi ou le soir, les repas réconfortants si bien mérités.

Nous donnons ici un aperçu des divers prix :

	MARKS.	FRANCS.
0l,25 de potage aux légumes.	0,13 =	0,163
0 ,12 de potage aux légumes et viande.	0,10	0,125
Une portion de café d'ouvrier.	0,06	0,075
Une portion de café d'ouvrière	0,03	0,037
0l,75 de bière légère.	0,13	0,163
1k,00 de beurre.	1,60	2 »
1 ,00 de graisse.	1,60	2 »
0 ,500 de fromage.	0,25	0,313
0 ,500 de lard.	0,50	0,625
0 ,500 d'œufs.	0,60	0,75
Harengs (la pièce).	0,10	0,125
Concombres ou cornichons (la pièce).	0,05	0,063

Là, comme dans les ateliers et les fabriques, le débit et la consommation du schnapps sont formellement interdits. Cette prohibition, longtemps sans effet, ne cessa que le jour où l'on put distribuer gratuitement du café aux ouvriers de la sucrerie, pendant le travail de nuit; alors seulement cette saine boisson remplaça son perfide rival. Les domestiques et les manœuvres, grâce à une bonne nourriture et à l'usage du café, supportent admirablement les rigueurs et les intempéries des saisons.

La directrice du fourneau économique reçoit de la caisse centrale 0 fr. 037 de supplément par portion délivrée aux ouvriers. Ces derniers paient en jetons; logée gratuitement et chauffée à bon marché, elle a le privilège de faire à des prix de faveur ses achats de pommes de terre, farine, orge, haricots, etc.

Tous les chefs d'atelier célibataires, engagés par la propreté de la préparation culinaire, vont prendre pension dans cet établissement, où la portion, d'après une convention établie, revient de 0 fr. 312 à 0 fr. 625.

Une seule des casernes dont nous avons parlé (pl. L S O) possède des écuries destinées aux chèvres, porcs, oies et même à une vache. Cette disposition parfaite a encore son mauvais côté, en excitant l'esprit de rapine déjà trop développé chez certains êtres peu scrupuleux. Le modeste lopin du voisin est lorgné avec convoitise; du désir on passe vite à l'action et les volailles ou les bêtes de l'un sont nourries au détriment d'autrui.

L'ouvrier logé dans une cité ouvrière doit donner complètement son travail, à toute heure du jour ou de la nuit, à l'exploitation qui lui donne asile.

BUREAU CENTRAL. — COMPTOIR.

Il est indispensable de parler de ce bureau, alors qu'il s'agit d'affaires aussi multiples que celles de l'exploitation de

Salzmünde. Une grande circonspection est nécessaire pour la direction de cette immense entreprise où l'on doit, d'un coup d'œil général, envisager les affaires sans avoir à s'arrêter aux détails peu importants ; une comptabilité exacte et claire est donc des plus utiles.

Ce dernier point est loin d'être réalisé, puisqu'on a recours à des livres enregistrant des chiffres qui peuvent servir au propriétaire, sachant que chaque article est diminué de tant p. 100 de sa valeur réelle, mais feront toujours illusion à un agronome, lorsqu'il sera en présence d'un déficit plus ou moins considérable.

Une comptabilité agricole n'est pas une affaire de convention. Enregistrer avec exactitude les entrées et les sorties, les produits ou les pertes du capital mort et vivant n'est pas chose si facile par elle-même, pour qu'on cherche encore à la rendre obscure par l'adoption de chiffres conventionnels. Cette comptabilité est trop précieuse dans sa véritable simplicité pour qu'on en atténue le langage trop cru par des tournures de chiffres donnant l'illusion de la réalité.

La clarté laisse aussi à désirer; pour avoir un renseignement, il faut chercher dans de nombreux livres qui se contrôlent les uns les autres, il est vrai, mais les dix employés du comptoir sont obligés de faire plusieurs fois de suite la même besogne; donc perte de temps; de plus, impossibilité d'avoir un chiffre net et précis, quand le propriétaire lui-même doit avoir beaucoup de peine à se retrouver au milieu de ses conventions particulières. Cette manière de calculer était, m'a-t-on dit, employée à dessein, pour dissimuler au comptable même l'état réel des affaires, pertes ou bénéfices. L'Allemand n'aime pas à rendre compte de sa position, cherchant toujours à cacher son gain ou sa perte et plutôt encore l'un que l'autre en certaines circonstances.

Nous avons joint à cette étude quelques tableaux et formulaires de comptabilité. Certaines inspections donnent des résultats précis, mais ces comptes, avant d'être remis au bureau central du comptoir, sont présentés à M. Zimmermann, et alors remaniés avec art, ils offrent toujours une exactitude indiscutable, mais aussi une complication qui empêche malheureusement les chiffres de parler aux yeux.

La caisse centrale est dirigée par un comptable principal chargé des pouvoirs de M. Zimmermann. Deux employés pour la correspondance, cinq teneurs de livres et deux expéditionnaires complètent le personnel de ce bureau.

Les mines de houille, de grès, etc., relèvent directement de ce comptoir.

BUREAU DE POSTE.

L'importance commerciale de Salzmünde, l'établissement en 1859 d'une station agronomique et le développement considérable des affaires exigèrent impérieusement la création d'un bureau de poste en relation avec Halle. La direction supérieure n'hésita pas à accéder aux vœux et désirs des Salzmündois; le 1er juillet 1861, le service postal était organisé et le bureau pourvu d'un chef, d'un facteur de ville et de deux facteurs ruraux.

Une diligence à deux chevaux, avec relai à Dölau fait deux fois par jour le service entre Halle et Salzmünde.

Le départ de Halle a lieu le matin à 6 heures et le soir à 3 heures après midi, pour arriver à 7 heures trois quart du matin et 4 h. 45 du soir à Salzmünde, que l'on quitte le soir à 5 heures trois quarts et 8 h. 30 du matin. On correspond ainsi avec les trains les plus importants qui se croisent à Halle, et les lettres expédiées dans l'après-midi pour Berlin, Cologne, Hambourg, etc., arrivent à destination le lendemain matin à 9 heures.

HÔTEL.

Les auberges de village sont généralement mal installées et plus mal approvisionnées, aussi est-on agréablement surpris de trouver à Salzmünde un hôtel confortable, ayant pour enseigne: *A la Fortune*. Construite en 1842, cette habitation, qui était primitivement la demeure de l'*Œconomirath* Zimmermann, fut donnée à ferme à une famille qui l'exploite aujourd'hui.

Les représentants de toutes les branches du commerce et de l'industrie du pays se réunissent dans cet établissement et égaient un peu la monotonie des habitants indigènes. Un grand nombre d'étudiants agronomes fréquentaient autrefois Salzmünde, venant étudier les différentes branches de l'exploitation agricole, l'organisation et les améliorations de cette ferme modèle; aujourd'hui, les temps sont changés, ces jeunes gens sont assez froidement accueillis, sauf de rares exceptions, et on ne les engage en aucune façon à prolonger leur séjour sur ce beau domaine.

A cette époque, les soirées d'hiver, du 1er novembre au 1er mars, étaient employées à d'utiles conférences, où l'on pouvait parler de tout, à l'exclusion de la politique et de la religion. Le chimiste[1], le médecin, le mineur, l'architecte, le vétérinaire, le pasteur, l'instituteur et les directeurs des différentes fabriques traitaient tour à tour leur sujet favori. Ces conversations scientifiques à la portée de tous étaient de beaucoup préférables à l'état de choses actuel.

Heureusement le directeur de la briqueterie, qui possède une instruction très étendue, des connaissances universelles, aborde avec une facilité étonnante et d'une façon aussi brillante que profonde les sujets les plus variés. On passe avec lui des lettres aux sciences et l'on gagne beau-

1. La station agronomique étant supprimée, le chimiste-directeur n'existe plus.

coup au commerce de M. Eltze, dont le charme de la conversation fait oublier la sauvagerie des habitants.

STATION AGRONOMIQUE.

Salzmünde avait en 1859 été favorisé par l'installation d'une station pour les essais agronomo-chimiques. Transférée en 1867 à l'université de Halle, elle y est aujourd'hui dirigée avec beaucoup d'éclat par M. le professeur Mærcker.

Nous croyons devoir noter la circonstance qui procura à cette grande exploitation la possession de cet institut.

La station d'essais de la Société centrale agronomique de la province de Saxe se trouvait à Grosskmehlen, près Ortrand, à l'extrémité Est de la province, en 1856. Cet établissement resta trois ans dans la plus complète inactivité. M. S. G. Boltze proposa de le transporter à Salzmünde. Pour le tirer de sa torpeur, il mit gratuitement à la disposition de la station les champs d'essais et machines, la main-d'œuvre, les animaux en expériences, les fourrages, la houille, etc.

La direction de la Société accepta les offres avantageuses qui lui étaient faites, et dès le mois de juin 1860, cette station était organisée avec tout le confortable nécessaire : laboratoire de recherches, hangar, étables pour essais physiologiques d'alimentation, but principal des expériences, rien ne fut négligé.

Les différents travaux qui furent exécutés avaient une importance capitale; la science et l'agriculture devaient bénéficier de cette organisation favorable aux essais agronomo-chimiques et alimentaires, lorsqu'une décision royale en ordonna le transfert dans la ville voisine, Halle-sur-Saale.

Nous n'avons pas à examiner ici les motifs de ce changement, sans doute dicté par la nécessité, bien comprise aujourd'hui, de grouper les établissements scientifiques dans les grands centres, où, à défaut de l'espace si facile à trouver à la campagne, ils peuvent acquérir le maximum de développement scientifique par le recrutement de professeurs éminents.

S'il est inutile d'insister sur l'aménagement d'une station qui n'existe plus, il est cependant intéressant d'examiner, aussi rapidement que possible, quelles furent l'organisation de cet établissement, ses recettes et ses dépenses.

A partir de 1859, la station agronomique de Salzmünde releva directement de la Société centrale, ou pour mieux dire, fut sous la dépendance immédiate de M. Boltze. En 1865, une société de raffineurs saxons, la voyant menacée dans son existence, n'hésitèrent pas à lui voter une somme annuelle de 9,375 fr. pour continuer ses travaux, sans aucune condition qui pût entraver la marche des expériences; du reste, la nouvelle Société avait à sa tête les *conseillers intimes* du commerce, MM. Boltze et Combart, et ne pouvait que prospérer en rendant chaque jour de grands services.

Sa situation financière fut des plus prospères pendant les six années de son existence, comme on peut le voir par un extrait des archives du comptoir, nous donnant les recettes du 1er novembre 1859 au 1er novembre 1865.

		THALERS
	1° Subsides de l'État, à raison de 1,200 thalers par an . . .	7,200
Pour frais d'installation.	2° Premier versement des associations	642
Pour frais d'installation.	3° Versement par la Compagnie d'assurance d'Aix-la-Chapelle et Munich	300
Pour frais d'installation.	4° Don de la Société sucrière du Zollverein (Union douanière).	2,000
	5° Don de la Société sucrière, pour essais de fumure	2,467
	6° Produit de plus de mille analyses rétribuées.	2,093
	7° Produit d'expertises	400
	8° Produit de huit dépôts d'engrais jusqu'à la fin de 1864. .	7,818
	9° Recettes provenant pour la plupart des instruments et ustensiles devenus impropres au service	475
	Total.	23,395
	A cette somme, il faut encore ajouter les recettes des dépôts contrôleurs d'engrais de 1865 évaluées à.	2,200
	et encaissées par la station d'essais de Halle, dont celle de Salzmünde relevait directement.	25,595

(en francs 95,981f,25).

L'inventaire s'élevait au quintuple de celui de Grosskmehlen. Cette station n'eut jamais un seul déficit, sauf l'année de l'installation où les achats et constructions causèrent un surcroît de dépense de 700 thalers (2,625 fr.), couvert au second inventaire et, dès lors, la balance fut toujours établie.

Sur les 25,595 thalers constituant la totalité des recettes, les deux tiers (16,978 thalers) étaient fournis par le travail de la station elle-même.

Il est regrettable que Salzmünde soit privé de cette source de connaissances scientifiques où elle pouvait toujours puiser. Aujourd'hui, les analyses sérieuses doivent être confiées à un chimiste expert, car le laboratoire et le directeur de la sucrerie sont dans l'impossibilité de répondre à ces besoins minutieux.

ASSURANCES.

La loi sur les assurances a vivement occupé les esprits en France, en Angleterre, en Allemagne; la solution de cette question intéressante, la base d'une certaine réorganisation sociale, n'est point encore trouvée.

Ici les assurances sont classées en deux catégories bien distinctes, comprenant :

1° Les bâtiments de l'exploitation et les usines;

2° Les ouvriers assurés contre les accidents entraînant la mort.

Les polices d'assurances varient suivant les dangers que courent les édifices.

Une maison paye 1 fr. 042 p. 1,000 ; pour les usines, le tant pour mille peut s'élever à 3 fr. 75 c. Les hangars à bois ou à charbon paient 6 fr. 25 p. 1,000. Dans certains cas, les usines mal aménagées peuvent être frappées d'un maximum de 6 fr. 25 p. 1,000.

On ne peut s'assurer contre les accidents entraînant la perte d'un membre. Comme pour les immeubles, les primes d'assurances sur la vie sont variables, suivant les dangers auxquels les ouvriers sont exposés.

On distingue trois classes.

La première comprend les cochers, garçons d'écurie et de cours. En cas de mort, leur famille touche 4,500 fr.

La deuxième concerne les ouvriers proprement dits, touchant jusqu'à 1 fr. 875 par jour : Ils sont payés à la famille au prix de 3,125 fr.

Enfin les servants, qui forment la troisième catégorie, sont cotés à 1,875 fr.

Le propriétaire est assujetti par la loi à assurer tous ses employés et donne pour les différentes classes de 2 fr. 50 c. à 3 fr. 125 p. 1,000 de prime d'assurance; ainsi dans le cas où le directeur de la sucrerie, pour lequel on verse chaque année à la Compagnie d'assurances 1,500 fr., immeubles et ouvriers compris, viendrait à être tué dans l'exercice de ses fonctions, sa famille recevrait de 10,000 à 18,750 fr. suivant ses capacités individuelles; il en serait de même pour les ouvriers, qu'on payerait aux taux énoncés plus haut.

Tous les ouvriers des fabriques sont assurés par une somme annuelle de 1,532 fr. et les domestiques de l'exploitation coûtent au propriétaire 917 fr. 50 c., les mineurs employés à l'extraction de la houille et de l'argile 250 fr., soit 2 fr. 75 c. p. 1,000.

Cette organisation, des plus rationnelles, permet aux familles dont les membres viennent à être victimes de leur travail de pourvoir aux besoins les plus pressants. Il serait à désirer que partout en France cette coutume fût introduite; on éviterait ainsi bien des misères, en ne condamnant pas de pauvres êtres abandonnés à se livrer à la mendicité.

En cas de mort du père de famille, la compagnie doit

verser à la femme la somme pour laquelle le mari était assuré; s'il y a des enfants, la rente seule est payée à la mère et le capital successivement partagé entre les enfants à leur majorité.

Les parents du célibataire tué par accident touchent la totalité de la somme due par la compagnie.

CHAPITRE XVI

Institutions diverses.

ORPHELINAT AGRICOLE ET INDUSTRIEL.

Après avoir passé en revue toutes les branches des différentes industries, il nous reste à examiner les institutions et fondations philanthropiques et morales créées pour le bien-être des travailleurs.

L'institut des jeunes orphelins a pour but de former de bons et habiles ouvriers. Cette fondation, peu répandue même en Allemagne, a cependant reçu l'approbation du Gouvernement et mérite d'attirer l'attention des bienfaiteurs de l'humanité.

L'établissement, créé en 1852 à Quillchina (propriété dépendante de Salzmünde), avec neuf élèves, en compte aujourd'hui plus de 120. Sur ce nombre, 4 enfants ont encore leur père, 61 leur mère, les autres sont orphelins de père et de mère.

A leur sortie, les jeunes apprentis recevaient primitivement 312 fr. 50 c. chacun; aujourd'hui cette somme est diminuée, par suite du nombre toujours croissant des admissions. Placé à la caisse d'épargne du fondateur, ce don rapporte au titulaire 4 1/6 p. 100 d'intérêts.

L'organisation de cet institut a coûté 45,000 fr. à M. Boltze, prédécesseur et oncle de M. Zimmermann; bien que le travail des enfants soit le profit de l'établissement, l'entretien exige encore par an une somme variant entre 11,000 et 15,000 fr.

Chaque élève dépense par jour :

Nourriture.	0f,562
Habillement et linge.	0 275
Argent comptant (appointement).	0 125
Pourboire.	0 025
Dépenses diverses.	0 050
Total.	1f,037

Toutefois, les frais se sont élevés pendant ces dernières années à la somme de 1 fr. 125 par jour et par individu.

Les élèves sont admis à l'âge de 14 ans, ils sortent à 20 ans pour entrer au service militaire, et fournissent des soldats vigoureux, grâce au travail, à la gymnastique et à la nourriture substantielle qui leur est donnée pendant l'âge de la croissance.

Les jeunes gens ayant conservé des sentiments de reconnaissance pour les bienfaits reçus, reviennent à Salzmünde exercer le métier qu'ils ont appris dans des conditions exceptionnelles.

Statuts de l'Institut de Quillchina.
But de l'Institut.

Article premier. — L'Institut de Quillchina a pour but :

1° De former des ouvriers dont le fondateur puisse disposer à volonté ;

2° Développer les forces physiques, intellectuelles et morales des élèves.

Qu'est-ce que l'Institut ?

Art. 2. — Cette fondation est à la fois une maison d'éducation, un asile et un orphelinat ; les enfants y perfectionnent leurs études scolaires et sont élevés dans les principes de la morale et de la religion. La surveillance incessante dont ils sont l'objet, les préserve autant que possible des habitudes pernicieuses trop souvent contractées par la jeunesse. On n'y admet que les orphelins.

Direction de l'Institut.

Art. 3. — La direction de l'Institut, pour les ordres à donner, mesures et décisions à prendre, relève directement de son fondateur ou de ses héritiers, qui seuls ont le droit de nommer le directeur.

La direction supérieure est aujourd'hui composée de trois membres, deux pasteurs et un instituteur.

Un intendant nommé par la commission est spécialement chargé de l'administration.

Moyens d'entretien.

Art. 4. — Les dépenses d'entretien sont à la charge du fondateur. Toute subvention gouvernementale ou privée, quelle qu'elle soit, est refusée.

Durée du séjour.

Art. 5. — La durée du séjour est de six ans.

Admission.

Art. 6. — Le propriétaire choisit seul, après leur confirmation, les enfants à admettre et de préférence les orphelins intelligents et bien constitués.

Conditions d'admission.

Art. 7. — Toute demande d'admission faite par le représentant légal de l'enfant doit être accompagnée d'une déclaration du candidat, qui s'engage à obéir consciencieusement aux règlements et statuts en vigueur.

Entrée à l'Institut.

Art. 8. — Le tuteur ou son mandataire en cas d'empêchement doit présenter l'élève à l'Institut, muni des pièces suivantes :

1° Un bulletin de confirmation ;

2° Un certificat de bonne santé ;

3° Un certificat de vaccination ;

4° Un certificat de bonne vie et mœurs délivré par l'autorité de l'endroit qu'il habite ;

5° Un habillement complet du dimanche et un autre de travail en assez bon état pour pouvoir durer trois mois au minimum.

Noviciat.

Art. 9. — L'élève doit se soumettre à un noviciat de trois mois, et son admission définitive dépend de sa bonne conduite et de son assiduité au travail.

Devoirs de l'élève.

Art. 10. — 1° L'élève s'oblige à observer le règlement (voir l'annexe) ;

2° Il doit, sans murmurer, se soumettre au travail qui lui est confié, dans la mesure de ses forces, et obéir aux ordres du maître et surveillant.

Occupation des élèves.

Art. 11. — En été, les enfants sont principalement occupés aux travaux des champs ou de la tuilerie ; en hiver, à la sucrerie. Aucun élève n'a droit à l'apprentissage d'un métier spécial. Le propriétaire seul se réserve de développer les aptitudes des enfants intelligents, travailleurs et alors, ils peuvent choisir une des professions exercées actuellement à Salzmünde.

Sortie.

Art. 12. — La sortie ne peut avoir lieu qu'après un séjour de six ans, sauf dans les cas exceptionnels suivants :

1° Pour le service militaire;

2° Pour des motifs particuliers, besoins de famille, cas dans lequel le fondateur cherche toujours à venir au-devant des vœux du conseil de famille;

3° Comme punition après une faute grave, désobéissance, négligence, indélicatesse, ou mauvaise conduite, et, en général, si la présence de l'individu est préjudiciable à l'Institut;

4° En cas d'incapacité totale de travail;

5° Si le propriétaire jugeait bon de dissoudre l'Institut, il ferait alors connaître sa décision aux élèves quelques mois à l'avance pour leur donner le temps de se caser ailleurs.

A. *Ce que l'Institut accorde aux élèves pendant leur séjour à l'Institut.*

Art. 13. — 1° Logement, chauffage et éclairage;

2° L'habillement complet suivant leurs besoins;

3° Nourriture saine et abondante;

4° En cas de maladie, les soins du médecin et frais de garde avec les médicaments gratuits;

5° Continuation de l'instruction élémentaire, lecture, écriture, calcul, chant et au besoin étude de quelque autre branche d'instruction.

B. *A la sortie.*

1° Un habillement complet; il est d'usage que les meilleurs élèves soient les mieux partagés;

2° Une somme d'argent, proportionnelle à la durée du séjour dans l'établissement, destinée à les aider à se mettre en ménage. Cette somme est calculée ainsi qu'il suit : chaque élève doit recevoir :

A la fin de la 1re année	. . . .	11f,25
— 2e —	. . . .	22 ,50
— 3e —	. . . .	33 ,75
— 4e —	. . . .	45 »
— 5e —	. . . .	56 ,25
— 6e —	. . . .	67 ,50

Ces sommes sont portées à l'avoir de l'élève et placées à la caisse d'épargne de Salzmünde au taux de 4 1/6 p. 100.

Le paiement en a lieu sur décision du propriétaire entre les mains de l'élève, ou de son représentant légal, ou même du conseil de famille.

Il est interdit à l'élève, à sa famille, ou à son tuteur de prélever un centime du capital ou des intérêts de ces sommes pendant le séjour à l'Institut, mais il peut se créer des ressources et subvenir à ses besoins extraordinaires par un travail rétribué et accompli pendant les heures de repos. Cet argent est confié à l'intendant qui l'administre.

Le propriétaire décide si les élèves éliminés de l'Institut pour les motifs énoncés plus haut (art. 12, § 3), peuvent toucher leur masse.

I. — *Règlement intérieur.*

Jours de la semaine.

1° L'élève doit le matin, aussitôt le réveil sonné, se lever et faire son lit;

2° Cirer ses chaussures, brosser ses habits, se laver et se peigner;

3° Au second coup de cloche, se rendre au réfectoire pour le déjeuner ;

4° Nettoyer les salles de l'établissement, travail exécuté à tour de rôle par chaque élève ;

5° Après le déjeuner, passer la revue et défiler sous la conduite de son chef respectif de section, pour se rendre au travail ;

6° Obéir à son conducteur, qui rend compte de son travail à l'intendant ;

7° Les conducteurs sont dispensés des nettoyages intérieurs, mais doivent veiller au maintien de l'ordre pendant le repas ;

8° Le retour du travail doit s'effectuer dans les mêmes conditions que le départ ;

9° Les conducteurs sont obligés de remettre à l'intendant les bulletins de conduite, contenant les observations des différents chefs d'ateliers ;

10° A leur rentrée, les élèves doivent enlever leurs chaussures et les nettoyer ;

11° Au coup de cloche, ils se réunissent au réfectoire pour le souper ;

12° Ils doivent tous prendre part à la prière du soir ;

13° Personne n'a le droit de se coucher avant 9 heures, et à 10 heures nul ne peut être debout ;

14° La garde de nuit est réglée suivant les prescriptions de l'intendant ;

II. — *Dimanche.*

15° Chaque élève, après s'être nettoyé et avoir changé de linge, doit, le dimanche, se trouver au réfectoire à 7 heures précises ;

16° Il doit assister avec recueillement au service divin, sauf le cas de force majeure ;

17° Après l'office, on doit suivre l'école du dimanche;

18° L'après-midi est consacrée soit à des récréations dans l'établissement, soit à des promenades;

19° A 6 heures et demie, tous les élèves doivent être rentrés à l'Institut;

20° Pendant les heures de liberté du dimanche, les orphelins peuvent aller à Salzmünde et à Benkendorf. Une permission spéciale de l'intendant est indispensable pour toute autre localité. Ces sorties sont refusées à ceux qui ont manqué au règlement;

III. — *Observations générales.*

21° Chaque élève doit avoir une conduite régulière au dehors comme à l'intérieur de l'établissement;

22° Il est défendu de boire du schnapps, de fumer, de jouer aux cartes et de fréquenter les salles de danse. Cette permission, par exception, est quelquefois accordée sous la surveillance de l'intendant;

23° Chaque élève doit ranger ses habits dans les endroits spécialement désignés à cet effet;

24° Il est défendu de coucher habillé;

25° La tranquillité ne peut en aucune façon être troublée pendant les heures de sommeil;

26° Les chambres et salles seront toujours tenues avec propreté et le mobilier bien entretenu;

27° Les élèves doivent faire usage du feu et de la lumière avec la plus grande circonspection;

28° L'entrée des cuisines est formellement interdite sans permission spéciale;

29° Les besoins naturels s'accomplissent seulement dans les endroits à ce destinés;

30° Aucune ordure ne peut être versée ou jetée par la fenêtre;

31° L'élève doit ménager ses habits et réparer lui-même, au plus vite, les accidents survenus à ses vêtements de travail; l'intendant lui délivre tout ce qui lui est nécessaire pour ces raccommodages;

32° Il doit se conformer à toutes les prescriptions de l'intendant.

Caisse de secours pour les malades.

Les statuts de cette caisse nous initient à tous les détails de son organisation.

En 1882, on a soigné 391 malades pendant 4,333 jours, soit en moyenne 11 jours par personne. Les secours en argent furent de 0 fr. 725 par tête et par jour, ce qui a fait monter les frais, y compris l'entretien, à la somme quotidienne de 1 fr. 875 par tête.

STATUTS DE LA CAISSE DE SECOURS

Conformément à la loi du 3 avril 1854 et à l'ordonnance officielle du 2 décembre 1858, les ouvriers de Salzmünde se sont réunis pour créer une caisse de secours pour les malades, dont voici les statuts.

§ 1. — *But.*

La caisse de secours aux malades accorde à ses membres des subventions puisées à un fonds commun, dans les circonstances suivantes:

1° En cas de maladie, les visites du médecin, chirurgien, et les médicaments sont gratuits;

2° Des secours en argent sont donnés lorsque la maladie est longue et n'a pas été provoquée par l'imprudence du malade;

3° La Société participe, pour une part, aux frais d'enterrement;

4° Si l'argent en caisse n'est pas épuisé par les secours délivrés conformément aux statuts, on créera un fonds de réserve destiné à servir des pensions alimentaires aux membres devenus incapables de travailler et de pourvoir à leur subsistance pendant la vieillesse. Cette réserve peut servir aussi à secourir les veuves et orphelins dans le besoin.

§ 2.

L'article premier du paragraphe 1 (médecin et médicaments) est applicable à la famille du sociétaire, pour la femme et les enfants âgés de moins de 14 ans, à la condition qu'ils logent sous le même toit.

§ 3. — *Participation obligatoire.*

Par l'ordonnance du 2 décembre 1858, le gouvernement royal de Mersebourg a décidé que tout ouvrier mâle des fabriques de Salzmünde, âgé de 17 ans, était obligé de faire partie de ladite Société; mais ces fabriques emploient beaucoup d'ouvriers des deux sexes au-dessous de cet âge et l'ordonnance leur est applicable. Dans un ménage, le mari étant déjà membre de la Société, la femme ne saurait être astreinte à en faire partie.

§ 4.

Sous la dénomination de fabriques de Salzmünde, l'ordonnance du 2 décembre 1858 comprend: la sucrerie, la distillerie, la tuilerie, l'établissement du lavage des terres à porcelaine, le moulin, etc., et toutes les usines pouvant être créées dans la suite.

Les ouvriers engagés sont toujours prévenus à l'avance de leur participation obligatoire à cette caisse.

§ 5. — *Manœuvres.*

Les manœuvres sont assimilés aux ouvriers des fabriques et doivent faire partie de cette Société de secours.

§ 6. — *Ouvriers temporaires des fabriques.*

Les ouvriers occupés temporairement dans les usines sont dispensés de s'associer à la caisse des malades, cependant en payant leur quote-part ils peuvent en faire partie pour le temps pendant lequel ils sont engagés et même rester membres tout en s'absentant de la fabrique, pourvu qu'ils ne soient pas éloignés de plus de 8 kilomètres de Salzmünde.

Après six mois d'absence de la fabrique, l'ouvrier qui revient travailler n'est plus astreint au paiement des droits d'inscription (§ 10), si la direction le juge convenable.

§ 7. — *Membres volontaires.*

Tous les ouvriers de l'exploitation agricole et du chantier de construction des bateaux (bateliers proprement dits exceptés) peuvent faire partie de l'association, et comme membres, sont astreints aux mêmes devoirs et jouissent des mêmes privilèges que les ouvriers des fabriques.

§ 8. — *Résiliation d'engagement.*

Dès qu'un ouvrier quitte définitivement le service de l'exploitation, il cesse d'être membre de la Société. Les bons ouvriers seuls, ayant longtemps appartenu à l'association, peuvent jouir d'une exception faite en leur faveur et doivent payer la cotisation hebdomadaire.

Les ouvriers de passage (§ 6), en continuant de payer leur part, sont membres volontaires (§ 8), mais perdent la qualité de sociétaires s'ils négligent pendant un mois de payer la taxe prescrite.

§ 9. — *Sommes à verser.*

Les membres sont divisés en 3 classes d'après la somme versée par eux et suivant leur salaire.

La 1re comprend les ouvriers qui gagnent 11 fr. 25 c. par semaine ;

La 2e, ceux qui reçoivent 5 fr. 625 et moins de 11 fr. 25 c. ;

La 3e, ceux qui gagnent moins de 5 fr. 625.

§ 10.

Les droits d'inscription s'élèvent :

à 2 fr. 50 c. pour la 1re classe ;
à 1 fr. 25 c. — 2e —
à 0 fr. 625 — 3e —

Les membres entrés à la création de la caisse de secours ne paient pas de droits d'inscription ; il en est de même pour ceux qui passent d'une classe à une autre.

§ 11.

La cotisation est de 0 fr. 312 pour la 1re classe ;
— — 0 fr. 187 — 2e —
— — 0 fr. 125 — 3e —
payable chaque semaine et prélevée sur le salaire.

On procède de même pour les membres volontaires, autant que possible par une retenue faite sur leurs gages. Si cette méthode est impraticable, l'ouvrier doit verser directement chaque semaine à la caisse, qui n'accorde aucun délai.

Les membres malades sont de fait dispensés de tout versement aussi longtemps qu'ils touchent des secours.

§ 12.

Conformément à l'article 5 de l'ordonnance du 2 décembre

1858, le propriétaire est obligé de déposer à la caisse de secours des malades une somme égale à la moitié des cotisations régulières des ouvriers.

§ 13.

Toutes les amendes infligées par le propriétaire à ses employés et ouvriers, membres ou non de l'association, sont versées à la caisse.

§ 14. — *Droits des membres.*

MÉDECINS ET MÉDICAMENTS.

La caisse de secours aux malades doit se pourvoir d'un ou plusieurs médecins, s'il est nécessaire, pour soigner les membres et leurs familles. Médecins et médicaments sont aux frais de la caisse.

SECOURS EN ARGENT.

Les ouvriers privés de travail et sans ressources reçoivent par jour: ceux de la 1re classe 0 fr. 875;
— 2e — 0 fr. 75;
— 3e — 0 fr. 615.

§ 15.

En général, les secours en argent ne sont donnés que dans les maladies de plus de trois jours. Dans les cas graves, ils sont accordés dès le commencement de la maladie. Les femmes en couches, membres de la Société, reçoivent de l'argent pendant la première quinzaine de l'alitement. Les naissances illégitimes ne donnent droit à aucune subvention.

§ 16. — *Cas entraînant le refus de secours.*

S'il est déclaré par le directeur ou le médecin que le membre associé s'est blessé ou rendu malade par imprudence, par suite de bataille, ou de vie déréglée, la part de secours en argent est supprimée. La direction aura le même droit pour les maladies trop longues, ou trop souvent répétées chez les mêmes individus.

En général, les secours en argent ne doivent pas durer plus de 16 semaines par an.

Les membres tombés malades dans les deux premiers mois de leur admission peuvent être rayés, lorsque le médecin constate que les germes de la maladie existaient avant leur admission, et si la cause primitive du mal peut engendrer une maladie chronique, les droits d'inscription et les versements effectués doivent être restitués.

§ 17. — *Notification de la maladie.*

A. *Appel du médecin.*

Dès qu'un sociétaire ou un membre de sa famille tombe malade et désire avoir les secours du médecin, il doit avertir le doyen de sa section qui, sur le bien-fondé de la demande, délivre le bulletin de réquisition médicale.

Le médecin, appelé après cette formalité, n'est pas payé par la caisse.

§ 18.

B. *Secours en argent.*

Pour obtenir les secours en argent, il faut une notification de la maladie faite, dans les 24 heures, au doyen, qui en réfère à la direction et au médecin. La demande est alors admise ou refusée.

§ 19. — *Enterrement.*

La caisse accorde pour l'enterrement d'un sociétaire de la première classe, 37 fr. 50 c.;

De la 2e classe, 22 fr. 50 c.;

De la 3e classe, 15 fr.

§ 20. — *Pensions et secours.*

Le paragraphe 1er de ces statuts prévoit le cas où des pensions ou secours peuvent être accordés, si l'argent de la caisse n'est pas épuisé, aux malheureux incapables de pourvoir à leurs besoins par suite de vieillesse, d'infirmités, ou perte de famille.

Les clauses réglant ces donations seront établies lorsque les fonds en caisse auront atteint un certain chiffre. Le directeur fixera la somme à mettre en réserve, tous les ans, au profit de cette caisse particulière.

§ 21. — *Direction.*

La direction se compose : 1° du propriétaire, qui se choisit un fondé de pouvoirs;

2° De 5 administrateurs pris parmi les membres de l'association.

Ainsi formée, la direction s'adjoint 5 préposés ou doyens choisis parmi les ouvriers de chaque section, en tenant compte du lieu de leur résidence.

Cette assemblée, à la majorité des voix, décide sur les questions de médecin, de suppression des secours en argent, de secours extraordinaires et augmentations de cotisations (§§ 14, 16, 26 et 27).

Les doyens sont élus par les membres électeurs (§ 29), sous la présidence du propriétaire ou de son fondé de pouvoirs.

Les fonctions d'administrateur ou de doyen sont gratuites, et personne ne peut les décliner pendant le cours de son exercice (un an).

Les membres sortants sont rééligibles, mais non obligés d'accepter, si ce n'est après un intervalle de 3 ans.

§ 22.

Le propriétaire ou son fondé de pouvoirs, assisté de deux administrateurs, représentent la caisse de secours dans les affaires extérieures et sont reconnus par le conseil royal du district. Ces trois représentants sont autorisés à consentir et faire tous les actes, même ceux pour lesquels la loi exige une procuration. (Conclusion d'accord, quittance, hypothèques, etc.)

§ 23. — *Administration intérieure.*

Le propriétaire veille à la stricte observation des statuts, convoque tous les membres pour les délibérations importantes. Il est tenu d'avoir un registre sur lequel sont inscrits les noms de tous les membres, d'y rayer les sortants et d'y inscrire les admissions nouvelles.

Il doit chaque année un compte exact des recettes et dépenses, soumis d'abord à la direction et ensuite à l'assemblée générale convoquée à ce sujet.

Après séance, il est donné quittance et décharge de gestion et on passe à l'ordre du jour.

Si les versements partiels atteignent le chiffre de 150 fr., la somme doit être déposée à la caisse d'épargne de Halle; arrivée au chiffre de 375 fr., elle peut être placée à intérêts au gré de la direction, sur l'autorisation du conseil royal du district.

§ 24.

Les fondés de pouvoirs s'obligent à faire les retenues pour les droits d'inscriptions, les cotisations hebdomadaires, sur le salaire de chaque membre et d'en verser le montant, avec la part du patron, à la caisse de la Société.

§ 25.

Les membres administrateurs et les doyens de section doivent examiner les notifications de maladie, s'assurer *de visu* de l'opportunité de la continuation des secours en argent.

§ 26.

La direction peut, si l'état des finances le permet, accorder, dans les cas de détresse exceptionnelle, des secours extraordinaires à des familles d'ouvriers.

§ 27.

En cas d'insuffisance de recettes, la direction peut élever le montant des cotisations, ou l'abaisser dans le cas contraire; mais elle doit toujours se munir de l'autorisation du conseil royal du district.

§ 28.

La direction ne peut délibérer sans le concours de tous ses membres et la présence du patron ou des fondés de pouvoirs. Toute décision doit être prise à la majorité des voix; en cas de partage, le président décide.

§ 29. — *Assemblées générales.*

La vérification des comptes et l'élection des membres administrateurs a lieu tous les ans en assemblée générale. Dans les cas urgents, il peut y avoir d'autres assemblées auxquelles peuvent assister seulement les sociétaires mâles ayant atteint leur majorité. Ces réunions sont présidées par le propriétaire. Le président a toujours voix prépondérante.

§ 30. — *Surveillance de l'association.*

Le conseil royal du district surveille l'administration de la caisse des secours aux malades et désigne, à cet effet, un commissaire royal spécial.

Le conseil royal et le commissaire sont spécialement autorisés à prendre connaissance de la manière d'administrer, examinent les livres de caisse et de l'état des recettes. Ils doivent approuver l'arrêté de compte de fin d'année, et ont le droit d'assister aux délibérations avec voix consultative sans prendre part aux votes.

Le conseil royal décide en dernier ressort sur les plaintes ou réclamations, révoque les administrateurs ou doyens reconnus coupables de malversation ou de négligence dans l'accomplissement de leurs fonctions et provoque ensuite de nouvelles élections.

Les plaintes ou réclamations doivent être adressées au conseil royal, dans la première quinzaine qui suit le fait donnant lieu à récrimination, mais il n'y a pas de procédure judiciaire.

§ 31. — *Changements dans les statuts.*

Tout changement dans les statuts doit être approuvé par le conseil royal du district, qui peut, à la rigueur, en raison de considérations d'ordre public, y faire des modifications ou même dissoudre la Société de secours.

Salzmünde, le 29 septembre 1859.

Les Autorités locales,

Fr. Hahn, échevin.

Ces statuts sont sanctionnés, sauf les suivants ainsi modifiés :

1° (§ 3). Les ouvriers et ouvrières âgés de moins de 17 ans peuvent, mais ne sont pas obligés de faire partie de ladite Société ;

2° (§ 27). Le conseil royal du district se réserve le droit d'agréer une réduction dans les souscriptions à verser.

Mersebourg, 27 octobre 1859.

Gouvernement Royal,
Ministère de l'Intérieur,
Signé : VON WERDER.

Caisse d'épargne.

Une caisse d'épargne indépendante de la caisse des secours aux malades fut créée en 1858 pour engager l'ouvrier à placer d'une manière sûre son argent. Elle accepte les dépôts depuis 3 fr. 75 c. (3 marks) au taux de 4 1/6 p. 100. Le remboursement est fait à première demande. Aujourd'hui, cette caisse a reçu plus de 300,000 fr. d'argent placé.

Le 1er juillet 1858, année de la fondation, 48,750 fr. ont été déposés par 166 ouvriers ; le nombre des livrets est aujourd'hui de 780.

STATUTS.

Les domestiques, manœuvres, ouvriers de fabriques et des champs, tout employé enfin ayant des rapports plus ou moins directs avec l'exploitation de Salzmünde, peuvent placer leurs épargnes en se conformant au règlement suivant.

§ 1.

Les versements doivent être effectués au comptoir de M. Zimmermann, entre les mains du caissier principal.

§ 2.

La quittance est inscrite sur un livret contenant les dispositions présentes imprimées en tête, ainsi que les noms du caissier et du teneur de livres, chargés de recevoir l'argent, de le porter en compte et d'en donner le reçu. La signature de ces deux employés a la valeur de celle de M. Zimmermann, après apposition de l'estampille de la caisse.

§ 3.

Pour faire fructifier la moindre épargne, il est permis de déposer de très faibles sommes à la fois, un thaler (3 fr. 75 c.) par exemple, mais toujours en somme ronde sans fractions.

Les versements peuvent se faire, les jours de la semaine à toute heure et même le dimanche, de 5 à 6 heures du matin en été, et de 7 à 8 heures en hiver.

§ 4.

312 marks (390 fr.) placés ainsi rapportent 12^{m},997 (16 fr. 25 c.) l'an, soit 0^{m},125 (0 fr. 156) par thaler.

Les intéressés n'ont à payer aucuns frais, ni droits d'inscription, ni livrets donnés gratuitement.

§ 5.

Pour simplifier les opérations, les sommes versées ne portent intérêts qu'à partir du 1er du mois suivant, à moins que le versement ne soit fait le premier jour d'un mois. On agit de même pour les remboursements, les intérêts ne courent que jusqu'au dernier jour du mois qui a précédé la demande, à moins que le remboursement ne soit effectué le dernier du mois. Les intérêts ne sont donc calculés que par mois.

§ 6.

Le 30 du mois, les intérêts sont portés à l'actif du dépositaire. Les intérêts ne sont pas capitalisés. Il est donc plus avantageux de prélever ces sommes et de les déposer à nouveau. On doit présenter son livret au mois de juillet pour y faire inscrire le montant des intérêts qu'on ne peut toucher qu'à cette époque.

§ 7.

Jusqu'à concurrence de 300 marks (375 fr.), le remboursement a lieu immédiatement. Toute somme plus importante doit être demandée huit jours à l'avance et être versée soit par le comptoir, soit par le banquier de M. Zimmermann, à Halle.

§ 8.

Les porteurs de livrets, en cas de remboursement, doivent se munir de pièces constatant leur identité, afin que le caissier puisse s'assurer de la validité de la demande.

La perte d'un livret doit être immédiatement signalée à la caisse d'épargne. Dans ce cas, on ne verse ni capital ni intérêts que sur preuve convaincante des droits de propriété du réclamant.

§ 9.

A moins de circonstances exceptionnelles, le départ d'un employé pour une autre exploitation n'est pas une cause de résiliation des engagements de la caisse d'épargne envers ce dépositaire et réciproquement.

La caisse doit accepter tout versement effectué, suivant les statuts, par tout serviteur quittant Salzmünde, lorsqu'il a su pendant son séjour se rendre digne de cette faveur.

§ 10.

Cette caisse d'épargne n'ayant été fondée que pour propager l'esprit d'économie parmi les ouvriers de l'exploitation, il est donc interdit de verser, sous le nom de l'un d'eux, des sommes d'argent appartenant à des étrangers. Toute fraude de ce genre entraînerait le remboursement immédiat, sans intérêts des fonds versés, et refus à l'auteur de cet abus de faire à l'avenir le moindre versement.

§ 11.

Tous les fonds placés à la caisse sont garantis sur les biens meubles et immeubles du propriétaire de Salzmünde, sans qu'il soit permis d'invoquer quelque prétexte que ce soit.

Salzmünde, le 1er juillet 1858.

Le Conseiller royal intime du commerce et de l'agriculture,

J.-C. Boltze.

Les statuts des caisses de secours et d'épargne ont été adoptés par M. Zimmermann, gendre de M. J.-C. Boltze, et aujourd'hui, ils sont encore en vigueur sous la direction de M. Auguste Zimmermann, fils de l'Œconomirath J. Zimmermann.

CHAPITRE XVII

ANNEXE I.

Laiterie halloise.

En 1878, MM. Zimmermann, oncle et neveu, propriétaires des domaines de Benkendorf et Salzmünde, comprirent les bénéfices qu'on pouvait tirer de la vente du lait, dans un local spécial, où il subirait toutes les manipulations basées sur les nouvelles découvertes scientifiques; après avoir pesé les avantages et les inconvénients de la création d'une laiterie à Halle, examiné les chances de succès appuyées sur des calculs hypothétiques qui parurent concluants, la création du nouvel établissement fut décidée et son installation rapidement conduite.

Fondée en commun, la laiterie halloise répartit ses profits et pertes entre les deux associés proportionnellement à la quantité de lait livré.

Les inspections de Benkendorf, Beuchlitz, Kl. Lauchstädt, Neukirchen, appartenant à M. Zimmermann, de Benkendorf, et les fermes de Salzmünde, Lettin, Teutschenthal faisant partie de l'exploitation de Salzmünde, envoient deux fois par jour, le matin à 6 heures, le soir à 4 heures, le lait de leurs étables. Chaque ferme transporte à Halle dans une voiture couverte en zinc la traite des exploitations désignées. Pendant les fortes chaleurs de l'été, une caisse de glace alterne avec les boîtes à lait, dont elle maintient la température à un degré convenable.

Cette dépense très minime (chaque ferme possédant une glacière) assure la conservation des produits.

Les pots à lait sortent des ateliers de M. Édouard Theisen, de Leipzig; nous les avons décrits dans le rapport publié au commencement de 1882 sur les Instituts et laboratoires allemands [1].

Arrivé à destination, le liquide est exactement mesuré dans des seaux en fer-blanc, de 10 et 20 litres, munis d'une petite plaque de verre graduée, encastrée dans les parois, permettant de constater les litres ou fractions de litres contenus dans le récipient.

On verse directement les seaux comptés dans un grand entonnoir placé dans la chambre des centrifuges et conduisant le lait aux bassins à rafraîchir. Le directeur de la laiterie délivre alors un reçu que chaque conducteur doit remettre, en rentrant, à l'inspecteur de la ferme.

Ce moyen de contrôle permet de vérifier si les quantités vendues ont été exactement transportées.

Enfin, un imprimé de livraison, ci-joint, semblable au modèle, est chaque jour envoyé à MM. Zimmerman, de Benkendorf et de Salzmünde.

den ________________ 188

Lieferungs-Tabelle.

	Lieferanten.		Literzahl.			Bemerkungen über Fettgehalt der Milch.
	Name.	Gut.	Morgs.	Abends.	Summa.	
	Zimmermann, Benkend.	Benkendorf.				
	do.	Beuchlitz.				
	do.	Kl. Lauchstädt.				
	do.	Neukirchen.				
	Zimmermann, Salzm.	Salzmünde.				
	do.	Lettin.				
	do.	Teutschenthal.				

1. Voir les *Annales de l'Institut agronomique,* 4e année.

Le plan général de cette laiterie, que nous donnons à 1/100 de grandeur naturelle, se compose de onze chambres ou cuves :

I. — Magasin de vente.
II. — Chambre à lait.
III. — Chambre à crème.
IV. — Cave à beurre.
V. — Cave à fromage.
VI. — Comptoir.
VII. — Chambre des centrifuges.
VIII. — Machines.
IX. — Cuisine à écurer.
X. — Fromagerie.
XI. — Vestibule.

Le comptoir, qui sert en même temps de petit laboratoire, se trouve à droite en entrant ; outre ses casiers, bibliothèque et caisse, il renferme une table, 1 (voir pl. L_1), sur laquelle se trouvent une étuve réglée, des éprouvettes, pipettes, verres à pied et précipités, un pèse-lait, l'appareil Marchand et celui à épuisement du Dr Soxhlet, ainsi que son appareil pour la détermination des matières grasses[1], une balance de précision, pesant au milligramme près ; en un mot, tout ce qui sert à faire une analyse rapide du lait. Toutes les opérations sont effectuées sur une longue tablette, 2. Le n° 3 représente le bureau du comptable, 4 est l'emplacement du coffre-fort.

Une ouverture, 5, pratiquée dans le mur et fermée par une petite fenêtre, facilite la surveillance de la salle des centrifuges (VII).

Des armoires destinées à contenir les produits et quelques teintures[2], expérimentées en ce moment sur le beurre et le fromage, occupent le dessous des tables 1 et 2.

1. Voir Rapport sur les *Instituts et Laboratoires allemands*, par Alb. Orry, pages 383 à 393.

2. Les meilleures teintures et présures proviennent de Christiania.

Les nouveaux produits de M. S. Barnekow, Malmö (Suède), et de Carlmann, à Hildesheim, sont à l'essai. Jusqu'à présent, M. Édouard Ahlborn, à Hildesheim, avait presque seul inondé toute la Saxe de ses produits.

Dans le magasin de vente, salle I, les beurres et fromages destinés au détail reposent sur une longue tablette de marbre, à côté des fromages légèrement passés, recouverts de grandes cloches de cristal. Trois cuves en fer battu étamé contiennent les laits gras, maigres et la crème.

Une chaudière dans laquelle sont déposés les instruments de mesurage, et un poêle, 3, complètent l'ameublement de cette pièce. Des affiches, en carton verni, indiquant les prix de vente des produits, sont accrochées au mur.

Le lait de beurre qu'on vend exceptionnellement au magasin	coûte	0f,10	le litre.
Le lait écrémé.	—	0,10	—
Le lait pur.	—	0,20	—
La crème.	—	1,875	—
La crème additionnée de lait pur, pour café au lait	—	1 »	—

L'escalier J nous conduit à la salle des centrifuges (VII), où sont installés deux appareils Leffeld, dont la description a été faite par M. Chesnel dans son rapport sur les institutions laitières danoises[1].

Cette salle, pavée en grès strié, est destinée à des manipulations intéressantes. Le lait qui arrive des exploitations est, comme nous le savons, versé par l'entonnoir *a*, 3, dans les deux bassins en fer étamé placés dans une grande auge en brique recouverte de ciment dans laquelle, été comme hiver, circule un courant d'eau à 10°. Les cuves, maintenues dans ce bassin au moyen de deux tringles en fer passant dans des anneaux scellés aux parois de l'auge, ne peuvent surnager et baignent toujours complètement, quelle que soit la quantité de liquide contenu. Après refroidissement le lait est versé dans la boîte de fer-blanc placée à deux mètres du sol, *a*, 5. Cette disposition permet de conduire, par un tuyau, le lait refroidi aux centrifuges, en le faisant passer d'abord sur des

1. Voir les *Annales de l'Institut national agronomique*, tome III.

réfrigérants Lawrence, qui l'amènent à la température voulue, avant son entrée dans le séparateur.

De la vapeur en hiver, de l'eau froide en été, circulent dans les tubes du réfrigérant, pour maintenir un degré constant de chaleur.

Les centrifuges sont mis en marche à l'aide de transmissions que nous avons indiquées[1], avec des courroies de chanvre tissé.

Le lait turbiné tombe sur d'autres réfrigérants Lawrence et vient par l'entonnoir, *a*. 4, tomber dans les deux bassins en fer battu de la cuve *a* (salle II) analogue à la précédente, réservée au lait pur.

La crème, séparée par les appareils Leffeld, s'écoule directement de la machine dans des seaux à deux anses, en fer battu, jaugeant 30 à 40 litres. Immédiatement portés dans la pièce III, on les immerge de 10 heures du matin à 6 heures du soir, moment du 2e arrivage, jusqu'au lendemain, 5 heures du matin, dans la cuve *b*, remplie d'eau servant à maintenir la crème à une température de 15° en hiver et 10° en été.

Avant de quitter la salle des centrifuges, nous devons signaler le tableau noir, sur lequel sont inscrites les qualités du lait livré à chaque appareil, l'heure où commence et finit l'opération, les températures à l'entrée comme à la sortie du séparateur, la quantité de lait maigre et de crème obtenus.

La salle n° III et la cave IV, où l'on pénètre par l'escalier J, sont essentiellement destinées aux manipulations du beurre. La crème est versée dans les barattes[2], *h*, fixées sur des bâtis scellés aux murs, le mouvement est communiqué par les transmissions figurées sur le plan.

---

1. Rapport sur les *Instituts et Laboratoires allemands*, par Alb. Orry.
2. Ces barattes sont construites par M. Ed. Ahlborn, de Hildesheim.

Nous avons vu expérimenter une nouvelle machine à baratter, assez ingénieuse, introduite cette année à titre d'essai, pour être ensuite adoptée par toutes les inspections de Salzmünde et de Benkendorf.

Ce tonneau-balançoire à beurre, dont nous donnons le dessin (voir pl. L_3), *Amerikanisches Schaukel-Butterfass,* consiste en une boîte oblongue en bois à fond plat; les extrémités, hémicylindriques, sont réunies à la partie supérieure par une surface légèrement bombée, fermée à l'aide d'un couvercle également en bois. Cette capacité se trouve suspendue, comme le montre la figure, par quatre petites tringles en fer, fixées en *T* à des tourillons assujettis à la partie inférieure de la baratte. L'extrémité *C*, courbée en forme de crochet, se trouve reliée par des anneaux aux quatre bras d'un support double en *X*. Deux barres transversales, *BB,* servent à imprimer le mouvement.

Il suffit d'introduire 60 litres de crème ordinaire à 17° pour obtenir en 30 ou 40 minutes un beurre excellent et parfumé. Une température supérieure à 15° n'est pas nécessaire lorsqu'on emploie de la crème douce.

Les grands avantages de cette nouvelle baratte consistent dans le nettoyage très facile et rapide de la caisse, qui ne renferme aucun appareil agitateur. C'est la crème elle-même qui, venant frapper l'une des extrémités de la boîte, brise les molécules hypothétiques des globules butyreux et les fait adhérer entre elles.

Enfin, le centre de suspension a été si bien étudié, qu'un enfant peut produire sans fatigue le beurre désiré, en faisant exécuter à la machine 43 oscillations doubles par minute.

Le lait pur versé dans cet appareil cède également avec une grande facilité le beurre qu'il renferme.

Voici, suivant ses dimensions, le prix de cette machine très recommandable :

Capacité de 60 litres	. . . .	62f,50
— de 100 —	. . . .	81 ,25
— de 140 —	. . . .	100 »
— de 180 —	. . . .	118 ,75

Une fois produit, le beurre est immédiatement descendu dans la cave IV et soumis, sans aucun lavage préalable, à l'action de la machine Leffeldt's Rotirbutterkneter, décrite par M. Chesnel ; puis on incorpore 3 p. 100 de sel à la masse butyrique en la faisant passer une seconde fois sous le rouleau tronconique cannelé de la machine. Le beurre est alors empilé dans une cuve en fer battu étamé, dans laquelle on le laisse séjourner 10 heures.

En hiver, ce récipient est abandonné à l'air libre dans la salle ; en été, il est plongé dans le bassin réfrigérant.

Le beurre est encore une fois pressé au moyen du Leffeldt's Rotirbutterkneter, puis porté dans de grandes auges en bois pour procéder au moulage.

Chaque morceau est placé sur le plateau de marbre d'une balance reposant elle-même sur une grande table, *d*, également en marbre ; il est ensuite moulé dans une boîte en porcelaine et l'on imprime à sa surface, à l'aide d'un timbre en bois incrusté, la marque de fabrique Hallesche Melkerei. Cette opération terminée, la capacité qui contient 0k,500 ou 0k,750 est fermée par un couvercle de porcelaine blanche portant en bleu la marque de la fabrique H. M. Toutes ces petites boîtes cylindriques attendent la vente, rangées avec ordre sur les étagères *CC*.

Lorsque le beurre doit être transporté dans les environs par la poste de Halle, les boîtes de porcelaine sont remplacées par des récipients en tôle émaillée, bleue à l'extérieur et blanche à l'intérieur. Cette couleur choisie à dessein fait ressortir l'éclat et la coloration du beurre, livré aux acheteurs à raison de 4 fr. le kilogramme.

En sortant de cette cave, nous traversons la salle III pour pénétrer dans celle n° IX affectée au nettoyage de tous les ustensiles. Deux cuves en bois, dont l'une *n* est remplie d'eau froide, et dont l'autre *n'* contient l'eau chauffée par un courant de vapeur, constituent le seul mobilier de cette pièce. De là nous descendons dans la fromagerie X.

Un grand récipient, *o*, en bois, à double fond en cuivre étamé reçoit le lait maigre provenant quelquefois directement des centrifuges, mais presque toujours de la chambre II (bassin *a*) et déversé par un entonnoir de la salle IX. Ce lait est une première fois chauffé à 25°, sans adjonction de présure, pendant environ trois quarts d'heure; puis on agite la masse cuite pour la laisser reposer 7 heures; ce laps de temps écoulé, la température est ramenée à 25°, on agite une seconde fois et le magma est abandonné à lui-même jusqu'au lendemain matin à 5 heures.

A ce moment toute la caséine est montée à la partie supérieure et la presque totalité de l'eau rassemblée à la partie inférieure s'évacue par le robinet du tuyau de décharge; il ne reste plus qu'à remplir de matière caséique, à l'aide d'une grande pelle en bois, les cylindres garnis d'une fine toile et de soumettre, pendant une journée entière, cette matière à l'action des quatre presses à fromages (*Käsepresse*)[1] *P*.

Le moulage s'effectue ensuite sur la table *d*, de la case *V*, et les fromages rangés sur les étagères *F* subissent jusqu'à complète maturité les manipulations ordinaires.

Telles sont les phases des diverses opérations que le lait subit pour être transformé en produits commerciaux.

---

1. Décrites par M. Chesnel.

Il ne reste, pour terminer cette étude, qu'à signaler la chambre VIII renfermant la chaudière et la machine à vapeur d'une force de huit chevaux[1], et munie du régulateur Cossinus étudié dans notre rapport sur les Instituts et laboratoires allemands (page 342, tome IV des *Annales de l'Institut agronomique*)[2].

Cet établissement comporte en outre une cour intérieure dont les murs servent d'appui à des hangars sous lesquels sont abrités toutes les boîtes à lait, les voitures et les chevaux qui occupent une partie aménagée à cet effet.

L'installation de cette laiterie a coûté, y compris les bâtiments, 125,000 fr.

La Société envoie quotidiennement 5,000 litres de lait.

Lait . . . . { 1,200 litres sont vendus.
3,800 — sont dirigés sur les centrifuges.

On en retire 380 litres de crème.

Crème . . . { 50 litres passent au détail.
330 — servent à la fabrication du beurre, qui s'élève par jour de 80 à 90 kilogr.

Il reste encore 3,400 litres de lait maigre.

Lait maigre . { 2,400 litres sont vendus.
1,000 — servent à faire 125 kilogr. de fromage blanc, valant 0 fr. 30 c. le kilogramme.

Le petit-lait provenant de la fabrication des fromages est réexpédié, en hiver, aux exploitations pour l'élevage des porcs.

---

1. Achetée à la Société *Hallesche Maschinenfabrik*.

2. Les ronds pochés en noir qu'on aperçoit dans les salles de la laiterie halloise, représentent les colonnes de vapeur d'eau destinées au chauffage des calorifères alimentés par la chaudière de la machine à vapeur; elles entretiennent (ce qui est un défaut) la température désirée dans les salles qui les renferment, seulement pendant la marche de la machine.

Chaque jour MM. Zimmermann, de Salzmünde et de Benkendorf, reçoivent les tableaux suivants, dont un exemplaire est toujours conservé à la laiterie pour constituer la comptabilité de cet établissement.

Ces tableaux se vérifient les uns par les autres et sont d'une clarté indiscutable.

Verkäufer____________________

hat empfangen am ____________________ 188

	Preis.	Betrag.			Betrag.		
	Pf.	M.	Pf.	M.	M.	Pf.	
Kil. Butter							
Lit. Rahm							
» fette Milch							
» Magermilch							
» Buttermilch							
Zusammen. . .							
Verkäufer hat zurückgeliefert:							
Kil. Butter							
Lit. Rahm							
» fette Milch							
» Magermilch							
» Buttermilch							
Zusammen. . .							
davon ab : **Provision auf** :							
Kil. Butter							
Lit. Rahm							
» fette Milch							
» Magermilch							
Zusammen. . .							
Mithin zu zahlen :							

Productions-Tabelle vom ______ 188

Durch Abrahmen			Durch Verbuttern				Durch Verkäsen						
verbraucht.	gewonnen.		verbraucht.		gewonnen.		verbraucht.				gewonnen.		
Fette Milch.	Rahm.	Magermilch.	Rahm.	Fette Milch.	Butter.	Buttermilch.	Fette Milch.	Magermilch.	Buttermilch.	Quark.	Holsteiner Käse.	Käse.	Molken.
Liter.	Liter.	Liter.	Liter.	Liter.	Kilogr.	Liter.	Liter.	Liter.	Liter.	Kilogr.	Kilogr.	Stück.	Liter.

Verkaufsladen hat empfangen am ________________ 188

Butter.	Quark.	Holsteiner Käse.	Käse.	Fette Milch.	Mager-milch.	Butter-milch.	Rahm.
Kilogr.	Kilogr.	Kilogr.	Stück.	Liter.	Liter.	Liter.	Liter.
Summa :							
Zurück :							
Verkauft :							

Deux voitures spéciales, construites pour la vente, transportent, deux fois par jour, dans les rues de Halle, les produits de la laiterie. Nous avons pu nous procurer, à la fabrique de M. Gottfried Linderer, un modèle de ce véhicule breveté, qui se compose d'une caisse montée sur quatre roues en fer et divisée longitudinalement en trois sections.

Celle du milieu, spécialement réservée au transport du beurre, renferme à sa partie supérieure une boîte à glace pour maintenir la fraîcheur des produits. (*Voir* pl. L_2.) Cette armoire centrale s'ouvre derrière la voiture, par une porte sur laquelle on lit : *Beurre à 4 fr. le kilogramme.*

Les deux sections latérales sont elles-mêmes divisées en six cases contenant chacune une boîte à lait parallélipipédique, à angles arrondis, munis à la partie inférieure de robinets en cuivre assez assaillants pour traverser les ouvertures pratiquées dans les parois mobiles à charnières supérieures et servant de portes.

De ces douze cases, six renferment le lait maigre, quatre le lait pur, une la crème, et enfin la dernière le lait de beurre.

Le robinet de la crème est plus élevé que les autres. Une inscription indique, au-dessus de chacun, le contenu du réservoir et le prix du liquide renfermé. Avec ce système aucune fraude n'est possible.

La voiture est fermée après son chargement, avant d'être confiée au conducteur, qui doit rapporter une somme égale à celle représentée par les produits livrés, ou la différence en lait, crème et beurre non vendus; la clef de l'armoire à beurre lui est seule confiée, mais pour les autres réservoirs il ne peut qu'ouvrir ou fermer les robinets, sans toucher à leur contenu. Une sonnette agitée tous les 50 mètres, indique aux consommateurs le passage de la voiture, qui doit toujours marcher au pas, même à vide.

ANNEXES.

SEMAINE N° . **N° 1 A.**

Du au 188 .

Extrait hebdomadaire *d'arrivées et de sorties de toutes espèces de l'économie rurale de , dressé par l'inspecteur de .*

DATE.	BLÉ.	ENTRÉES.					SORTIES.				
		60 bottes (*Schock*).	Bottes (*Bund*).	*Wispel* = 13h,190.	*Scheffel* = 54l,960.	*Metzen* = 3l,425.	60 bottes (*Schock*).	Bottes (*Bund*).	*Wispel* = 13h,190.	*Scheffel* = 54l,960.	*Metzen* = 3l,425.
	État d'après l'extrait n° . .										
	TOTAUX. . .										
	RESTE. . . .										

NOTA. — Ce tableau sert pour chacun des articles ci-dessous, en remplaçant pour la colonne 4, les entêtes d'entrées et de sorties par : *nombre des animaux et des objets.*

Blé.
Seigle.
Orge.
Avoine.
Mélanges.
Vesces.
Haricots.
Fèves.
Pois.
Lentilles.
Orge mondé.
Son.
Semences d'esparcette.
— de trèfle.
— de luzerne.
— de betteraves à sucre.
— de betteraves fourr.
Tourteaux.
Pommes de terre.
Maïs.
Trèfle et foin.
Lait.
Plantes oléagineuses.
Huile.
Farine de blé.
— de seigle.
— d'orge.
Chevaux.
Bœufs.
Vaches.
Jeune bétail.
Moutons.
Porcs.
Peaux.
Peaux tannées.
Ustensiles.

SEMAINE N° . N° 1 B.

Du au 188 .

Extrait hebdomadaire *des dépenses de l'économie rurale de* .

Les modèles ou formulaires contiennent les indications suivantes :

1. La date :
   1. Le mois ;
   2. Le jour ;
   3. La semaine.
2. Appointements et salaires fixes :
   1. Directeur et employés ;
   2. Intendant et valets ;
   3. Surveillants et gardes champêtres ;
   4. Total.
3. Attelages :
   1. Chevaux ;
   2. Bœufs.
4. Jardins et plantations.
5. Engrais :
   1. Fumier : préparation, chargement, charroi et épandage ;
   2. Engrais du commerce : guano, etc. ;
   3. Composts : charroi et épandage, chargement et transport du purin.
6. Travaux divers :
   1. Triage de cailloux ;
   2. Réparation des chemins ;
   3. Entretien des fossés.
7. Récolte du foin et des trèfles.
8. Cultures pp^{dt}.
9. Basse-cour :
   1. Approvisionnement de fourrage ;
   2. Nettoyage de la cour et des étables, travaux domestiques, transport de la houille, etc.
10. Céréales :
    1. Ensemencement ;
    2. Moisson ;
    3. Engrangement des gerbes ;
    4. Battage à la machine ;
    5. Battage au fléau ;
    6. Travaux dans la grange, criblage et emmagasinage du grain, soins à lui donner.
11. Culture des betteraves :
    1. Préparation de la semence ;
    2. Ensemencement ;
    3. Démariage ;
    4. Binages ;
    5. Arrachage et formation de silos dans le champ même ;
    6. Revêtement de terre pour les silos ;
    7. Transport des betteraves à l'usine et nivellement du champ.
12. Culture des pommes de terre :
    1. Préparation de la semence ;
    2. Rayonnage des champs, ensemencement ;
    3. Labourages et binages ;
    4. Récolte ;
    5. Mise en tas ;
    6. Formation des silos ;
    7. Transport à la distillerie et nivellement du champ.
13. Salaires à la journée et à forfait.
    Total :
14. Dépenses imprévues et extraordinaires
15. Appointements et salaires fixes, salaires à la journée et à forfait, dépenses imprévues et extraordinaires :
    Total :
16. Impôts et contributions :
    1. Foncier, immeubles, revenus et rentes ;
    2. Communal, pour l'église, la cure et l'école ;
    3. Caisse des incendies ;
    4. Total :
17. Somme ou total de toutes les dépenses :

N° 2.

Arrêté de compte *de fin d'année des dépenses et recettes de l'économie rurale de , du 1er juillet* 188 *au* 30 *juin* 188 .

DÉPENSES

	Thalers = 3f,75.	*Silbergroschen* = 0f,125.	*Pfennige* = 0f,0125.	*Thalers* = 3f,75.	*Silbergroschen* = 0f,125.	*Pfennige* = 0f,0125.
A. — Dépenses au comptant.						
1. Appointements et salaires fixes :						
TOTAL des appointements et salaires fixes						
2. Salaires à la journée et à forfait :						
1. Culture des betteraves (*Morgen*) 25a,52.						
2. Culture des pommes de terre (*Morgen*) 25a,52.						
3. Salaires divers						
TOTAL des salaires à la journée et à forfait.						
3. Dépenses extraordinaires, matériaux de toutes sortes :						
Hôpital, caisse des malades, soins donnés aux valets						
Médicaments.						
Huile raffinée 50 kil. (*Centner*) par liv.						
— brute — . .						
Graisse de voiture — . .						
Mémoire du forgeron						
— du charron						
Bois de chauffage et de construction .						
Mémoire du charpentier						
— du maçon.						
A reporter.						

DÉPENSES (*Suite*).

	Thalers = 3f,75.	*Silbergroschen* = 0f,125.	*Pfennige* = 0f,0125.	*Thalers* = 3f,75.	*Silbergroschen* = 0f,125.	*Pfennige* = 0f,0125.
Report						
Articles de tuilerie						
Constructions en général.						
Salaires pour la construction de chemins et chaussées						
Machines et pièces de machines. . .						
Combustible :						
Tonnes de houille terreuse.						
— et coke						
Compte du sellier.						
Transports militaires et autres travaux.						
Balayage						
TOTAL des dépenses extraordinaires et matériaux de toutes sortes . .						
4. Impôts et contributions :						
Impôts.						
Contributions diverses pour l'église et l'école.						
TOTAL des impôts et contributions.						
TOTAL des dépenses au comptant .	. . .	. . .	. . .			
B. — Produits naturels divers.						
1. Produits d'alimentation :						
Farine de froment 50 kil. (*Centner*) par livre.						
— de seigle — —						
— d'orge — —						
Pain — —						
Viande — —						
Pois (n.) Wispel (n.) Scheffel (n.) Metzen.						
Haricots — — —						
A reporter						

DÉPENSES (*Suite*).

	Thalers = 3f,75.	*Silbergroschen* = 0f,125.	*Pfennige* = 0f,0125.	*Thalers* = 3f,75.	*Silbergroschen* = 0f,125.	*Pfennige* = 0f,0125.
Report						
Lentilles (n.) Wispel (n.) Scheffel (n.) Metzen.						
Pommes de terre — — —						
TOTAL des produits d'alimentation.						
2. Animaux :						
1. Chevaux :						
(*Nombre*).						
2. Bêtes à cornes :						
(*Nombre*). Taureaux.						
— Vaches.						
— Jeune bétail.						
— Veaux						
— Bœufs.						
3. Moutons :						
(*Nombre*). Béliers						
— Agneaux						
4. Porcs :						
(*Nombre*). Cochons de lait						
— Truies.						
TOTAL des animaux.						
3. Fourrages :						
Foin, (nombre) *Centner*						
Paille — —						
Orge mondé, (nombre) *Centner*. (n.) liv.						
Avoine — —						
Haricots mondés — —						
Son — —						
Tourteaux de colza — —						
— de lin — —						
A reporter.						

DÉPENSES (*Suite*).

	Thalers = 3f,75.	*Silbergroschen* = 0f,125.	*Pfennige* = 0f,0125.	*Thalers* = 3f,75.	*Silbergroschen* = 0f,125.	*Pfennige* = 0f,0125.
Report						
Blé (nombre.) Wispel (n.) Scheffel (n.) Metzen.						
Seigle — — —						
Orge — — —						
Avoine — — —						
Sel de bétail — — —						
TOTAL des fourrages.						
4. Engrais :						
(*Nombre*) Quintaux.						
TOTAL.						
5. Produit des semences et semences :						
Colza (nombre) Wispel (n.) Scheffel (n.) Metzen.						
Blé — — —						
Seigle — — —						
Orge — — —						
Avoine — — —						
Maïs — — —						
Pommes de terre — —						
Semences d'esparcette (n.) Centner (n.) liv.						
— de trèfle ppdt — —						
Semences de luzerne — —						
— de trèfle pour pâturages — —						
Semences de betteraves sucrières — —						
Semences de betteraves fourragères — —						
TOTAL des produits des semences et semences						
TOTAL des produits naturels divers.	. . .	. . .	. . .			
A reporter.						

DÉPENSES (*Suite*).

	Thalers = 3f,75.	*Silbergroschen* = 0f,125.	*Pfennige* = 0f,0125.	*Thalers* = 3f,75.	*Silbergroschen* = 0f,125.	*Pfennige* = 0f,0125.
Report						
C. — Salaires pour travaux d'autres sortes.						
TOTAL des salaires pour travaux d'autres sortes						
D. — Primes d'assurances.						
E. — Fermage, location, intérêts.						
1. Fermage, location, etc. :						
TOTAL du fermage, location, etc. .						
2. Intérêts :						
Capital placé (n. de thalers) à p. 100.						
Fonds (roulement de) — —						
Inventaire — —						
TOTAL des intérêts.						
TOTAL de fermage, location, intérêts, etc.	. . .	. . .	. . .			
F. — Inventaire porté en compte.						
Capital vivant						
Capital mort						
Provisions en général.						
TOTAL de l'inventaire porté en compte.						

RECETTES

	Thalers = 3f,75.	*Silbergroschen* = 0f,125.	*Pfennige* = 0f,0125.	*Thalers* = 3f,75.	*Silbergroschen* = 0f,125.	*Pfennige* = 0f,0125.
A. — Agriculture.						
I. Plantes oléagineuses :						
Morgen de colza. Wispel. Scheffel. Metzen.						
Total des plantes oléagineuses. .						
II. Céréales :						
Morgen de blé Wispel. Scheffel. Metzen.						
— de seigle — — —						
— d'orge — — —						
— d'avoine — — —						
— de lentilles — — —						
Total des céréales						
III. Racines :						
Morgen de pommes de terre. *Wispel. Scheffel. Metzen.*						
Morgen de betteraves. . Centner. Livres.						
— de semences de betteraves. . . . . — —						
Morgen de semences de betteraves fourragères — —						
Total des racines.						
Total de l'agriculture	. . .	. . .	. . .			
B. — Élevage.						
I. Chevaux :						
(*Nombre*).						
Total des chevaux						
A reporter.						

RECETTES (*Suite*).

	Thalers = 3f,75.	*Silbergroschen* = 0f,125.	*Pfennige* = 0f,0125.	*Thalers* = 3f,75.	*Silbergroschen* = 0f,125.	*Pfennige* = 0f,0125.
Report						
II. Bêtes à cornes :						
1. Animaux :						
(Nombre). Taureaux.						
— Vaches.						
— Jeune bétail						
— Veaux.						
— Bœufs.						
2. Lait :						
(Nombre). Quarts = 1l,145 . . .						
3. Beurre :						
(Nombre). Livres.						
4. Peaux et cuirs :						
(Nombre).						
Total des bêtes à cornes. . . .						
III. Moutons :						
1. Animaux :						
(Nombre). Béliers						
— Moutons.						
— Agneaux.						
2. Laine :						
Centner. (Livres)						
3. Peaux tannées :						
(Nombre).						
Total des moutons						
IV. Porcs :						
(Nombre). Porcelets						
Total des porcs						
Total de l'élevage.	. . .	. . .	. . .			
A reporter.						

RECETTES (*Suite*).

	Thalers = 3f,75.	*Silbergroschen* = 0f,125.	*Pfennige* = 0f,0125.	*Thalers* = 3f,75.	*Silbergroschen* = 0,125.	*Pfennige* = 0f,0125.
Report						
C. — Recettes indéterminées.						
I. Fermage et location :						
Champs de pommes de terre pris à ferme						
Fermages divers						
— de fruits						
— de la pêche						
— du moulin.						
— de la boulangerie.						
Indemnité de terrain						
Location						
Total des fermages et loyers . .						
II. Travaux d'autres sortes.						
Total des travaux d'autres sortes.						
III. Matériaux divers.						
Total des matériaux divers . . .						
IV. Divers :						
Volaille vendue						
Total des divers						
Total des recettes indéterminées.	. . .	. . .	. . .			
D. — Inventaire cédé.						
Inventaire vivant.						
Inventaire mort						
Provisions en général						
Total de l'inventaire cédé. . . .						

RÉCAPITULATION

RECETTES	Thalers = 3f,75.	Silbergroschen = 0f,125.	Pfennige = 0f,0125.	Thalers = 3f,75.	Silbergroschen = 0f,125.	Pfennige = 0f,0125.
A. — Agriculture.						
B. — Élevage						
C. — Recettes indéterminées						
D. — Inventaire cédé						
Total des recettes.						
DÉPENSES						
A. — Dépenses au comptant.						
B. — Produits naturels divers.						
C. — Travaux salariés d'autres sortes . .						
D. — Primes d'assurance						
E. — Fermage, loyer, intérêts, etc. . . .						
F. — Inventaire porté en compte.						
Total des dépenses						
Balance						

ANNEXE 3

N° 3.

Inventaire *de l'Économie rurale de*

Compte de fin d'année, au 30 *juin* 188 , *dressé par l'inspecteur de* .

NOMBRE.	I. — Inventaire vivant.	PRIX PAR TÊTE. *Thalers* = 3f,75.	*Silbergroschen* = 0f,125.	*Pfennige* = 0f,0125.	SOMMES PARTIELLES. *Thalers* = 3f,75.	*Silbergroschen* = 0f,125.	*Pfennige* = 0f,0125.	TOTAUX. *Thalers* = 3f,75.	*Silbergroschen* = 0f,125.	*Pfennige* = 0f,0125.
	1. — *Chevaux.*									
	Chevaux d'attelage									
	— de carrosse.									
	— de selle									
	Poneys.									
	Pouliches d'un an									
	2. — *Bêtes à cornes.*									
	Bœufs de traits									
	— à l'engrais.									
	Taureaux —									
	Veaux —									
	Taureaux d'élevage.									
	Vaches à lait									
	Jeune bétail (2 ans).									
	— (1 an)									
	Veaux									
	3. — *Moutons.*									
	Béliers anglais									
	Moutons —									
	Agneaux —									
	Béliers mérinos.									
	Moutons —									
	Brebis —									
	A reporter									

NOMBRE.		PRIX PAR TÊTE. Thalers = 3f,75.	Silbergroschen = 0f,125.	Pfennige = 0f,0125.	SOMMES PARTIELLES. Thalers = 3f,75.	Silbergroschen = 0f,125.	Pfennige = 0f,0125.	TOTAUX. Thalers = 3f,75.	Silbergroschen = 0f,125.	Pfennige = 0f,0125.
	Report									
	Mérinos d'un an									
	— agneaux									
	Béliers à l'engrais									
	Moutons et brebis à l'engrais . .									
	4. — *Porcs.*									
	Verrats.									
	Truies d'élevage									
	Porcelets —									
	Porcs à l'engrais.									
	— âgés de 6 mois									
	Jeunes porcs destinés à l'engraissement et la vente									
	5. — *Volailles.*									
	Oies.									
	Canards									
	Poules									
	Pigeons.									
	TOTAL de l'inventaire vivant.									
	II. — Inventaire mort.									
	1. — *Machines et instruments aratoires.*									
	Semoirs en général.									
	— à trèfle									
	— à engrais									
	— Taylor et Smith. . . .									
	Faucheuses									
	Cribles à grains									
	A reporter.									

NOMBRE.		PRIX PAR TÊTE.			SOMMES PARTIELLES.			TOTAUX.		
		Thalers = 3f,75.	*Silbergroschen* = 0f,125.	*Pfennige* = 0f,0125.	*Thalers* = 3f,75.	*Silbergroschen* = 0f,125.	*Pfennige* = 0f,0125.	*Thalers* = 3f,75.	*Silbergroschen* = 0f,125.	*Pfennige* = 0f,0125.
	Report									
	Charrues à vapeur									
	Défonceuses (charrues).									
	Petites charrues									
	Charrues à pommes de terre . .									
	Herses à vapeur									
	— communes.									
	— fines.									
	— défonceuses.									
	Extirpateurs.									
	Rouleaux en fer									
	— en bois.									
	— ordinaires.									
	2. — *Voitures, traîneaux et chariots.*									
	Carrosses.									
	Traîneaux.									
	Grands chariots de campagne. .									
	Petits — — . .									
	Voitures à lait.									
	Camions pour résidus jaugeant 2,000 quarts (le quart : 1l,145)									
	Camions pour résidus jaugeant 1,500 quarts									
	Camions pour résidus jaugeant 1,000 quarts									
	Voitures à purin									
	Traîneaux pour transports . . .									
	— à herser									
	Carrioles									
	Chariots à moutons.									
	— à béliers.									
	Véhicules divers									
	A reporter.									

NOMBRE.		PRIX PAR TÊTE.			SOMMES PARTIELLES.			TOTAUX.		
		Thalers = 3f,75.	*Silbergroschen* = 0f,125.	*Pfennige* = 0f,0125.	*Thalers* = 3f,75.	*Silbergroschen* = 0f,125.	*Pfennige* = 0f,0125.	*Thalers* = 3f,75.	*Silbergroschen* = 0f,125.	*Pfennige* = 0f,0125.
	Report									
	3. — *Harnais et chaînes.*									
	Selles									
	Brides de selle et de carrosses. .									
	Bridons — — . .									
	Brides pour les trav. des champs.									
	Licous.									
	Têtières pour bœufs									
	Harnais de chevaux.									
	— de bœufs.									
	Harnachements pour voitures et charrues									
	Colliers.									
	Timons de défonceuses									
	Traits en fer									
	— de chanvre.									
	Guides pour charrues.									
	Muselières									
	Chaînes de timon.									
	— d'arrêt.									
	— de timon.									
	— pour bêtes à cornes . .									
	— pour taureaux.									
	Liens pour gerbes.									
	4. — *Ustensiles aratoires.*									
	Pioches proprement dites. . . .									
	— à pointe.									
	— à betteraves.									
	— à planter.									
	Serpettes à betteraves.									
	Houes									
	— pour betteraves.									
	Pelles en fer.									
	— en bois									
	A reporter.									

NOMBRE.		PRIX PAR TÊTE.			SOMMES PARTIELLES.			TOTAUX.		
		Thalers = 3f,75.	*Silbergroschen* = 0f,125.	*Pfennige* = 0f,0125.	*Thalers* = 3f,75.	*Silbergroschen* = 0f,125.	*Pfennige* = 0f,0125.	*Thalers* = 3f,75.	*Silbergroschen* = 0f,125.	*Pfennige* = 0f,0125.
	Report									
	Faux.									
	Faucilles									
	Râteaux									
	Fourches diverses.									
	— à fumier									
	Pioches à fumier.									
	Scies proprement dites									
	— de jardinier.									
	Haches.									
	Marteaux.									
	Tenailles									
	5. — *Ustensiles de granges et greniers.*									
	Machines à battre									
	Nettoyeurs									
	Bâches pour colza									
	Petites bâches									
	Bâches pour voitures									
	Couvertures de traîneaux. . . .									
	Semoirs									
	Sacs.									
	Crible à grains.									
	— à charbon									
	Tamis pour guano									
	Rouleaux pour granges									
	Mesures (*Metzen*)									
	— (*Scheffel*)									
	Allumettes									
	Échelles									
	Coffres à fourrages									
	Paniers portatifs									
	— à vendanges									
	Balais									
	A reporter									

NOMBRE.		PRIX PAR TÊTE.			SOMMES PARTIELLES.			TOTAUX.		
		Thalers = 3f,75.	*Silbergroschen* = 0f,125.	*Pfennige* = 0f,0125.	*Thalers* = 3f,75.	*Silbergroschen* = 0f,125.	*Pfennige* = 0f,0125.	*Thalers* = 3f,75.	*Silbergroschen* = 0f,125.	*Pfennige* = 0f,0125.
	Report									
	6. — *Ustensiles de cour, maison, cave et écurie.*									
	Mangeoires à chevalet									
	Seaux									
	Baquets-abreuvoirs									
	Tonneaux et cuves									
	Abreuvoirs									
	Râteliers pour chevaux									
	Crèches pour moutons.									
	Râteliers —									
	Claies —									
	Clisses.									
	Lanternes.									
	Brouettes à fumier									
	Couvertures de laine									
	Baratte à beurre									
	— à lait									
	Terrines à lait.									
	Chaudrons en cuivre									
	7. — *Ustensiles de ferme* (divers).									
	Bascules pour bétail.									
	Balances									
	Crics pour voitures.									
	Étables portatives.									
	Pierres à aiguiser.									
	Râteaux à cheval.									
	— à la main									
	Cadenas									
	Formes pour mouler le charbon brun.									
	Chaînes d'arpentage.									
	Fils à plomb.									
	Rayonneurs.									
	A reporter									

NOMBRE.		PRIX PAR TÊTE.			SOMMES PARTIELLES.			TOTAUX.		
		Thalers = 3f,75.	*Silbergroschen* = 0f,125.	*Pfennige* = 0f,0125.	*Thalers* = 3f,75.	*Silbergroschen* = 0f,125.	*Pfennige* = 0f,0125.	*Thalers* = 3f,75.	*Silbergroschen* = 0f,125.	*Pfennige* = 0f,0125.
	Report									
	Pompes à incendies.									
	Baquets —									
	Tines —									
	Grocs à feu.									
	Total de l'inventaire mort.									
	III. — Provisions de céréales et autres.									
	Blé									
	Seigle									
	Orge.									
	Avoine.									
	Mélanges									
	Vesces.									
	Haricots									
	Pois.									
	Lentilles									
	Plantes oléagineuses (colza, semences, etc.)									
	Pommes de terre.									
	Esparcettes									
	Semences de luzerne									
	— de trèfle									
	— de betteraves									
	Maïs.									
	Orge mondé.									
	Tourteaux.									
	Foin de trèfle et de prairie. . .									
	Briques à charbon par mille . .									
	Peaux de chevaux par pièce. . .									
	— de bêtes à cornes par pièce.									
	— de moutons par pièce . .									
	Total des provisions de céréales et autres									

RÉCAPITULATION

	Thalers = 3f,75.	*Silber-groschen* = 0f,125.	*Pfennige* = 0f,0125.
I. — Inventaire vivant.			
II. — Inventaire mort			
III. — Provisions en céréales et autres . . .			
Total général.			

N° 4. N° 4.

ÉTAT DES FOURRAGES

Du 188 .

ÉCONOMIES RURALES.	BÉTAIL. ESPÈCES.	BÉTAIL. NOMBRE DE TÊTES.	AVOINE. par tête et par jour. Livre = $^1/_2$ kilogr.	AVOINE. TOTAL par semaine. *Wispel* = 13^{hect},196.	AVOINE. TOTAL par semaine. *Scheffel* = 54^{lit},960.	AVOINE. TOTAL par semaine. *Metzen* = 3^{lit},425.	ORGE. par tête et par jour. Livre = $^1/_2$ kilogr.	ORGE. TOTAL par semaine. *Wispel* = 13^{hect},196.	ORGE. TOTAL par semaine. *Scheffel* = 54^{lit},960.	ORGE. TOTAL par semaine. *Metzen* = 3^{lit},425.	FOIN. par tête et par jour. Livre = $^1/_2$ kilogr.	FOIN. TOTAL par semaine. *Centner* = 50 kilogr.	FOIN. TOTAL par semaine. Livre = $^1/_2$ kilogr.	PAILLE. par tête et par jour. Livre = $^1/_2$ kilogr.	PAILLE. TOTAL par semaine. *Centner* = 50 kilogr.	PAILLE. TOTAL par semaine. Livre = $^1/_2$ kilogr.	RÉSIDUS. par tête et par jour. Livre = $^1/_2$ kilogr.	RÉSIDUS. TOTAL PAR JOUR. *Centner* = 50 kilogr.	RÉSIDUS. TOTAL par économie rurale. par jour. Livre = $^1/_2$ kilogr.	RÉSIDUS. TOTAL par économie rurale. par semaine. Livre = $^1/_2$ kilogr.	TOURTEAUX. par tête et par jour. Livre = $^1/_2$ kilogr.	TOURTEAUX. TOTAL par économie rurale. par jour. Livre = $^1/_2$ kilogr.	TOURTEAUX. TOTAL par économie rurale. par semaine. Livre = $^1/_2$ kilogr.	ORGE MONDÉ. par tête et par jour. Livre = $^1/_2$ kilogr.	ORGE MONDÉ. TOTAL par économie rurale. par jour. Livre = $^1/_2$ kilogr.	ORGE MONDÉ. TOTAL par économie rurale. par semaine. Livre = $^1/_2$ kilogr.	RÉSIDUS DISTILLATOIRES. par tête et par jour. Quart = 1^{lit},145.	RÉSIDUS DISTILLATOIRES. TOTAL par économie rurale par semaine. Quart = 1^{lit},145.
Salzmünde.	Bœufs de trait . . .																											
	Taureaux et vaches .																											
	Moutons.																											
	Porcs.																											
	Chevaux.																											
Schochwitz .	Bœufs de trait . . .																											
	Taureaux et vaches .																											
	Bœufs d'engrais et taureaux.																											
	Jeune bétail																											
	Moutons.																											
	Porcs.																											
	Chevaux.																											
Teutschenthal.	Bœufs de trait . . .																											
	Taureaux et vaches .																											
	Jeune bétail																											
	Moutons.																											
	Porcs.																											
	Chevaux.																											
Etc., etc. . .	Etc., etc.																											

N° 5.

Extrait général hebdomadaire, *concernant le salaire des ouvriers, l'état du bétail et les consommations en avoine, orge mondé et tourteaux.*

D'après l'Extrait n°   au   188 .

ÉCONOMIES RURALES.	SALAIRES à la journée et à forfait. Thalers = 3f,75.	SALAIRES. Silbergroschen = 0f,125.	SALAIRES. Pfennige = 0f,0125.	CHEVAUX. De trait.	CHEVAUX. De selle.	CHEVAUX. De carrosse.	CHEVAUX. Poneys.	CHEVAUX. Pouliches.	CHEVAUX. Total.	AVOINE. Total. Wispel = 13hect,190.	AVOINE. Total. Scheffel = 54lit,960.	AVOINE. Total. Metzen = 3lit,425.	AVOINE. par tête et par jour. Livre = 1/2 kilogr.	ORGE MONDÉ. Total. Centner = 50 kilogr.	ORGE MONDÉ. Total. Livre = 1/2 kilogr.	ORGE MONDÉ. par tête et par jour. Livre = 1/2 kilogr.
Salzmünde																
Gödewitz																
Benkendorf																
Etc.																

ÉCONOMIES RURALES.	BŒUFS. De trait.	BŒUFS. D'engrais.	BŒUFS. Taureaux.	BŒUFS. Total.	ORGE MONDÉ. Total. Centner = 50 kilogr.	ORGE MONDÉ. Total. Livre = 1/2 kilogr.	ORGE MONDÉ. par tête et par jour. Livre = 1/2 kilogr.	TOURTEAUX. Total. Centner = 50 kilogr.	TOURTEAUX. Total. Livre = 1/2 kilogr.	TOURTEAUX. par tête et par jour. Livre = 1/2 kilogr.	VACHES. Lait.	VACHES. Engrais.	VACHES. Total.	ORGE MONDÉ. Total. Centner = 50 kilogr.	ORGE MONDÉ. Total. Livre = 1/2 kilogr.	ORGE MONDÉ. par tête et par jour. Livre = 1/2 kilogr.	TOURTEAUX. Total. Centner = 50 kilogr.	TOURTEAUX. Total. Livre = 1/2 kilogr.	TOURTEAUX. par tête et par jour. Livre = 1/2 kilogr.
Salzmünde																			
Gödewitz																			
Benkendorf																			
Etc.																			

ÉCONOMIES RURALES.	VOLAILLE. Blé. Scheffel = 54lit,960.	VOLAILLE. Blé. Metzen = 3lit,425.	VOLAILLE. Orge. Scheffel = 54lit,960.	VOLAILLE. Orge. Metzen = 3lit,425.	VOLAILLE. Avoine. Scheffel = 54lit,960.	VOLAILLE. Avoine. Metzen = 3lit,425.	VOLAILLE. Orge mondé. Centner = 50 kilogr.	VOLAILLE. Orge mondé. Livre = 1/2 kilogr.	JEUNE BÉTAIL. De 2 ans.	JEUNE BÉTAIL. D'un an.	JEUNE BÉTAIL. Veaux.	JEUNE BÉTAIL. Total.	ORGE MONDÉ. Total. Centner = 50 kilogr.	ORGE MONDÉ. Total. Livre = 1/2 kilogr.	ORGE MONDÉ. par tête et par jour. Livre = 1/2 kilogr.	TOURTEAUX. Total. Centner = 50 kilogr.	TOURTEAUX. Total. Livre = 1/2 kilogr.	TOURTEAUX. par tête et par jour. Livre = 1/2 kilogr.
Salzmünde																		
Gödewitz																		
Benkendorf																		
Etc.																		

ÉCONOMIES RURALES.	MOUTONS. Moutons.	MOUTONS. Brebis.	MOUTONS. Agneaux d'un an.	MOUTONS. Agneaux.	MOUTONS. Total.	ORGE MONDÉ. Total. Centner = 50 kilogr.	ORGE MONDÉ. Total. Livre = 1/2 kilogr.	ORGE MONDÉ. par tête et par jour. Livre = 1/2 kilogr.	TOURTEAUX. Total. Centner = 50 kilogr.	TOURTEAUX. Total. Livre = 1/2 kilogr.	TOURTEAUX. par tête et par jour. Livre = 1/2 kilogr.	COCHONS. Verrats.	COCHONS. D'engrais.	COCHONS. D'élevage.	COCHONS. De lait.	COCHONS. Total.	ORGE MONDÉ. Total. Centner = 50 kilogr.	ORGE MONDÉ. Total. Livre = 1/2 kilogr.	ORGE MONDÉ. par tête et par jour. Livre = 1/2 kilogr.	ORGE. Total. Centner = 50 kilogr.	ORGE. Total. Livre = 1/2 kilogr.	ORGE. par tête et par jour. Livre = 1/2 kilogr.
Salzmünde																						
Gödewitz																						
Benkendorf																						
Etc.																						

N° 6. *Plan annuel des cultures pour l'Économie rurale de :* N° 6.

PRODUITS du SOL.	DÉNOMINATION des CHAMPS.	PRÉCÉDENTES CULTURES.	SURFACE.		SEMAILLES							FUMURES.						OBSERVATIONS.
					PAR MORGEN				TOTAL.			FUMIER.		COMPOST.		ENGRAIS artificiels.		
					à vive jauge.		proprement dites.											
			Morgen.	Toises.	Boisseaux.	Setiers.	Boisseaux.	Setiers.	Muids.	Boisseaux.	Setiers.							

N° 7.

Culture des pommes de terre pour toutes les Économies rurales de l'Exploitation de Salzmünde. 1880-1881.

	SALZMÜNDE.				HENNENDORF.				SCHOCHWITZ.				NÆTHER.				TEUTSCHENTHAL.				ASENDORF.			
	Morgen.	Toises.	Francs.	Centimes.	*Morgen.*	Toises.	Francs.	Centimes.	*Morgen.*	Toises.	Francs.	Centimes.	*Morgen.*	Toises.	Francs.	Centimes.	*Morgen.*	Toises.	Francs.	Centimes.	*Morgen.*	Toises.	Francs.	Centimes.
Enrayures et jalonnements par *Morgen.*	283	90	866 3	37½ 05	286	70	580 2	» 02½	202	50	416 2	78¾ 07½	123	78	270 2	25 20	110	100	188 1	50 72½	53	»	114 2	78¾ 17½
Piochages et binages par *Morgen.*	283	90	436 1	91¼ 55	286	70	197 0	50 70	202	50	225 1	20 12½	123	78	225 1	07½ 91¼	110	100	422 3	48¾ 82½	53	»	169 3	45 [illegible]
Total de la culture des pommes de terre par *Morgen.*	283	90	1303 4	28¾ 60	286	70	777 2	50 72½	202	50	611 3	98¾ 20	123	78	505 4	32½ 11¼	110	100	610 5	98¾ 55	53	»	284 5	[illegible]

	ZACHWITZ.				DÖBLITZ.				SCHIEPZIG.				LETTIN.				MORL.				TOTAL ET MOYENNE.			
	Morgen.	Toises.	Francs.	Centimes.	*Morgen.*	Toises.	Francs.	Centimes.	*Morgen.*	Toises.	Francs.	Centimes.	*Morgen.*	Toises.	Francs.	Centimes.	*Morgen.*	Toises.	Francs.	Centimes.	*Morgen.*	Toises.	Francs.	Centimes.
Enrayures et jalonnements par *Morgen.*	[illegible]	70	105 1	62½ 82½	94	69	189 2	75 01¼	42	103	101 2	20 37½	100	125	396 3	75 92½	50	15	151 3	75 »	1405	50	3381 2	75 41¼
Piochages et binages par *Morgen.*	[illegible]	70	123 2	75 13¾	94	69	209 2	37½ 22½	42	103	18 »	12½ 42½	100	125	110 1	28¾ 12½	50	15	108 2	07½ 13¾	1405	50	2256 1	16¼ 62½
Total de la culture des pommes de terre par *Morgen.*	[illegible]	70	229 3	87½ 96¼	94	69	399 4	12½ 23¾	42	103	119 2	32½ 80	100	125	507 5	03¾ 05	50	15	259 5	82½ 13¾	1405	50	5637 4	91¼ 03¾

Culture des betteraves pour toutes les Économies rurales de l'Exploitation de Salzmünde.
Prix de revient, année 1880-1881.

	SALZMÜNDE.				HENNENDORF.				SCHOCHWITZ.				NÆTHER.				TEUTSCHENTHAL.				ASENDORF.			
	Morgen.	Toises.	Francs.	Centimes.	*Morgen.*	Toises.	Francs.	Centimes.	*Morgen.*	Toises.	Francs.	Centimes.	*Morgen.*	Toises.	Francs.	Centimes.	*Morgen.*	Toises.	Francs.	Centimes.	*Morgen.*	Toises.	Francs.	Centimes.
Semailles par *Morgen.*	431	»	187 0	20 45	190 —	118 —	56 »	25 30	324	90	92 »	87½ 28¾	837	16	195 0	87½ 25	307	90	15 »	95 06¼	40	90	8 »	75 11¾
Alignement au cordeau par *Morgen.*	431	»	622 1	12½ 46¼	190	118	215 1	» 12½	324	90	382 1	61¼ 18¾	837	16	1638 1	75 47½	307	90	492 1	36¼ 62½	40	90	75 1	50 [illegible]
Travaux à la pioche par *Morgen.*	431	»	2613 6	87½ 07½	190	118	1394 7	37½ 32½	324	90	1486 4	25 60	837	16	7673 9	32½ 17½	307	90	2137 6	08¾ 96¼	40	90	414 10	[illegible] 35
Total de la culture des betteraves par *Morgen.*	431	»	3423 7	20 95¾	190	118	1665 8	62½ 75	324	90	1961 6	73¾ 07½	837	16	9507 10	95 90	307	90	2645 8	35 62½	40	90	498 12	[illegible]

	ZACHWITZ.				DÖBLITZ.				SCHIEPZIG.				LETTIN.				MORL.				TOTAL ET MOYENNE.			
	Morgen.	Toises.	Francs.	Centimes.	*Morgen.*	Toises.	Francs.	Centimes.	*Morgen.*	Toises.	Francs.	Centimes.	*Morgen.*	Toises.	Francs.	Centimes.	*Morgen.*	Toises.	Francs.	Centimes.	*Morgen.*	Toises.	Francs.	Centimes.
Semailles par *Morgen.*	[illegible]	150	60 0	95 32½	84	111	11 0	25 13¾	125	»	13 0	50 13¾	141	165	68 0	12½ 50	88	164	25 0	25 28¾	2765	94	730 0	95 27½
Alignement au cordeau par *Morgen.*	[illegible]	150	362 1	51¼ 87½	84	111	119 1	75 42½	125	»	135 1	37½ 10	141	165	224 1	20 60	88	161	82 0	98¾ 95	2765	94	4351 1	12½ 58¾
Travaux à la pioche par *Morgen.*	[illegible]	150	867 4	26¼ 48¾	84	111	617 7	16¼ 30	125	»	472 3	36¼ 77½	141	165	1032 7	25 27½	88	164	768 8	13¾ 63¾	2765	94	19476 7	25 05
Total de la culture des betteraves par *Morgen.*	[illegible]	150	1290 6	72½ 68½	84	111	748 8	16¼ 86¼	125	»	621 5	23¾ 01¼	141	165	1321 9	57½ 37½	88	164	876 9	37½ 87½	2765	94	24558 8	32½ 91¼

N° 7.

N° 7. *Économies rurales de l'Exploitation de Salzmünde classées d'après le montant des frais de chacune d'elles.*

POUR CULTURE DE POMMES DE TERRE PAR MORGEN. 1880-1881.

ENRAYURES et jalonnements.	Francs.	Cent.	PIOCHAGES ET BINAGES.	Francs.	Cent.	TOTAL DE LA CULTURE des pommes de terre.	Francs.	Cent.
Teutschenthal.	1	72 1/4	Schiepzig.	»	42 1/2	Benkendorf.	2	72 1/2
Zachwitz	1	82 1/2	Benkendorf.	»	70	Schiepzig.	2	80
Döblitz	2	01 1/4	Schochwitz	1	12 1/2	Schochwitz.	3	17 1/2
Benkendorf	2	02 1/2	Lettin	1	12 1/2	Zachwitz	3	92 1/2
Schochwitz	2	07 1/2	Salzmünde	1	55	Räther	4	11 1/4
Asendorf	2	17 1/2	Räther	1	91 1/4	Döblitz.	4	23 3/4
Räther	2	20	Zachwitz	2	13 3/4	Salzmünde	4	60
Schiepzig	2	37 1/2	Morl	2	13 3/4	Lettin	5	02 1/2
Morl	3	»	Döblitz.	2	22 1/2	Morl	5	13 3/4
Salzmünde	3	05	Asendorf.	3	21 1/4	Asendorf.	5	38 3/4
Lettin.	3	80	Teutschenthal	3	82 1/2	Teutschenthal	5	52 1/2
Moyenne.	2	41 1/4	Moyenne.	1	62 1/2	Moyenne.	4	01 1/4

N° 7. *Économies rurales de l'Exploitation de Salzmünde classées d'après le montant des frais de chacune d'elles.*

POUR CULTURE DE BETTERAVES PAR MORGEN. 1880-1881.

SEMAILLES A LA MAIN et à la machine.	Francs.	CENT.	ALIGNEMENT au cordeau.	Francs.	CENT.	BINAGES.	Francs.	CENT.	TOTAL DE LA CULTURE des betteraves.	Francs.	CENT.
Teutschenthal	»	06 1/4	Morl	»	95	Schiepzig	3	77 1/2	Schiepzig	4	98 3/4
Asendorf	»	11 1/4	Schiepzig	1	10	Zachwitz	4	48 3/4	Schochwitz	6	05
Schiepzig	»	13 3/4	Benkendorf	1	12 1/2	Schochwitz	4	60	Zachwitz	6	66 1/4
Döblitz	»	13 3/4	Schochwitz	1	18 3/4	Salzmünde	6	07 1/2	Salzmünde	7	96 1/4
Räther	»	25	Döblitz	1	42 1/2	Teutschenthal	6	96 1/4	Teutschenthal	8	62 1/2
Schochwitz	»	28 3/4	Salzmünde	1	46 1/4	Lettin	7	27 1/2	Benkendorf	8	75
Morl	»	28 3/4	Lettin	1	60	Döblitz	7	30	Döblitz	8	86 1/4
Benkendorf	»	30 1/2	Teutschenthal	1	62 1/2	Benkendorf	7	32 1/2	Lettin	9	35
Zachwitz	»	32 1/2	Asendorf	1	88 3/4	Morl	8	63 3/4	Morl	9	87 1/2
Salzmünde	»	45	Zachwitz	1	88 1/2	Räther	9	17 1/2	Räther	11	37 1/2
Lettin	»	50	Räther	1	97 1/2	Asendorf	10	25	Asendorf	12	10
Moyenne	»	27 1/2	Moyenne	1	58 3/4	Moyenne	9	05	Moyenne	8	88 3/4

Culture des pommes de terre pour toutes les Économies rurales de l'Exploitation de Salzmünde. Année 1881-1882.

	SALZMÜNDE. Morgen.	Toises.	Francs.	Centimes.	BENKENDORF. Morgen.	Toises.	Francs.	Centimes.	SCHOCHWITZ. Morgen.	Toises.	Francs.	Centimes.	KÆTHER. Morgen.	Toises.	Francs.	Centimes.	TEUTSCHENTHAL. Morgen.	Toises.	Francs.	Centimes.	ASENDORF. Morgen.	Toises.	Francs.	Centimes.
Enrayures et jalonnements par *Morgen*.	347	152	875 2	32½ 52½	193	75	368 1	87½ 91¼	186	»	401 2	25 16¼	197	90	471 2	50 38¾	157	3	313 2	91¼ 01¼	31	»	107 3	45 88¾
Piochages et binages par *Morgen*.	347	152	386 1	03¾ 12½	193	75	105 0	» 55	186	»	190 1	50 03½	197	90	201 1	03¾ 02½	157	3	231 1	40 48¾	31	»	75 2	04½ 42⅞
Total de la culture des pommes de terre par *Morgen*.	347	152	1261 3	36¼ 65	193	75	373 2	87½ 46¼	186	»	591 3	75 18¾	197	90	672 3	53¾ 41¼	157	3	545 3	31¼ 50	31	»	182 5	51½ 81½

	ZACHWITZ. Morgen.	Toises.	Francs.	Centimes.	DÖBLITZ. Morgen.	Toises.	Francs.	Centimes.	SCHIEPZIG. Morgen.	Toises.	Francs.	Centimes.	LETTIN. Morgen.	Toises.	Francs.	Centimes.	MORL. Morgen.	Toises.	Francs.	Centimes.	TOTAL ET MOYENNE. Morgen.	Toises.	Francs.	Centimes.
Enrayures et jalonnements par *Morgen*.	81	58	193 2	28¾ 37½	46	146	134 3	86¼ 01¼	124	45	173 3	75 40	41	90	66 1	50 62½	21	»	50 2	87½ 42½	1427	119	3157 2	53¾ 22½
Piochages et binages par *Morgen*.	81	58	89 1	62½ 12½	46	146	95 2	20 02½	124	45	100 »	12½ 78¾	41	90	67 1	75 62½	21	»	26 1	70 27½	1427	119	1568 1	40 12½
Total de la culture des pommes de terre par *Morgen*.	81	68	282 3	91¼ 50	46	146	230 5	06¼ 03¾	124	45	273 2	87½ 18¾	41	90	134 3	25 25	21	»	77 3	57½ 70	1427	119	4725 3	93¾ 35

Culture des betteraves pour toutes les Économies rurales de l'Exploitation de Salzmünde.
Prix de revient. Année 1881-1882.

	SALZMÜNDE. Morgen.	Toises.	Francs.	Centimes.	BENKENDORF. Morgen.	Toises.	Francs.	Centimes.	SCHOCHWITZ. Morgen.	Toises.	Francs.	Centimes.	KÆTHER. Morgen.	Toises.	Francs.	Centimes.	TEUTSCHENTHAL. Morgen.	Toises.	Francs.	Centimes.	ASENDORF. Morgen.	Toises.	Francs.	Centimes.
Semailles à la main et à la machine par *Morgen*.	550	167	201 0	11¼ 38¾	328	131	43 0	50 13¾	324	»	130 0	50 41¼	782	108	287 0	62½ 38¾	330	59	51 0	62½ 17½	46	»	19 0	75 42½
Alignement au cordeau par *Morgen*.	550	167	826 1	71½ 50	328	131	389 1	11¼ 17½	324	»	311 0	25 97½	782	108	1058 1	36¼ 36¼	330	59	374 1	17½ 13¾	46	»	68 1	19½ 57
Travaux de piochage par *Morgen*.	550	167	3294 6	70 »	328	131	1120 3	32½ 11¼	324	»	1177 3	87½ 65	782	108	5155 6	[illegible]¼ 62½	330	59	1541 4	16¼ 67½	46	»	357 8	55¾ 49½
Total de la culture des betteraves par *Morgen*.	550	167	4322 7	58¾ 88¾	328	131	1552 4	93¾ 72½	324	»	1619 5	62½ 0[illegible]¾	782	108	6501 8	60 37½	330	59	1969 5	96¼ 98¾	46	»	175 10	41¼ 35

	ZACHWITZ. Morgen.	Toises.	Francs.	Centimes.	DÖBLITZ. Morgen.	Toises.	Francs.	Centimes.	SCHIEPZIG. Morgen.	Toises.	Francs.	Centimes.	LETTIN. Morgen.	Toises.	Francs.	Centimes.	MORL. Morgen.	Toises.	Francs.	Centimes.	TOTAL ET MOYENNE. Morgen.	Toises.	Francs.	Centimes.
Semailles à la main et à la machine par *Morgen*.	111	121	36 0	12½ 35	125	118	49 0	75 40	98	103	15 0	» 15	114	84	42 0	87½ 37½	107	97	61 1	87½ 75	2920	88	944 0	23¾ 33¾
Alignement au cordeau par *Morgen*.	111	121	131 1	38¾ 18¾	125	118	169 1	20 36¼	98	103	109 1	25 12½	114	84	190 1	» 66¼	107	97	133 1	91¼ 25	2920	88	3761 1	52½ 30
Travaux de piochage par *Morgen*.	111	121	649 5	36¼ 82½	125	118	991 7	73¾ 88¾	98	103	320 3	75 25	114	84	898 7	41¼ 83¼	107	97	590 5	45 51¼	2920	88	16127 5	82½ 57½
Total de la culture des betteraves par *Morgen*.	111	121	818 7	87½ 36¼	125	118	1210 9	68¾ 65	98	103	445 4	» 52½	114	84	1130 9	78¾ 90	107	97	786 8	23¾ 51¼	2920	88	20833 7	58¾ 21¼

N° 8. *Économies rurales de l'Exploitation de Salzmünde classées d'après le montant des frais de chacune d'elles.*

POUR LA CULTURE DES POMMES DE TERRE. 1881-1882.

ENRAYURES et jalonnements.	Francs.	CENT.	PIOCHAGES ET BINAGES.	Francs.	CENT.	TOTAL DE LA CULTURE des pommes de terre.	Francs.	CENT.
Schiepzig	1	40	Benkendorf	»	55	Schiepzig	2	21 1/4
Lettin	1	62 1/2	Schiepzig	»	81 1/4	Benkendorf	2	46 1/4
Benkendorf	1	91 1/4	Räther	1	02 1/2	Schochwitz	3	18 3/4
Teutschenthal	2	02 1/2	Schochwitz	1	02 1/2	Lettin	3	25
Schochwitz	2	16 1/4	Salzmünde	1	12 1/2	Räther	3	41 1/4
Zachwitz	2	37 1/2	Zachwitz	1	12 1/2	Teutschenthal	3	47 1/2
Räther	2	38 3/4	Morl	1	27 1/2	Zachwitz	3	50
Morl	2	42 1/2	Teutschenthal	1	48 3/4	Salzmünde	3	62 1/2
Salzmünde	2	52 1/2	Lettin	1	62 1/2	Morl	3	68 3/4
Döblitz	2	88 3/4	Döblitz	2	03 3/4	Döblitz	4	92 1/2
Asendorf	3	48 3/4	Asendorf	2	42 1/2	Asendorf	5	83 3/4
Moyenne	2	29 1/4	Moyenne	1	32 1/2	Moyenne	3	60 1/4

N° 8. *Économies rurales de l'Exploitation de Salzmünde classées d'après le montant des frais de chacune d'elles.*

POUR LA CULTURE DES BETTERAVES PAR MORGEN. 1881-1882.

SEMAILLES A LA MAIN et à la machine.	Francs.	Cent.	ALIGNEMENT au cordeau.	Francs.	Cent.	BINAGES.	Francs.	Cent.	TOTAL DE LA CULTURE des betteraves.	Francs.	Cent.
Benkendorf	»	13 3/4	Schochwitz	»	97 1/2	Schiepzig	3	25	Schiepzig	4	50
Schiepzig	»	15	Schiepzig	1	12 1/2	Benkendorf	3	41 1/4	Benkendorf	4	73 3/4
Teutschenthal	»	17 1/2	Teutschenthal	1	13 3/4	Schochwitz	3	66 1/4	Schochwitz	5	»
Zachwitz	»	35	Benkendorf	1	18 3/4	Teutschenthal	4	67 1/2	Teutschenthal	5	98 3/4
Räther	»	38 3/4	Zachwitz	1	18 3/4	Morl	5	51 1/4	Morl	7	32 1/2
Salzmünde	»	38 3/4	Morl	1	25	Zachwitz	5	82 1/2	Zachwitz	7	33 3/4
Lettin	»	38 3/4	Räther	1	36 1/4	Salzmünde	6	»	Salzmünde	7	86 1/4
Döblitz	»	40	Döblitz	1	36 1/4	Räther	6	62 1/2	Räther	8	32 1/2
Schochwitz	»	41 1/4	Asendorf	1	50	Lettin	7	86 1/4	Döblitz	9	62 1/2
Asendorf	»	42 1/2	Salzmünde	1	50	Döblitz	7	88 3/4	Lettin	9	87 1/2
Morl	»	58 3/4	Lettin	1	66 1/4	Asendorf	8	46 1/4	Asendorf	10	83 3/4
Moyenne	»	33 3/4	Moyenne	1	30 1/2	Moyenne	5	57 1/2	Moyenne	7	25 1/2

TABLE DES MATIÈRES

Nancy, imp. Berger-Levrault et Cie.

www.ingramcontent.com/pod-product-compliance
Lightning Source LLC
LaVergne TN
LVHW020542230826
846091LV00002B/355